小池洋一・田村梨花［編］

抵抗と創造の森アマゾン

持続的な開発と民衆の運動

現代企画室

目次

日没する国から日出ずる国への教え

マリナ・シルヴァ

幼い頃、日本は「地球の反対側」にあり、太陽が木々の向こうに沈み、森のなかの私たちの家を夜の暗闇が覆うとき、日本では新しい一日が始まり人びとが仕事に出て行くのだと教わった。世界の広さを知っている大人は、私たちが採取するゴムは地球上のすべての大陸の大都市に向かって運ばれ、そこでタイヤやグローブ、おもちゃといった、ゴム林では目にすることのない物に変わるんだよ、と話してくれた。私はそれらの物と、その場所を知りたいと思うようになった。しかし同時に、世界のすべての人に、私たちの森にあるものはゴムだけではないことを知ってほしいとも思っていた。私が一緒に暮らして幸せを感じ、尊敬すべき人びとの知恵と生業について、知ってほしいと切に感じていた。

大人になり、世界のさまざまな国と都市に出会った。科学と技術が驚異的なスピードで奇跡を作り上げ、ほんのわずかな数十年の間に人間の文明を変容させてきた姿を見た。残念ながら、同時に自然の豊かさの破壊と浪費が苦しみを生み、以前は豊かな自然の恵みで覆われていた場所を砂漠に変えている姿も見ることとなった。

世界には、アマゾンで暮らす森の民の存在を知り、彼らの文化と知恵に価値を見出し、彼らのたたかいとの連帯を求める人びとがいることも知った。森の知恵と学問が共に力を出し合い、新しいつながりの創造と発展が生まれることに大きな喜びを持った。その動きは、人間の文明を衰弱させ、地球における人間の存在そのものの持続性に脅威を与えている深刻な危機を脱する道筋を発見するものとなると感じていた。その意味で、小池洋一、田村梨花の両氏による、ブラジルのアマゾンにおける「民衆の運動とオルタナティブな発展の実践」に関する研究を集成した本書の出版は、私に無量の感慨をもたらした。アマゾンの人びとが持続性の教訓を世界に与えるという認識により設定された本書のテーマには、心を揺り動かされた。なぜならば、ついに、子どもの頃の私の夢が叶ったからである。古来からの叡智と進歩した科学を有する太陽が昇る地に、太陽が沈む地に暮らすコミュニティの文化と生業の価値を見出す人びとが存在するのである。

事実、アマゾンには、古くから現在までの、コミュニティと文化が大地や森、自然の豊かさや資源に敬意を払い発展してきた幅広く多様な経験が存在する。自然との関係が調和がとれたものであればあるほど、人と人との関係が調和がとれ民主的であるのは偶然ではない。それは、ジェンダー、世代、社会的地位といった差異に配慮し、争いの生まれない世界を作り出す。

完全な社会や、モデルとなるコミュニティが存在するわけではない。ある場所で良い結果をもたらしたものを、ほかの場所で応用する必要はない。それぞれの場所で暮らす人びとが、構造化した権力に直面し、その文化と土地の破壊と抑圧に抵抗する多大な努力を払い、それぞれの道を見つけていくのだ。しかしながら、長い年月を経て、多くの学びを生み出してきた実践を持つ多様な経験のなかには、共通する特徴がある。それは多様な言語に翻訳され、異なる地域で暮らす人びとに役立てられる教訓として共有されるのである。

そのようないくつかの経験が生まれていた瞬間に出会えたことに、幸せを感じる。一九七〇年代、八〇年代におけるシコ・メンデスと同胞による社会と環境のためのたたかいにおいて、私たちはコミュニティとの接触により生まれた提案を唱え計画を提起した。そして、森の民が直面している問題に対する実践的な解決方法を目指していた。採取経済保護区、アグロフォレストリー、民衆教育、協同経済のような、森とそこで暮らす人びとを脅かす搾取と破壊と異なり、あるいは対極にあるプロジェクトを考案することは、可能であり必要不可欠なものであった。

私たちは、ブラジルだけでなく世界中の市民組織と協力関係を結び、環境活動家や研究者、科学者の支援を受けて、人類の偉大な挑戦のため結束して運動を実践している。それらは、今日まで支配的な略奪型の開発モデルを乗り越え、二〇世紀が託した最後のユートピアである持続性を実現する希望をもって取り組まれている。持続的な発展の道を見出だすため試行し続けている地球上の民衆の経験は、人びとの間で共有され、新しいプロジェクトやわれわれの知識の革新の着想につながる価値ある資産を日々構築している。

議会や政治的議論の場という異なった領域においても、私はこれらの経験の多くに再び出会った。持続的発展を擁護する側と、私たちが直面する文明の危機と環境の非常事態の根源である生産と消費のパラダイムに未だ囚われている側は、それぞれの信じる実践の合法化と制度化を求めて、絶え間ないたたかいのなかにいる。

2015年に来日したシルヴァさん
撮影：山田茂雄／毎日新聞社

環境大臣を務めたとき、私は有効な環境ガバナンスを制度化するために尽力した。開発モデルが持続性を尊重する方向性をもつように影響を与える公共政策を実行するにあたり、社会的イニシアティブ、学界、企業、研究所を統合する可能性と課題について確認した。私たちの進歩は、アマゾンの森林伐採を八〇%以上減速したことで示される。その後の持続性の後退も、森林とコミュニティに対する破壊と暴力の増加によって計ることができるだろう。

こうした持続的な開発の経験と社会環境的思考の変遷のなかには、幸福な瞬間も悲惨なときもあり、その軌跡のすべてを私は目の当たりにしてきた。教育を伴う活動、社会のより広い範囲で展開される教育が永続的に重要であるという確信を与えてくれる。記憶を呼び起こし、もう一度希望に明かりを灯し、私たちの社会、市場、政府に普及してしまった消費への渇望とその他の毒性のあるあらゆる熱望を満たすために、都合よく忘却の彼方に置かれてしまった価値を取り戻すためにも、それは求められている。

本書に綴られているこれらの教訓は、血と汗、時と記憶、夏と冬、長い年月に多くの人びとが経験した苦しみと希望で満ちている。その教訓は、それらが育まれた場所であるアマゾンの地と森林と同様に、貴重な資源である。この教訓を収集し、調査し、研究し、いまここですべての者と分かち合おうとしている人びとに対し感謝の意を伝えたい。緊急性を持って、私たちの経験が役立てられることを願っている。

二〇一七年六月

法定アマゾン —— 2014年

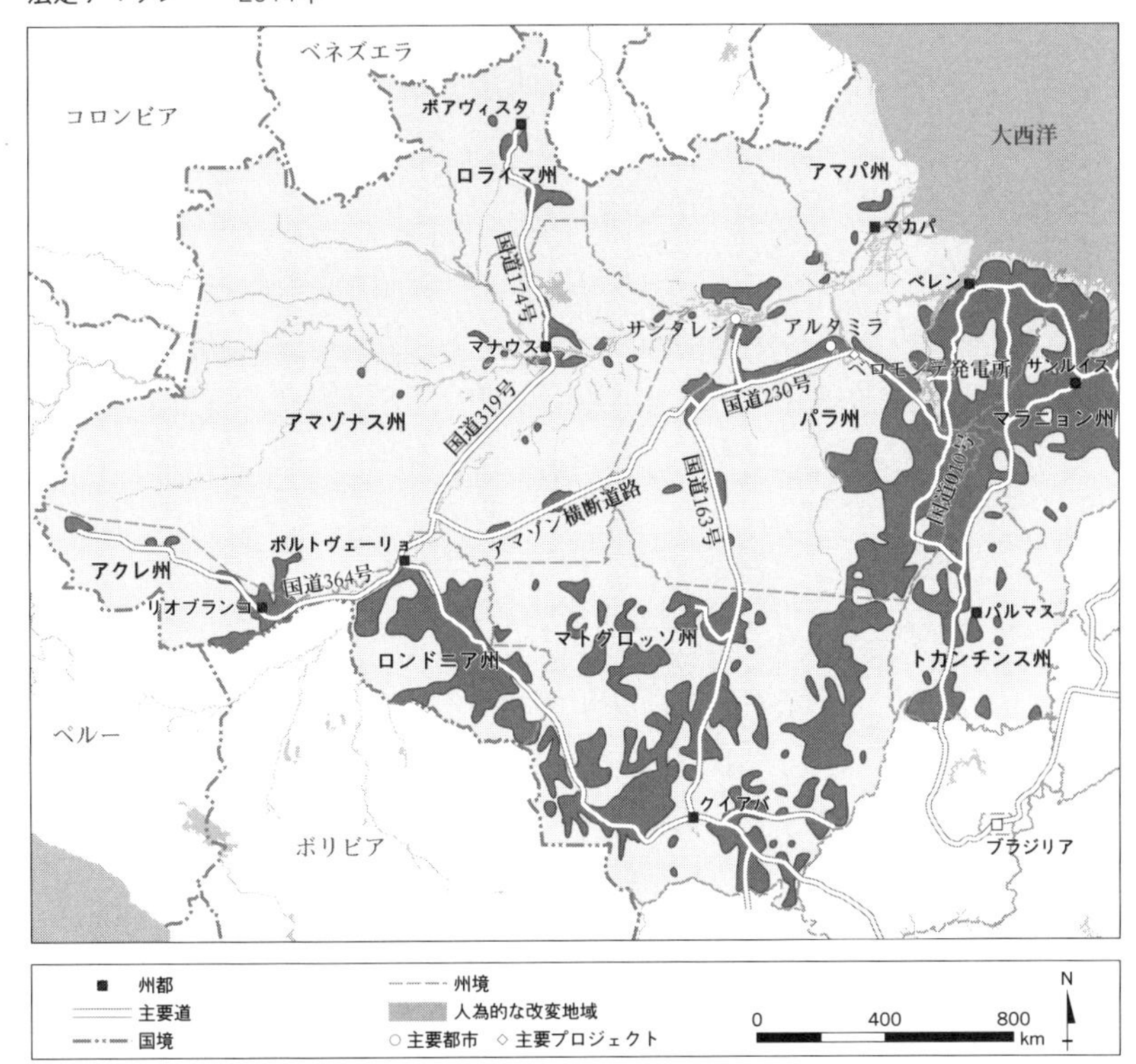

(出所) ブラジル地理統計院 (IBGE) の法定アマゾン地図から作成

アマゾン河の流域面積はIBGEによれば650万平方キロメートルで、うち6割強の420万平方キロメートルがブラジルに存在する。法定アマゾンは、こうした生態的な区分と異なり行政上の区分で、1948年にアマゾン経済価値拡大計画庁 (SPVEA) によって定義された。その範囲は現在のアクレ州、アマパ州、アマゾナス州、パラ州、ロンドニア州、ロライマ州、トカンチンス州の北部7州と、中西部のマトグロッソ州とマラニョン州の一部 (西経44度以西) を含み、その面積は約502万平方キロメートルとブラジルの国土の59%を占める。その植生は多様であり、大半が熱帯雨林であるが、南部にはサバンナ地域も広く存在する。2010年の人口センサスによれば、法定アマゾンの人口は2300万人とブラジルの10%弱を占める。

［凡例］

一　ポルトガル語の表記について

・固有名詞の表記は、原則的に日本で一般的に使われているカタカナ表記とした。
・語頭のR、語中のrrはラ行：リオブランコ（Rio Branco）、テラフィルメ（terra firme）
・vは[b]ではなく[v]：ヴァルゼア（varzea）、Silva（シルヴァ）
・語末のeは[i]ではなく[e]：ベロモンテ（Belo Monte）
・地名における単語間の中黒は省略：リオグランデドノルテ（Rio Grande do Norte）
・音引、撥音便は用いない。ただし日本語として定例化された単語は例外とした：シングー（xingu）

二　ムニシピオ（município 基礎自治体）の表記について

ブラジルの行政の最小の単位であるムニシピオは、人口が一〇〇〇万人を超えるものから一〇〇〇人以下まで多様であるが、本書ではすべて「市」とした。

三　povos indígenasの表記について

植民国家による領有以前から居住し、言語、伝統的な慣習や社会組織などの文化的特徴を保持しているpovos indígenasを、本書では先住民あるいは先住民族とした。また個々の先住民あるいは先住民族、例えばPovos de JurunaやOs Jurunasについては、文脈にしたがいジュルナ民族、ジュルナの人びとあるいは単にジュルナとした。

序 章

アマゾン開発と民衆運動

小池洋一　田村梨花

パッチワーク状に点在する大農場（マトグロッソ州北部、2016年8月）
撮影：下郷さとみ

アマゾンは人類の未来を映す鏡である。しかし、人びとはその鏡に自らの未来を視ずに、あるいは目を背けてひたすら豊かさを追求している。アマゾンには無尽蔵の資源が眠っている、アマゾンは地球最後の農場であるといった言説がいまでも聞かれるが、アマゾンは人びとに明るい未来を約束する大地ではない。アマゾンは人びとの経済活動によって深く傷つけられている。広大な森林が失われ、残った森林も劣化しつつある。森林破壊の要因は、これまで農林業、鉱業などの開発であったが、現在では地球温暖化の影響も大きくなっている。本来湿潤なアマゾンで短い周期で旱魃が起こり、その範囲が拡大している。森林破壊と温暖化の悪循環が生じている。ブラジルでは二〇一六年にルセフ（Dilma Rousseff）大統領が罷免され約一〇年続いた労働者党政権が終焉した。この政変によって権力を奪取したテメル（Michel Temer）政権は、新自由主義への回帰を目指し、アグリビジネスや鉱山会社の利益に沿った開発政策をとろうとしている。それはアマゾンをさらに傷つけ、人びと、とりわけ次世代の人びとの未来を奪うリスクを高める危険をもつ。

開発と森林破壊によって、アマゾンでは長く自然と共生してきた先住民や小農民が生活の場を奪われ暴力に晒されているが、彼らはさまざまな領域で抵抗運動を展開し、また持続可能な開発を提案し実践している。生態との共生を目指すアグロエコロジー、森の恵みを活用する採取経済、農業によって森の保存あるいは再生を目指すアグロフォレストリー（森林農業）、自然の保存と持続的な経済を提案する先住民運動、水力発電所や大規模な農牧畜への対抗とそれに代わる経済活動を提案する家族農や土地なし農民運動、デザインやフェアトレード（公正取引）によって生産物の価値を高める運動、人びとの生活と社会を強化するコミュニティ教育、そして森林の回復と環境教育を目指す日系人の活動などである。

1　開発と森林破壊

森林破壊

アマゾン河の流域面積は七〇〇万平方キロメートルに及び、うち五五〇万平方キロメートルが熱帯雨林によって覆われている。ブラジルはアマゾン熱帯雨林の約六〇％を占める。かつてアマゾンは緑の地獄とか魔境と呼ばれ、外部の人間を寄せ付けない大地であった。しかし、今日その姿はない。あらゆるところで開発が進行している。それに伴い熱帯雨林と生物多様性は急速に失われている。国立宇宙研究所（Instituto Nacional de Pesquisas Espaciais：ＩＮＰＥ）は、行政上の区分である法定アマゾン（五〇二万平方キロメートル）について衛星を使って森林の変化を観測しているが、アマゾン開発が本格化した一九七〇年代から八〇年代には森林破壊面積は年に二万平方キロメートルを超え、一九九〇年代半ばと二〇〇〇年代初頭には二万五〇〇〇平方キロメートルに達した（図序−1）。二〇一三年までの四〇年間に七六万平方キロメートルもの熱帯林が消失した（Nobre [2014]）。それはブラジルアマゾン熱帯林の二〇％に近くにもなる。

アマゾン開発の端緒は一九世紀末から二〇世紀はじめにかけてのゴムブームであったが、アマゾンに本格的に開発が訪れたのは一九六〇年代であった。政治的空白地域であったアマゾンを国家に統合する

図序－1　法定アマゾンの森林破壊および劣化面積の推移

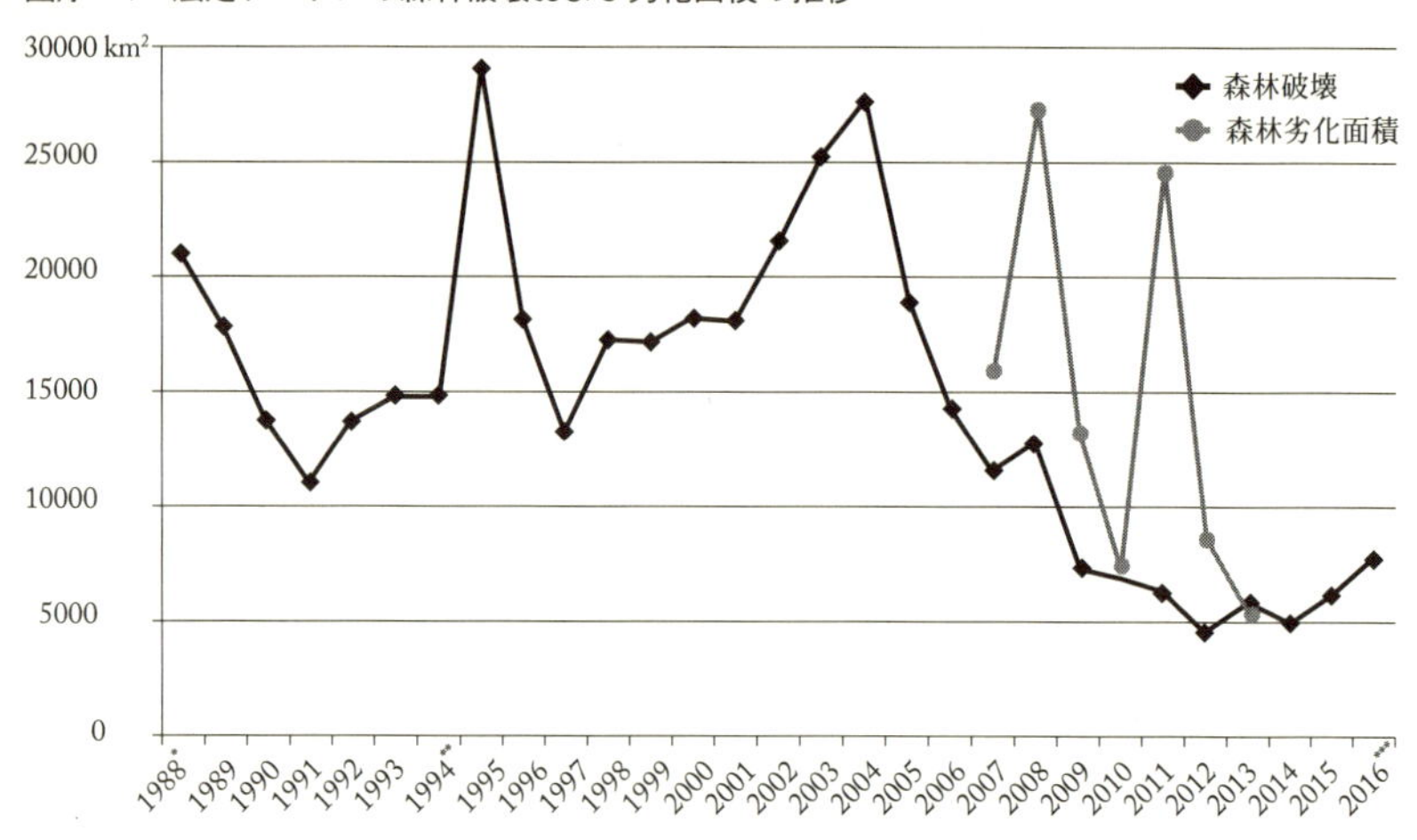

（注）* 1977－88年平均　** 1993－94年平均　*** 推定
（出所）INPE衛星による法定アマゾン森林伐採衛星監視プロジェクト（PRODES）、法定アマゾン森林劣化マッピング（DEGRAD）から作成。

ことが目標とされた。アマゾン横断道路の建設は統合の手段であった。土地なし農民問題の解消もまたアマゾン開発の理由となった。「土地なき人を人なき土地へ」はそのスローガンであった。一九七〇年代になると経済的理由が重要となり、開発の主体は大土地所有者や大企業となった。アマゾンでの投資費用を所得税から減免する制度がアマゾン開発を促した。その結果、南東部や南部の大土地所有者や大企業によって広大な牧場が開かれた。次いで鉱業活動が活発化した。パラ州のカラジャス（鉄鉱石）、パラゴミナス（ボーキサイト）などで大規模な鉱山開発が行われた。鉱石を運ぶ鉄道や精錬のためのツクルイ水力発電所が建設された。銑鉄生産のための木炭生産で大規模な森林破壊が起こった。鉄道建設はその周辺で農牧開発を促した。金に憑かれたガリンペイロ（金鉱採掘人）がアマゾンに入り込んだ。こうして開発はアマゾン全域に及んだ。

一九九〇年代以降は大豆が加わった。大豆栽培は、ブラジル中西部に広がるセラード（サバンナ）で急速に広がった。二〇〇万平方キロメートルもの広大な面積をもつセラードは、一九七〇年代の開発開始からたった五〇年で、その半分が穀倉地帯となった。セラードは今や大豆だけではなくコーヒー、トウモロコシ、綿花などの主要な産地となった。開発に携わった人びとは、かつての不毛な地を灌漑と土地改良によって豊穣な地に変えたと自画自賛し、セラード開発がアマゾン開発の防波堤になったと開発を正当化した。しかし、固有の生物種をもち、それ故に世界自然遺産にもなっているセラードは決して不毛な大地ではない。開発はセラードを越え、アマゾン奥深くまで侵入した。セラードはアマゾン開発の防波堤とはならなかった。大豆などセラードの農産物供給は、世界の食料価格を安定化させ人びとの食の改善に貢献したとされるが、他方で結果として肉食や飽食を助長し、農業による環境への負荷を強める一端を担ったことを忘れてはならない。

電力開発はアマゾン破壊のもう一つの要因であった。ブラジルは電力の大半を水力に依存しているが、サンパウロなど南東部は域内だけで必要な電力を賄うことができない。一九七〇年代以降アマゾン河流域から送電する計画が進められたが、八七年には電力公社（ELETROBRÁS）が「国家電力計画」（Plano 2010）を発表した。計画は二〇一〇年までにブラジル全土で二九七のダムを作るという壮大なものであった。そのなかにはシングー川のベロモンテ（Belo Monte）、アルタミラ（Altamira）の両発電所も含まれた。先住民保護区（Terras Indigenas：ＴＩｓ）に重大な影響を与えるダム建設には多くの批判が向けられ計画が大幅に遅れたが、二〇〇一年に降水量の減少から電力危機に起こると、二〇〇五年には規模を縮小したうえでベロモンテの建設が決定された。

森林劣化

アマゾンでの大規模な環境破壊は内外から厳しく批判され、これを受けてブラジル政府は一九八九年に「われらが自然計画」(Programa Nossa Natureza)を発表し、アマゾン開発への税制恩典の廃止、木材取引の規制などを決定した。次いで一九九二年にリオデジャネイロで開催された国連環境開発会議(リオサミット)は、持続的開発への転換の契機となった。

その後一九九〇年代から二〇〇〇年代の社会民主党、労働者党政権のもとで環境政策が強化されたが、政策内容は矛盾に満ちたものであった。カルドーゾ(Fernando Henrique Cardoso)政権の「法定アマゾン国家総合計画」(一九九五年)には、開発と環境の調和、先住民への配慮などを謳う一方で、アマゾンとその資源をグローバルな市場とつなぐ必要を強調した。二〇〇三年に誕生したルーラ(Luiz Inácio Lula da Silva)政権は、その政策構想の一つである「ブラジルの開発におけるアマゾンの位置」において、アマゾンが何よりもそこに伝統的に住む人のものであると主張する一方で、アマゾンを国家のための富を生む場とするとした。事実政権についたルーラは、安全性と環境に危惧がある遺伝子組み換え作物を承認し、広大な森林破壊を引き起こす危険のある国道一六三号(BR163)の舗装、アンデスを越えて太平洋につながる道路の建設と舗装を決定した。これらの道路は大豆などの農産物を運ぶためのもので、アグリビジネスの利益に沿うものであった。ベロモンテなどのアマゾンでの数多くのダム建設を承認した。

他方で、環境政策の進歩もあった。カルドーゾ政権は二〇〇〇年に森林法を改正し、法定アマゾンについては新規の開発について保存すべき森林面積の割合を従来の五〇%から八〇%に引き上げた。森林や生物などの保護を目的に連邦と州で個別に定められていた環境保護地域を国家保護単位システム(Sistema Nacional de Unidades de Conservação：SNUC)に統合し、保護地域の認可、管理などの規則を定めた。違法な森焼きや木材伐採などの行為に対して刑事罰を含めて厳しく罰する環境犯罪法を制定した。衛星を使った違法行為の監視を強化した。ルーラ政権は二〇〇四年に包括的なアマゾン森林破壊予防・規制プログラム(Plano de Ação para Prevenção e Controle do Desmatamento na Amazônia Legal：PPCDAM)を実行に移した。二〇〇九年には、バイオ燃料政策に伴い懸念されていたアマゾンでのサトウキビの栽培を禁止した。地球温暖化に対して「国家気候変動政策」(Política Nacional sobre Mudança do Clima：PNMC)をまとめ、アマゾンでの二酸化炭素排出量を二〇二〇年までに基準値(何らの政策をとらなかった場合の数値)に比べて八〇%削減する目標を掲げた。アマゾンへの大豆栽培の広がりを阻止するため、二〇〇六年にはNGOのグリーンピース、穀物メジャー、食品会社などの間で、アマゾン熱帯林を切り開いて栽培された大豆を買わない協定(大豆モラトリアム)が結ばれた。こうした政策が奏功して、法定アマゾンでの森林破壊面積は二〇〇〇年代半ば以降大幅に減少した(前出図序-1)。

しかし、法定アマゾンの森林破壊減少については、研究者や環境NGOなどからは過小評価されているのではないかとの疑義が出された。すなわち、木材の選択的な伐採、果実の採取などに加え、これらの活動のための私道の建設その他によって、森林の密度と質が低下しているのではないかとの指摘がなされた。こうした批判を受けてINPEは二〇〇九年から、より細密の画像によって森林劣化を調査する新しい制度「法定アマゾン森林劣化マッピング・システム」(Sistema DEGRAD)を導入した。DEGRADによれば、法定アマゾンの森林劣化面積は多くの年で森林破壊面積を上回り、特に二〇〇八年には二倍、一一年には三倍に達した。森林劣化に加えて、森林破壊面積も二〇一五年以降増加に転じ、一六年には二九%増加した。

気候変動とアマゾン

アマゾンは気候変動と深い関係をもっている。アマゾンの森林破壊は地球温暖化の一因となっている。ブラジルの温暖化ガス排出量をセクター別にみると、土地利用の変更・林業の比重が世界平均に比べ圧倒的に大きい。先進国でエネルギー部門が最大の温暖化ガス排出の原因であるのと大きく異なる。二〇〇〇年代前半では土地利用の変更・林業の比重は六〇％を占めた。アマゾンでの森林破壊の減少によってその比重は二〇一〇年に三五％と大幅に減少したが、その割合はインドネシアに次いで大きい。他方で輸送、工業などの温暖化ガス排出が急増している（OECD [2015]: 60）。

こうしてアマゾンの森林破壊は地球温暖化の一端を担っているが、他方で地球温暖化がアマゾンに異常気象と森林破壊のリスクを高めるという因果が存在する。ここ数十年でアマゾンはたびたび旱魃に見舞われた。旱魃は次第に強度を増し間隔が短くなる傾向にある。アマゾンにおける旱魃の要因は、太平洋赤道地域東部の海水温が上昇するエルニーニョと熱帯大西洋の海水面の異常だと言われている。旱魃は、二〇〇五年、二〇一〇、二〇一六年と頻繁に発生し、次第にその強度を高め範囲を広げた。

これまでアマゾンは、大量の淡水を包蔵するとともに炭素を固定化し、地球の気象の安定化に関わってきた。旱魃による広範囲の樹木の枯れ死は、CO_2の吸収を停止させ、アマゾンをCO_2排出源とさせる危険を高めている。二〇一六年の旱魃が森林に与える影響についてはまだ明らかではないが、一〇年の旱魃については、ルイスらがその影響を推計している。すなわち旱魃はアマゾンの森林が吸収する炭素量を最大で二二億トン減少させた。その内訳は、旱魃による二〇一〇〜一一年の二年間におけるバイオマス発生量（炭素吸収量）の減少が最大八億トン、数年にわたる樹木の枯れ死による炭素放出が最大一四億トンであった（Lewis et al. [2011]）。ルイスらが推計した二〇一〇年の炭素排出量をCO_2に換算すると、合計で八〇億トンになり、二〇〇九年に米国が排出した二酸化炭素量の五四億トンを上回るものであった（Gesisky [2011]）。

気候変動に伴うアマゾンの気候と森林の変化を予測するのは容易ではない。ＩＰＣＣ（気候変動に関する政府間パネル）は温室効果ガス（ＧＨＧ）濃度変化について四つのシナリオを描き、それに伴う気温変化や降水量変化を予想している。「中位安定化シナリオ」によれば、アマゾンでは二一〇〇年までに気温が一九八六〜二〇〇五年に対して一から四度（平均で二・一度）上昇、降水量変化がマイナス二五％からプラス七％（平均でマイナス一％）とされている（ECLAC [2015]）。しかし、気候変動だけでなく、気候変動がアマゾンに与える影響には不確実性がある。熱帯雨林は気候変動に脆弱で、その結果気温や降水量変化によって大きな影響を受け、森林破壊や劣化が進む可能性がある。森林破壊や劣化は大量の温暖化ガスを発生させ、地球温暖化を加速するリスクを増大させる。

後退するアマゾン保全政策

二〇一六年に誕生したテメル政権のもとで、アマゾンは新たな危機に直面している。テメル政権は、開発を優先し、環境保全のためブラジルがこれまで整備してきた法や制度の重要な部分を反故にしようとしている。先ず農牧供給省（Ministério da Agricultura, Pecuária e Abastecimento：ＭＡＰＡ）のトップにブライロ・マジをあてた。マジは、世界最大の大豆農家であり、アマゾンの開発と環境破壊に関わった人物である。テメル政権はまた小農支援を行う農業開発省（Ministério do Desenvolvimento Agrário：ＭＤＡ）を廃止し、社会開発飢餓撲滅省（Ministério do Desenvolvimento Social e Combate à Fome：ＭＤＳ）を引き継いだ社会開発農業省（Ministério do Desenvolvimento Social e Agrário：ＭＤＳＡ）に統合した。アマゾンでの農業活動は小規模な家族農が基本である。

ＭＤＡは、これら零細な農家を支援するとともに、有機農業あるいは広くアグロエコロジーを基礎とする持続的な農業の普及を目的としていた。つまり家族農業は単なる貧困対策ではない。家族農業は、国連食糧農業機構（ＦＡＯ）も社会的な包摂や環境保全の観点からその役割を重視したが、ＭＤＡはその先駆けとしてカルドーゾ政権末期の一九九九年に設立された。しかし、ＭＡＰＡとＭＤＡとの二元政策はアグリビジネスの側から批判されてきた。ＭＤＡの統廃合によって農業政策はＭＡＰＡに一本化された。それはアグリビジネスの勝利を意味するものであった。

テメル政権の攻撃は環境保護区（Unidades de Conservação：ＵＣｓ）や先住民保護区（ＴＩｓ）にも向けられている。環境省（Ministério do Meio Ambiente：ＭＭＡ）によれば、生態別のＵＣｓは二〇一七年二月時点において海洋を除く全生態で二〇五三か所、一五三万平方キロメートル、アマゾンで三三〇か所、一一七万平方キロメートル存在する。その面積は全生態の一八・〇％、アマゾンの二七・八％を占める。他方ＴＩｓは二〇一七年三月時点でブラジルには七〇五か所、一一七万平方キロメートル、うち法定アマゾンには四一九か所、一一五万平方キロメートルのＴＩｓが存在する。その面積はそれぞれ国土の一三・八％、法定アマゾンの二三・〇％を占める（ISA [2017]）。これに対して先住民人口は、二〇一〇年の人口センサスによれば、ブラジル全土が八一万八〇〇〇人、北部が三〇万六〇〇〇人である。アグリビジネスや鉱業部門は、環境保護のため、また少数の先住民のために広大な土地が留保されているのは、不当であり経済的無駄であると批判してきた。

ＵＣｓやＴＩｓの見直しは、長く熱帯林など自然と共生する生活を営み固有の文化を継承してきた先住民よりも、剥き出しの営利を追求する侵入者であるアグリビジネスや鉱山会社を優先するものである。テメルや大企業からみればアマゾンの自然はそのままでは不毛な土地であり、それを農地や鉱山に変えることが豊穣なのである。

テメル政権のもとでは森林法の改訂も危惧される。森林法は二〇一二年にルセフ政権のもとで改訂された。その内容は、二〇〇八年以前の違法な伐採について森林再生義務を免責する、従来制限されていた河岸の開発を容認するなど環境保護の流れに逆行するものであった。改訂をめぐる議論では、新規開発にあたって保全すべき森林面積の割合（アマゾンの場合は八〇％）の引き下げも検討されたが、実現しなかった。テメル政権では保全割合の引き下げが浮上する可能性がある。ＵＣｓやＴＩｓ政策の後退や森林法の改悪は気候変動政策（ＰＮＭＣ）が定めた目標達成を危うくする可能性がある。

2　民衆の抵抗とオルタナティブ構築の試み

アマゾンにおける民衆運動

植民地としての歴史をもつブラジルは、「発見」以降途切れることなく宗主国そして欧米社会によって収奪されてきた過去を持つ。アマゾンにおける土地と生命の収奪は、二〇世紀以降「開発」という名のもとに行われてきた。国家経済の成長と安定のためにアマゾンを有効活用することは政府にとって最優先課題とされ、森を生活の場とする人びとにとって開発政策への抵抗は生きるための手段であった。

軍事政権下でアマゾン開発が本格化する一九七〇年代、自らの生活を守るためのさまざまな民衆運動が組織された。国家権力が社会を抑圧し、人権が蹂躙される状況下において、ブラジル全土で草の根レベルの民衆運動が萌芽をみた。アマゾン地域における代表的なものとしては本書で紹介するセリンゲイロ

(ゴム樹液採取労働者)労働組合運動、先住民運動、土地なし農民運動などがある。軍事政権の推進する国家開発政策により生活圏を破壊され、生きる権利を暴力的に奪われた人びとによる行動である。森の民は、自民族の未来を保障するため環境に配慮し、生物多様性のサイクルに影響を与えることのない方法で生活を持続させてきた。生活の地を奪われるだけでなく、生命の源となる河川を汚染し、森林を暴力的に切り拓く政策や、大農園主や企業家の行動に対し、森に住まう人びとの抵抗は続いた。ブラジル司教全国会議(Conferência Nacional dos Bispos do Brasil:CNBB)とつながりをもつ組織である先住民宣教協議会(Conselho Indigenista Missionário:CIMI 一九七二年設立)、土地司牧委員会(Comissão Pastoral da Terra:CPT 一九七五年設立)といった「解放の神学」の影響を受けたカトリック組織の支援を受け、政府や農園主による脅迫や暴力を受けながらも民衆組織の活動は継続された。

一九八〇年代に政治開放の時代を迎えると、抑圧的支配に置かれていた民衆運動が自治体や国家の議会など公の場において自らの権利を主張する動きが生まれる。民衆運動のリーダーが、先住民や小農民などこれまで基本的権利を奪われてきた人びとの現状を訴え、ブラジルの民主化の基盤形成に重要な役割を果たす時代が到来する。恩赦法が制定された一九七九年、マルコス・テレナ(Marcos Terena)を初代代表とする先住民連合(União das Nações Indígenas:UNI)が組織され、異なるエスニシティをもつ先住民が自らの権利を獲得するため政治を変革する運動が生まれる。一九八三年のジュルナ(Mário Juruna)の先住民出身者として初の下院議員当選を皮切りとして、一九八五年に民政移管を迎えると先住民出身の議会議員として立候補する先住民が増加し、代表制民主主義のシステムのなかで自らの権利を取り戻してゆくための政治的行動として立ち現れた。一九八八年の新憲法をブラジルの全国民の権利の守られる内容にするため、アフロ系ブラジル人、女性、子ども、小農民、都市貧困層といった社会的マイノリティの民衆運動とともに、アマゾンの森の民も自らの権利を守るために必要な項目を詳細に審議した新憲法草案を提出した。特に先住民はそれまで「保護の対象」として扱われていた存在を「権利の主体」に変える大きな転換期を迎えた。UNIは一九八七年に先住民の権利を保障する内容の草案を議会に提出した。草案の重要性を演説したアユトン・クレナック（Ailton Krenak）が、壇上でアマゾン特有の植物ジェニパポから作られた黒い染料を顔に塗り、これまで開発の犠牲とされてきた先住民の人びとへの哀悼を捧げたシーンはあまりにも有名である。

世界とつながる民衆運動

一九八五年の民政移管後、ブラジル初の民主的憲法である一九八八年憲法が発布され、階層間の不平等性、社会格差が著しい社会が変化を遂げる基盤が作られた。しかし、憲法をはじめとするガバナンスの改革は推進されても、現実社会の変化は急速には訪れなかった。民主的方法により国民に選ばれた大統領は汚職問題を引き起こし（一九九二年のコロル大統領弾劾）、憲法上では国民すべての基本的権利が守られていても、そのための政策が実行力を伴うことはなかった。制度的には民主化を遂げたが、民主的方法により社会の公正性が確保される政策が開始されるのはカルドーゾ大統領（Fernando Henrique Cardoso）が政権に就く一九九五年以降のことである。

一九九〇年代は、東西冷戦が終結し世界の政治と経済が欧米社会、ことに米国中心に動き始める経済のグローバル化が始まる時代でもあった。軍事政権が終わり、民主化の訪れとともに政治を民主的に変革する権利を手にしたかに見えた民衆運動の多くは、欧米に拠点を持つ多国籍メジャーに代表される経済体にその活動を抑圧される状況に置かれることとなった。しかし、グローバル化により資本集約が起こると同時に、貧困の撲滅と社会的公正を求める人びとの運動がグローバルな関係性を持ちはじめるのもこの時期である。

政治開放後の一九八〇年代後半から、アマゾンの森を守る運動は国際社会とつながりはじめる。セリンゲイロ労働組合運動のリーダーでありアマゾン森林保護活動家の代表的存在となったシコ・メンデス（Chico Mendes）は、一九八七年に国連から「グローバル五〇〇賞」を受賞した。先住民運動も同様に活動と発言の場を世界に拡大した。一九八七年、カヤポ民族のリーダー、ラオニ（Raoni Metuktire）は、英国出身のミュージシャンのスティング（Sting）がベロモンテを訪問して知り合ったことをきっかけに、一七か国を巡るスティングのワールドツアーに同行し、全世界にアマゾンの森と人の置かれている危機的現状を伝える重要な役割を果たした。日本でも、ラオニの森を守る運動に感銘を受けた南研子が代表となり一九八九年に「熱帯森林保護団体（Rainforest Foundation Japan：ＲＦＪ）」を設立した。一九八九年にはブラジルアマゾン先住民組織委員会（Coordenação das Organizações Indígenas da Amazônia Brasileira：ＣＯＩＡＢ）がアマゾン九州の七五組織によって創設された。

一九九二年にリオデジャネイロで開催された国連環境開発会議（地球サミット）は、ブラジルをはじめとするラテンアメリカにおいて環境保護、森の民の権利を取り戻すための活動を行う草の根の民衆組織が世界のＮＧＯと出会う空間となった（Lacerda [2013]）。一九九〇年代に急速に発展したＩＴ革命、つまりインターネットという情報伝達技術が社会運動のツールとして普及を遂げたことが追い風となり、アマゾンで起きている環境破壊とそれに抵抗する運動、それぞれの組織の活動に関する情報発信を行い、地球の北と南という遠く離れた場所にいながら協力関係を構築することを可能とした。こうした世界的な民衆運動のネットワークは、二〇〇一年にブラジルのポルトアレグレにおいて「世界社会フォーラム（World Social

Forum：ＷＳＦ）」の開催を実現し、社会運動の世界的連帯の場を創設した。ブラジル北部パラ州の州都ベレンを開催地として二〇〇九年に開催されたＷＳＦは「アマゾン世界フォーラム（Fórum Social Mundial Amazônia）」と名付けられ、一四二か国から五八〇八組織延べ一五万人の参加者を擁する大規模なフォーラムが開催された。二〇〇の民族に属する約三五〇〇人の先住民が参加し、アンデス地域からも多くの組織が集まる、ＷＳＦ最多の先住民参加数を記録する大会となった（田村［二〇〇九］）。このようにして、アマゾン地域における草の根の民衆運動の活動と、先進諸国の諸組織による森林保護に代表される社会的公正を目指す活動が重なり合い、新たな力を生み出すことを可能とした。

グローバル経済からアマゾンを守る行動――持続可能性を求める市民運動に学ぶ

粛々と開発計画が進められるベロモンテダム開発に反対するための社会運動が多側面で動いている。本書にも論考を寄せている社会環境研究所（Instituto Socioambiental：ＩＳＡ）は一九九四年設立のＮＧＯで、活動当初からシングー川流域の先住民の状況の調査を続けてきた。二〇〇三年にルーラ大統領がベロモンテ水力発電所建設を目的とするダム開発を本格化させて以降現在に至るまで、本流域の開発がアマゾンの生物多様性に与える影響と先住民の生活を激変させる危険性を独自の調査研究活動により明らかにし、開発政策に対し警鐘を鳴らしている。

その一方で、森を守るために立ち上がる人びとの命を奪う残虐な事件も後を絶たない。セリンゲイロ労働組合運動に反感を持つ地主や開発により利を得る側からたびたび脅迫を受けていたシコ・メンデスは、一九八八年一二月に凶弾に倒れた。アメリカ人修道女でありながらブラジルに帰化し、パラ州で小農民のための農地改革を推進する運動を行ったドロシー・スタング（Dorothy Mae Stang）も、度重なる脅迫の末、二〇〇五年二月に六弾の銃弾を受けて殺害された。二〇一一年には、採取業に携わるなかで違法伐採の告発と環境保護運動を行っていたシルヴァ夫妻（José Cláudio Ribeiro da Silva e Maria do Espírito Santo da Silva）が暗殺されている。民政移管後三〇年以上経過した現在でも、軍政時代に行われていたような人権蹂躙は続いている。しかし、多方面の圧力に屈することなく、こうした事件を告発し、アマゾンの森と人を守るための活動に身を挺する人びとの存在を忘れてはならない。

テメル政権におけるアマゾン開発政策は民主化以降ブラジルが遅々としてではあるが制度化してきた森林保護と先住民の権利を尊重する制度的枠組みを破壊する予兆を示しているが、民衆運動の当事者がブラジルの政治の方向性を変える可能性はまだ失われていない。シコ・メンデスの同志でアクレゴム採取労働組合の活動家としての経歴をもつマリナ・シルヴァ（Marina Silva）は、メンデスの意思を引き継ぐ民衆運動の実践を継続するとともに、市議会議員、州議会議員、上院議員として政界に進出した。シルヴァは二〇一五年に新党持続的ネットワーク（Rede Sustentabilidade：ＲＥＤＥ）を組織し、汚職と無縁の政治家や社会活動家とネットワークを構築し、民主的ガバナンスを実現する挑戦を始めている。

一九八四年設立のＮＧＯ土地なし農村労働者運動（Movimento dos Trabalhadores Rurais Sem Terra：ＭＳＴ）は、農地として利用されていない土地を占拠し、合法的に土地利用の権利を獲得した後、形成したコミュニティにおいて有機農法や家族農業を推進し、持続可能な開発を可能とする教育実践を展開している。ブラジルの所得格差を形作ってきた社会制度の一つである大土地所有制により生きる場所と術を奪われてきた人びとによる新自由主義に対抗する運動が、アマゾンの森の奥深くで実践されている。それはいま生きている人びとのためだけではなく、次世代の生活を守るための試みでもある。「私たちは次世代から地球を預かっているに過ぎない」というシルヴァの言葉は、アマゾンから遠く離れた場所に暮らしながらその恩恵を受けているわれわれにこそ届けられるべきメッセージである。フェアトレードや倫理的消費といった社会的公正性を保つことができるオルタナティブな経済の促進、生物多様性の尊重を行動に移し地球上のすべての生命をあきらめず持続可能とする方法の探究に必要な知をアマゾンの民衆運動実践から学ぶことは、本書の重要な目的である。

3　本書への案内

本書の各章は、ブラジルアマゾン開発、それに伴う自然環境や社会の変容、そして自然を保全し生活を維持するための民衆の営為を紹介している。以下それらの内容を要約し、本書への案内としたい。

アマゾンではアグリビジネスの発展が森林の破壊や生物多様性の減少を引き起こしているが、他方で自然と共生する農業開発が模索されている。第1章の「アグロエコロジーがアマゾンを救う」はブラジルにおけるアグリビジネスの発展とそのオルタナティブとしてのアグロエコロジーをテーマとしている。爆発的に広がった大豆栽培はアマゾンの環境にも大きな影響を与えている。とりわけ二〇〇五年以降、完全に解禁された遺伝子組み換え農業の開始以降、土地収奪が進み、その圧力はアマゾンにも押し寄せつつある。そして大豆輸出のためのアマゾン航路の開発はアマゾン森林に直接的な影響を与えている。この動きを促進している力の一つは日本の農業政策である。アマゾンの水源にあたるセラード農業開発は国際協力機構（JICA）の計画と共に本格化した。セラード農業開発は大豆、トウモロコシ、コーヒー、綿花などの生産と輸出を増加させる一方で、セラードとアマゾンに環境破壊の危機をもたらしている。こうしたアグリビジネスの膨張の一方で、ブラジルではそれに対抗して生態系を守る農業、アグロエコロジーが食の運動として発展しつつある。アグロエコロジーを基礎とした生態系を守る食料生産に移行することこそ、アマゾンを守る唯一の道である。それはまた日本の農業と政策の見直しを要求するものでもある。

アマゾンで土地なし農民の移住やアグリビジネスの侵入以前の経済活動の中心は採取経済であった。アマゾンでは先住民が、移動耕作によって焼き畑を営むとともに、森から木の実、魚、動物などを採取して暮らしてきた。一九世紀末から二〇世紀はじめのゴムブームには北東部から多数の人びとがゴム樹液を採取する労働者としてアマゾンに入った。彼らは先住民からみれば侵入者であり衝突もあったが、その営みもまた森からその恵みを享受し暮らしを立てるものであった。第2章の「採取経済と森の持続的利用」は、アマゾンに住む人びと森が恵む豊かさを享受しながら森を守る方法である採取経済と、アグリビジネスに対抗してセリンゲイロ（ゴム樹液採取労働者）が起こした森を守る運動を紹介するものである。運動は、農牧業者に開発を止めるよう説得する平和的な抵抗から始まったが、やがて行政に採取経済保護区の設立を要求するものとなった。採取経済保護区の設立はブラジルの環境保護政策の原点となった。保護区では、持続的に森を利用するため、住民が中心となり行政などが支援する住民参加型の管理制度が導入されている。採取経済保護区は自然資源の共同管理制度であるコモンズの一種である。アマゾンの採取経済保護区は、持続的な開発の観点から画期的なものであるが、住民の豊かさへの願望や外部から開発の侵入によって脅かされている。そこで、政府による無秩序な開発の規制、新たな持続可能な森林資源利用法の創造、消費者の責任ある消費など外部の努力が必要だとしている。

もう一つアマゾンの森の持続的な利用、より生産的な森の利用として注目されているのがアグロフォレストリーである。第3章の「アグロフォレストリー――人と森が共生する農業」は、アマゾンにおける日系移民によるアグロフォレストリーの経験と、著者自らによるアグロフォレストリーの普及活動を紹介するものである。アグロフォレストリーは農業と林業が組み合わされたものであり、森林農法などと呼ばれるものである。そのなかで国際的に注目されているのが日系農業者が開発したトメアス式アグロフォレストリーである。それは伐採された土地で二次林の植物遷移を模倣して有用作物を栽培するものである。この遷移型アグロフォレストリーは焼き畑や牧畜に比べて収入が高く、しかも森林や生物多様性の保護につながる。トメアスの遷移型アグロフォレストリーは日系人によってアマゾン東部に普及されつつあるが、著者自身もマニコレ（アマゾナス州）でカカオをキー作物としたアグロフォレストリーの普及を試みている。アグロフォレストリーが定着し発展するには課題もある。近年アマゾンでは気候変動の影響とみられる旱魃と大水に直面しているが、そうした異常気象に耐えうる作物栽培方法の発見や、カカオの発酵など作物の付加価値を高めるための加工技術の向上が求められている。

アマゾンは先住民が自然と共生する場であった。彼らはまた固有の文化を維持しブラジルの多様性と豊穣をもたらした。しかし、開発の時代の到来は彼らの生活と生存を脅かし、それに伴い自然との共生や自然資源を持続的に利用する知恵や、その豊かな文化が失われつつある。第4章の「先住民の現在と主体的で持続可能な未来」は、アマゾン先住民が置かれた状況を述べ、次いで色濃い伝統文化が残る一方で開発が急速に進むシングー川流域で、持続可能な開発を試みる先住民社会とそれを支援する日本のNPOの活動を紹介する。一九八八年憲法は先住民に対してその固有文化を保持する権利と、伝統的に占拠してきた土地に対する始原的な権利を認めたが、現実には農牧業、鉱業開発などによってそれらの権利が侵害されてきた。先住民保護区への侵入が頻発し、また開発のため保護区自体を制度的に見直す動きもある。シングー川流域は開発と社会変化を象徴する地域である。ここでは都市の消費生活が急速に普及し伝統的な文化が変容し失われ、現代社会がもつ病理が現れている。NPO法人熱帯森林保護団体（RFJ）が支援する養蜂と消防団事業は、自然と人間が調和する場を創造する試みである。

アマゾンではアグリビジネスや鉱業とともに発電所建設が環境破壊をもたらしている。第5章の「ベロモンテ発電所と先住民」は、世界第四位の発電規模をもつベロモンテ発電所建設にともなう自然と社会への破壊的な影響と、それに対する先住民の抵抗運動の軌跡を描いたものである。ベロモンテ発電所は、環境破壊とそこに住む人びとの排除という意味で、アマゾン河流域で実行された電力開発あるいは広く経済開発を象徴するプロジェクトである。発電所が建設されるシングー川のアルタミラ近郊は多数の先住民が住む地域であり、発電施設とダム建設は彼らの生命と生活を危うくさせている。問題を深刻化させているのは、事業者である北部エネルギー社が発電所建設認可の条件であり、発電所建設に伴う影響の緩和と補償を定めた環境基本計画を履行せず、他方で連邦政府が環境基本計画のための監督や監視制度を整備しなかったことである。先住民保護区の認定は遅々として進まず、保護区への侵入者の排除に消極的であった。発電所建設に伴う漁業などへの影響の緩和や損害への補償、医療、教育など社会サービスの提供は一向に進んでいない。先住民保護を担当する先住民保護財団（FUNAI）の予算と人員は削減された。企業と政府の不誠実な姿勢のなかで先住民は孤立を深めている。こうしたなかで風力や太陽光によるオルタナティブな電源開発が始まっている。

アマゾンの土地は、大土地所有者によって支配され収奪的に利用されている。他方で夥しい数の土地をもたない農民や狭隘な土地で細々と農業を営む人びとがいる。彼らのほとんどは何らの資金・技術支援を受けられず収奪的な農業を営んでいるが、一部は有機農業あるいはアグロエコロジーによる持続的農業を試みている。第6章「土地への闘い――社会的再生手段としての土地なし農民運動」は、アマゾンの森林に入った土地なし農民の集落を紹介し、そこに暮らす人びとの生き方から人と環境との関わり、望ましい資源分配のあり方を見つめるものである。アマゾンでは税制恩典によって開発を進めた経緯から、恩典目的に購入され実際には利用されていない土地が多く、土地改革と土地の再分配が課題になっている。未利用地を占拠し効率的に農業を営めば所有権を与える憲法の規定から、土地なし農民による土地占拠が数多く発生した。しかし、占拠は複雑な手続きを必要とし、また土地所有者の阻止行動や暴力に直面することが少なくない。こうしたなかで、土地なし農民運動のコミュニティのなかには、外部の支援も受けつつ多様な作物の混合栽培によって生産性と持続性を高めるコミュニティも存在している。そういったコミュニティでは、商品作物の導入と市場へのアクセスによって現金収入を増大させ、医療や教育など社会サービスを享受する機会を増加させるなどの変化も生まれている。土地なし農民の活動から、その社会における土地や富の配分様式と、持続的な資源利用や自然環境の維持との関係性を垣間見ることができる。それはわれわれと無縁ではない。私たちの消費や流通の選択がかの地の富や土地の配分に影響を与えていることを忘れてはならない。

第7章の「ソーシャルデザイン――地域文化の回復」は、アマゾン地域で展開されている伝統工芸とデザインの交流による取り組みを取り上げ、それらが地域のオルタナティブな発展に向けどのような役割を果たしうるのか、その可能性や課題を論じている。ブラジルでは先住民や貧困コミュニティと連携して工芸品を開発する数多くのデザイナーがいる。デザインは工芸品の価値を高め、生産者やコミュニティの所得を引き上げ生活を向上させる。デザインによる工芸の活性化はまた伝統文化の継承、自然環境の保全などを可能にする。こうした社会的デザインはアマゾンでも展開されている。本章で取り上げられている天然ゴム工芸品の開発、ヤシ繊維工芸品の開発、ひょうたん工芸はその代表例である。先住民コミュニティと連携しながら工芸製品を開発するソーシャルデザインの活動は、アマゾン地域で収入や仕事を生み出すとともに、環境保全、伝統文化の伝承・発展、創造活動の推進、文化的アイデンティティの回復、社会包摂などにつながっている。他方で課題も少なくない。デザイナーに地域社会や文化への敬意が不足する場合、デザインは伝統を継承したものにならず、また職人を安価な労働力とみなすことになる。もう一つの問題は工芸品の市場が狭く、大都市や海外市場への販売が困難であるという流通の問題である。しかし、従来のデザインが画一的で大量生産と消費によって環境への負荷を高めていることを考えれば、アマゾン先住民の固有の文化と自然との共生を踏まえた工芸活動は、ブラジルに限らず広く世界でオルタナティブなデザインと社会の形成に貢献する活動である。

アマゾンに暮らす人びとが引き続き自然の恵みを享受し、他方で生活水準を高めるには、彼らの生産物の向上や新しい生産物の創造と、それを可能にする公正取引が不可欠である。第8章の「フェアトレード――生産関係の変革」は、ブラジルにおける公正取引の意義を、次いでアマゾンの家族農、工芸家など零細な生産者が抱える販売その他の制約を述べ、最後に公正取引の実践事例を紹介する。ブラジルの公正取引は、先進国の消費者が途上国の生産者から公正な価格でモノを買ういわゆるフェアトレードに留まらず、国内市場のあらゆる段階での取引を指す。ブラジルの公正取引はまた連帯経済（economia solidária）と密接な関連をもって実行されている。公正取引は、商取引が公平・連帯・持続性・透明性をもつこと、商取引に関わるすべての参加者が生産・販売・消費において共同責任をもつこと、商取引において人種的・文化的多様性や伝統社会がもつ知識に敬意を払うことなどを条件としている。アマゾンでは、その自然がもたらす恵みを利用し、また伝統や文化を生かした生産物を創造し、公平な価格で取引する試みが開始されている。それはアマゾン住民の生活を向上させるとともに伝統や文化の継承を可能にするものでもある。

アマゾンでは開発によって都市化が急速に進み、その過程で都市内部に貧困層や貧困地域が形成された。第9章「いのちを守る知恵 —— 都市貧困地域のコミュニティで生まれる市民教育」は、ブラジルの民主化を底辺から作り出してきた民衆組織の活動が、どのようにアマゾン地域の子どもの生活を変容させてきたかを分析する論考である。アマゾン地域における子どもの人権の状況について概観するとともに、公教育以外の場でNGOによって行われている市民教育（地域文化を尊重する活動、性的搾取やDVの被害から身を守る教育）の分析を通して、地域住民がどのように「自分たちの生活を守る学びの場」を創造しているのかについて、パラ州ベレンにおいて一九七〇年代より都市貧困層の子どもの権利を守るために活動しているNGOを事例に考察する。

アマゾンの森林を守る運動は、日本人にとって遠い話と思えるかもしれないが、実は日本や日本人とも縁が深い。日系移住者はアマゾンにジュート、コショウなどの新たな栽培作物を導入した。彼らはまた、アグロフォレストリーに見られるような持続的農業を開発するなど、アマゾンで環境保全において創造的な活動を行った。第10章「森を活かして森を守る —— アスフローラの運動」は、著者が指導するアマゾニア森林友の協会（アスフローラ Asflora）による森を活かして森を守る運動を紹介するものである。アスフローラが目指すのはアマゾンでの人間と自然の調和である。アスフローラは、アマゾンで製材業を営んでいた日本企業の資金援助を受けて二〇〇〇年に設立されたが、その後支援が打ち切られたなかで、森林の回復と環境教育活動を継続した。なかでも重点を置くのは、アマゾンの零細農民に農業技術を支援する活動や、植樹のための種苗センターを維持することである。アグロフォレストリーの普及にも努めている。著者はアスフローラの活動が、焔が迫る森を救うため一滴一滴水を運ぶベイジャフロル（ハチドリ）の物語に似ていると言う。アスフローラの環境保護活動は法律に従い政策に沿って行うものだけではない。中心となる活動は、アマゾンの環境保護という目標に向けて、地域コミュニティの関心を喚起し参加を促すことである。地域住民が森林保全の重要性を自覚し行動するよう誘導することが重要である。

これまで述べたようにアマゾンでは、開発の進行によって森林破壊が進み生物多様性が失われ、先住民や農民たちが彼らの土地から追われる一方で、それに対抗する運動が展開されてきた。民衆の運動は単に開発を批判し環境保全と権利保護を求めるものではない。自然を破壊するこれまでの開発に対してオルタナティブを示している。アマゾンの民衆運動は、経済成長と消費主義を超えて、オルタナティブな社会や生活様式を求める運動である。市場経済の根底からの変革、すなわち労働や自然を含めあらゆるものを市場取引の対象とする経済を揚棄し、自然と人間の共生や連帯を目指す運動である。

われわれの社会はアマゾンと決して無縁ではない。われわれの経済と生活はアマゾンの土地、水、鉱物などの資源を消費することによって成り立っている。つまりアマゾンの開発と環境破壊に関わっている。われわれは、アマゾンにおける民衆の声に耳を傾け、想像力をもってアマゾンとの関係を理解し、消費主義の克服とオルタナティブな開発に向けて行動する必要がある。

参考文献

田村梨花［二〇〇九］「アマゾン世界社会フォーラム――総評とローカルＮＧＯとの関係の分析から」『Encontros

Lusófonos』第一一号
シェルトン・デーヴィス［一九八五］『奇跡の犠牲者たち――ブラジル開発とインディオ』関西ラテンアメリカ研究会訳、現代企画室
西沢利栄［二〇〇五］『アマゾンで地球環境を考える』岩波書店
西沢利栄、小池洋一［一九九二］『アマゾン――生態と開発』岩波書店
西澤利栄、小池洋一、本郷豊、山田祐彰［二〇〇五］『アマゾン――保全と開発』朝倉書店
松本栄次［二〇一二］『写真は語る　南アメリカ・ブラジル・アマゾンの魅力』二宮書店
山田祐彰［二〇一六］「持続可能な開発への挑戦」ブラジル日本商工会議所編『新版現代ブラジル事典』新評論
ECLAC [2015] *The Economics of Climate Change in Latin America and The Caribbean: Paradoxes and Challenges of Sustainable Development*, Santiago de Chile.
ISA: Instituto Socioambiental [2017] "Situação jurídica das TIs no Brasil hoje," Última atuarizada em 06/03/2017.
Jiménez-Muñoz, Juan C., Cristian Matter, Jonathan Barichivich, Andrés Santamaria-Artigas, Ken Takahashi, Yadvinder Malhim José A. Sobrino & Gerald van Schrier [2016] "Record-breaking Warming and Extreme Drought in the Amazon Rainforest during the Course of El Niño 2015–2016," *Scientific Reports*, 6: 33130 DOI: 10.1038/srep 33130.
Lacerda, Paula Mendes [2013] "Movimentos sociais na Amazônia: articulações possíveis entre gênero, religião e Estado," o *Boletim do Museu Paraense Emílio Goeldi. Ciências Humanas*, Belém, v. 8, n. 1, jan.-abr.
Lewis, Simon L., Paulo M. Brando, Oliver L. Phillips, Geertje M.F. van de Heijden & Daniel Nepstad [2011] "The 2010 Amazon Drought," *Science*, 331 (6017), February: 554.
Nobre, Antonio Donato [2014] *O Futuro climático da Amazônia: Relatório de avaliação científica*, São José dos Campos, SP: Instituto Nacional de Pesquisas Espaciais.
OECD [2015] *OECD Environmental Performance Reviews Brazil*, Paris.

第1章

アグロエコロジーがアマゾンを救う

印鑰智哉

農地改革により入植した農家がアグロエコロジーによって大規模牧場で荒廃した土地を甦らせた例。マトグロッソ州、2013年8月（筆者撮影）

アマゾンの生態系が危機に瀕している。果たして、破局を避ける方策はあるのだろうか。もうすでにお手上げなのだろうか。いや、そうではない。ブラジルからは地球レベルの危機につながる事態に対して有効なオルタナティブが実践され始めている。その一方、この危機の深刻化には日本も浅からぬ関与をしている。その関わりを変えていく必要がある。このブラジル発の提案を私たち日本でも真剣に受け止め、応えていくことができれば、この危機は回避できるであろう。

本章では、遺伝子組み換え農業などによるブラジルで進行する生態系破壊の危機の実態を見ながら、ブラジルの社会運動の基軸となりつつある生態系の力を生かす農業と社会のあり方、アグロエコロジーが持つ意義を確認し、今後を展望してみたい。

1　アマゾン生態系の危機

アマゾンの生態系破壊についてはアマゾンの森林破壊の数字がまず参照される。アマゾンの熱帯林が守られることはアマゾンのみならず世界の環境にとって肝心のことであり、重要な指標ではあるが、森林破壊の指標だけでは見られない問題がある。

その問題を見るための軸として四つあげたい。水体系の問題、有害物質による汚染の問題、生物多様性の問題、そして気候変動の問題である。もし、水体系に深刻な影響がある場合、違法伐採や火災などによって破壊されなくても森林は消えていく。いかに水体系が豊かであったとしても、有害な物質によって汚染されてしまえば、同様に生態系は深刻な影響を受ける。生物多様性も重要だ。一つの種の絶滅はそれに依存するほかの種の絶滅をもたらしてしまい、連鎖反応を起こしてしまう。そして、気候変動は生態系のあり方に深刻な影響を与える。気候変動の進行により、アマゾンがサバンナ化する、つまりうっそうとした熱帯林が消失し、潅木を交えた草原地帯になってしまうという予測もある。森林伐採がなくとも、現在のアマゾンの森林は失われてしまう。

水体系

まず、生態系を支える水体系の問題を見てみよう。ブラジル中央部の高原地帯にはセラードといわれる広大なサバンナ地域があるが、これが南米大陸の大きな水源地域となっている。セラード地域では一九七〇年代後半から本格的な農業開発が進み、すでに多くの原生林が失われてしまっている。セラードは高原地域で、ここに降った雨はアマゾン河の水源となりアマゾンの生態系を支え、また流量の多いサンフランシスコ川の水源ともなり北東ブラジル地域の生態系を支え、さらには湿原で有名なパンタナルの水源ともなっている。

セラードは世界で最も生物多様性が豊かなサバンナ地域である。セラード地域では長く続く厳しい乾期に耐えるため、植生が独特に進化し、深い根を土壌に張り巡らせ、地域一帯の地下世界を豊かな水を蓄える巨大なスポンジへと変えている。しかし、この地域で進んだ農業開発により、独自の植生ははぎ取られ、大豆などの根の浅い作物の生産地となった。乾期には大豆は根こそぎ収穫され、土壌は直接乾期の強烈な太陽にさらされる。有機物を失った土壌は乾燥し、容易に風などに運ばれてしまう。その結果、保水力が失われる。セラードはブラジル南部の穀倉地帯の尽きることのない水源であった。ブラジル南部では近年まで水の供給を心配する人はほとんどいなかった。多くの農家がその水資源の無尽蔵さを誇らしげに語っていた。しかし、それほど豊かな水体系がもはや信頼できるものではなくなりつつある。深刻な水不足による農業生産の減少がブラジル社会にとって深刻な問題となりつつある。

有害物質による汚染

有害物質による汚染はどうか。これもまた深刻なレベルに達している。その原因の一つは鉱山開発である。ブラジルでは金やウランなどを含む鉱物資源に富み、鉱山開発が各地で進められているが、この鉱山から排出される有害物質による汚染が広がっている。二〇一五年に発生したミナスジェライス州マリアナにおける鉱滓物質貯蔵ダムの決壊によるドーセ川の汚染は、ブラジル史上最悪の環境破壊事故と呼ばれているが、汚染除去や被害者の救済はまるで進まない。マリアナのような危険な状況にあるダムは国家鉱物生産局によるとブラジルに少なくとも一六存在し、その一三はアマゾンに集中しているが、その対策もまた進んでいない。いつ第二、第三のマリアナの事故が繰り返されるとも知れない。アマゾンに広がる小規模金鉱では未だに水銀が使われるケースが多数あるといわれる。そこでは水銀による汚染が広がり、先住民族をはじめとする住民のなかでの水俣病の発生なども指摘されている。さらにバイア州などのウラン鉱山開発では放射性物質の汚染事故がたびたび報道される。しかし、ブラジル政府はその実態をほとんど調査もしていない。ウラン鉱山労働者や住民には不安が広がっている。

もう一つ大きな有害物質による汚染源として農薬がある。ブラジル環境省（Ministério do Meio Ambiente：MMA）によれば、ブラジルは二〇〇八年以降、農薬使用量が世界一となった。広大な地域で空中散布や大型機械によって大量に散布される農薬は、土壌だけでなく地下水も汚染している。ブラジルでのジカ熱やデング熱の蔓延に大きな注目が集まっているが、その背景はジカ熱などを媒介する蚊が急激に増えたことである。蚊の天敵であるカエルやトンボなどは農薬の影響を受けやすい。農薬噴霧によって天敵が激減し、蚊は比較的農薬に強いため、天敵のいなくなった蚊は大量発生する。根本的な対策としてはカエルやトンボが生きられる生態系を取り戻すべきだが、殺虫剤の大量噴霧や遺伝子組み換え蚊の導入など、それ自体がさらに新たな環境破壊を起こしかねない対策が採用されようとしている。農薬の化学成分はその多くが分解されることなく、生態系に残り続け、長期にわたり影響を与える。生態系への影響ばかりではなく、人の健康にも大きな影響を与える危険が指摘されている。ブラジルで散布されている農薬には生殖に障害をもたらすとされる内分泌撹乱物質（環境ホルモン）として作用するもの、神経毒として自閉症や認知症、失明、呼吸器疾患、アレルギー、栄養失調、糖尿病、腎臓病、ガンなどの原因となるものがあるとの指摘があり、その影響が想定される範囲はあまりに広い。

ブラジル社会的保健協会（Associação Brasileira de Saúde Coletiva：ABRASCO）によれば、アマゾンに隣接する地域ではマトグロッソ州、パラ州などを中心にこうした農薬を大量に用いる大豆の生産、ユーカリ植林などが大規模に行われており、ガン患者の急増などの問題の発生が指摘されている。こうした悪影響をもった農業がアマゾンに入り込み始めている。

多くの植物は受粉するために特定の昆虫や動物を媒介に利用している。その当該の種が絶えたときに、その植物も絶滅の恐れに直面せざるをえない。農薬の大量散布により、蜂の数が激減する現象が報告されている。ブラジルは世界的な養蜂大国で、その産出する蜂蜜やプロポリスは高品質が認められ、世界に輸出されてきた。しかし、蜂の激減によって養蜂業を放棄せざるをえなくなった地域が現れている。蜂が絶滅した場合、生態系の多くの植物が死滅し、その植物に依拠する動物や昆虫がまた死滅する可能性がある。生態系を均衡に保つために必要な生物多様性をすでに失ってしまっているという報告がある。もし、この生物多様性の減少を食い止められなかったとき、世界は緩やかな死を待つしかなくなるかもしれない。

アグリビジネスのランドラッシュ

鉱山業以上に広大な地域での生態系破壊に関わっているのが大規模工業型農業である。第二次世界大戦後、爆弾や生物兵器の生産力を使って、化学肥料や農薬が作られ、それを使った農業が「緑の革命」として世界的に広められていくが、ここブラジルでもその農業は大規模に推進され、米国を凌いで世界一のアグリビジネス大国になる勢いで輸出志向の農業開発が進められてきた。種子、農薬、化学肥料が一つの技術パッケージとしてセットで提供する農業をここでは工業型農業と呼ぶ。種子や農薬を製造する化学企業との結びつきが強く、また大規模に展開されるケースが大きく、大規模農業機械の導入も特徴的である。後に触れる遺伝子組み換え農業とはこの工業型農業の最も極端な形態である。

工業型農業に適した土地はブラジル国内ではほぼ開発し尽くし、内陸奥地の土地でも土地価格の上昇が激しくなっている。その獲得にブラジル国内外の企業が乗り出していることが、価格の上昇に拍車をかける。日本の総合商社も、二〇〇七年三井物産のブラジル企業マルチグレイン社への投資を皮切りに、続々とブラジル企業買収に乗り出している（Sano [2016]）。ブラジルのアグリビジネス企業と大地主たちは土地不足を嘆き、政府に森林法が定める水源地での森林保護範囲を減少するなど森林保護の規制緩和を働きかけ、実現した（二〇一二年）。水源地帯にある森林を伐採してしまった場合、水源がその機能を失い、その地域での水資源の活用に深刻な影響を与える。農業の未来を考えるのであればそうした規制は重視しなければならないはずだが、短期的利益に血眼の農業開発関係者はおかまいなく、制限を緩和させて農地拡大に走ってしまった。

しかし、それでも土地が足りない。そこでブラジルのアグリビジネスの国際展開が本格化している。隣国のパラグアイやボリビアはもちろん、遠くアフリカでもブラジルのアグリビジネスによる土地の買収が本格化している。もっともアフリカでは政治的不安定、社会的不安定さもあって、本格的展開は必ずしもうまくいっているとはいえない。

そして、開発の矛先は再びブラジルに舞い戻る。そこで狙われているのがブラジル各地に広がる先住民族とキロンボーラ（逃亡奴隷の共同体で暮らす人びと）、そして小規模農民の土地である。ブラジルの一九八八年憲法は先住民族の権利の承認について世界で最も進んだ憲法と言われる。先住民族がその土地に歴史的に存在していたことが確認された場合、その土地は先住民族の土地として宣言され、非先住民族による利用はできなくなる。しかし、憲法は進歩的であっても、政治は古い寡頭勢力に占められており、先住民族の土地の認定は遅々として進まず、特に農業開発地域においては明らかに政治的にその認定がサボタージュされ、多くの先住民族のコミュニティが法的保護を得られない状況にある。ブラジル全体で、二〇一五年だけで土地紛争や鉱山開発などが原因となって、一三七人が殺されている（CIMI [2016]）。最も殺害数が多いのはブラジル南部の大豆の大生産地であるが、アマゾン地域もそれに次いで多い。

こうした先住民族をめぐる政治状況は、現在のブラジルのアグリビジネスのあり方を端的に表現しているといえるだろう。つまり、将来的な持続性よりも現在の利益を生み出す黄金の土地を一ヘクタールでも余分に獲得したいという強欲な姿勢である。もっとも彼らの強欲さは、その大豆などの穀物を金に変えている海外の市場によって支えられている。先住民族やキロンボーラの土地だけでなく、先住民族、黒人、白人などの混血の多い伝統的住民の土地が奪われるケースも報告されている。アグリビジネスによるランドラッシュはアマゾンの生態系への大きな脅威となっていると同時に、そこに暮らす人びとの生活を脅かしている。

アマゾンに開かれる大豆の道

アマゾン以南で大規模に進む大豆をはじめとするモノカルチャー農業の拡大にとって、大きなネックは輸出のための輸送路であった。南のサンパウロ州のサントスなどの港にトラックで運ぶ経路は主な輸出先である中国やヨーロッパから遠い上に飽和状態で、事故などで輸出がストップすることもたびたびである。そこで目がつけられたのがアマゾンを貫通してアマゾン河口から輸出する経路、国道一六三号（BR163）であった。この道路は軍事独裁政権の一九七〇年代に建設が着手されたが、開発の困難さもあって通行不能な状態で放置された。その道路がルーラ労働者党政権の誕生後、大豆を輸出する経路として強化するため、二〇〇三年に舗装計画が始まり、その舗装は二〇一六年現在、ほとんどが完成するに至っている。BR163以外の道路の舗装化も進みつつある。この結果、ブラジル中部の広大な地域で作られた大豆がアマゾンを通って、大規模輸送することが可能になった。

社会環境研究所（Instituto Socioambiental：ISA）のマルシオ・サンティリは、アマゾンにおける森林破壊の八〇％は舗装された道路の脇三〇キロ以内で起きていると批判する。この道路の建設によって、その道路周辺で土地収奪、森林破壊が激化している。つまり、セラードの大豆生産の拡大がアマゾンでの森林破壊

図1－1　ブラジルでの大豆とコメの耕作面積の推移

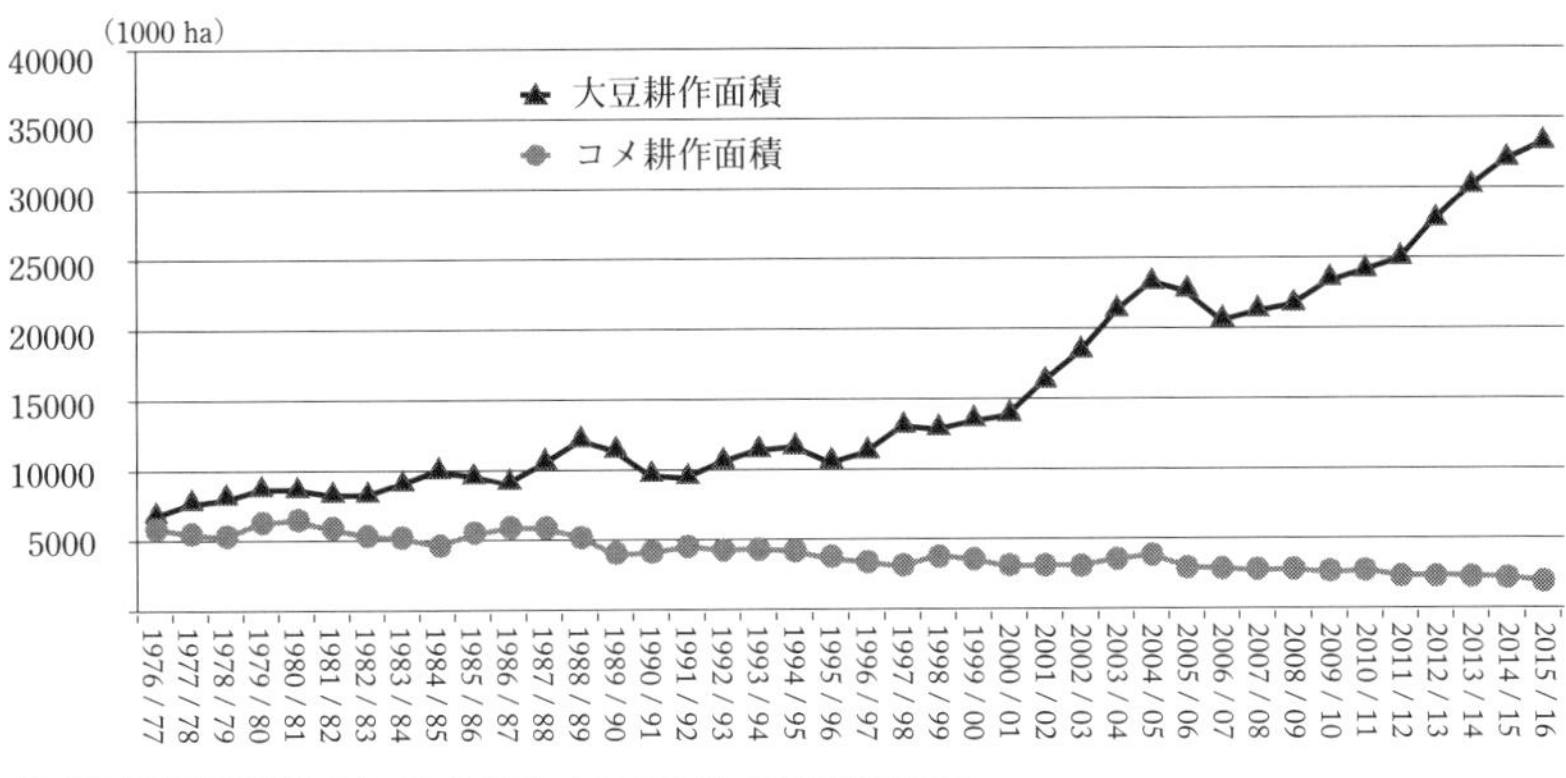

（出所）国家食糧供給公社（CONAB）＊2015/16年の数値は予測値

につながっている（Santilli [2017]）。

2　ブラジル農業の変化

ブラジルの農業はこの間、どのような変化を遂げているか、一九七〇年代から現在に至るまで、その変化を象徴していると思われる大豆、コメを比較してみてみたい。

一九七六／七七年段階では大豆とコメの耕作面積はさほど大きな開きがなかった。しかし、その後、大豆は一九七六／七七年の耕作面積に対して四七八・五％と激増し、全農地の四九％まで占めるに至っている。一方、コメはわずか三分の一（三三・五％）に激減し、全農地の三・三％に過ぎなくなった（図1－1参照）。日本では大豆は食文化の中心にある作物だが、ブラジルには大豆を食する文化はアジア系移民を除けば存在しない。大豆は家畜の飼料や加工食品の原料となっても、直接ブラジル人の食にはならない。大部分は輸出の対象となる。一方、コメは重要なブラジルの主食である。しかし、それが最近ではコメの輸入が輸出を上回る年が出てくる。

二〇一〇年、二〇一六年ブラジルはコメの純輸入国となった。米国を超す農業大国をめざすといいながら、主食のコメは自給すら困難な状況になりつつある。この事実を見てもわかるように、ブラジルの農業は自国の食料のニーズを満たすことよりも、大豆の生産とその輸出に偏った発展をしていることになる。外貨を稼げる産業として大豆生産が急速に強化されてきた。

この変化を作り出したきっかけに日本の政府開発援助があった。JICA（国際開発機構）が手がけた日伯セラード農業開発協力事業「プロデセル」（Programa de Cooperação Nipo-Brasileira para o Desenvolvimento dos Cerrados：Prodecer）である。この計画はブラジルの内陸部高原地帯を占めるセラード地域を穀倉地帯に変えることを目的に、当時軍事独裁であったブラジル政府と日本政府との間で推進が決まった。当時、日本は米国からの大豆禁輸措置を受け、大豆が高騰し社会問題となっていた。米国以外の大豆産地の創出が大豆相場の安定、日本にとっての食料戦略で重視された結果、この開発計画に白羽の矢がたてられた。JICAの自己評価によると、このセラード開発計画は「不毛の大地を緑の穀倉地帯に変えた奇跡のプロジェクト」である。確かにこの時期からブラジル内陸部で農業開発が進んだが、社会開発あるいは環境の見地から見て「奇跡のプロジェクト」という評価は果たして妥当であろうか。

ブラジル人の主食であるコメやフェイジョン豆などの耕作を行っていた小規模農業生産者による農業が衰退し、巨大な大豆プランテーションが拡大した。ブラジル国内の栄養政策から考えたとき、この変化は大きなマイナスとなる。こうして作られた大豆は輸出向けの家畜の飼料やバイオ燃料向けであり、ブラジル社会は基本的に大豆を食さないからである。自給的なローカルな食のシステムが破壊されると、たとえばそれまで入手できていた野菜などの生鮮食品が得にくくなり、添加物の多い加工食品などに変わっていく。

その上、地域を支えた小規模農業に代わった大豆プランテーションは農薬の大量消費を伴った。さらに、セラードの生態系の破壊による水体系の衰退、アマゾンやパンタナル（大湿原）の生態系にまで与えるインパクトなどを含めて長期的な評価をした場合、このセラード開発計画はブラジルの長期的な発展にとってきわめて深刻な影響を与えるきっかけを作ったと言わざるをえない。そして、このセラード開発計画は北上し、第三期にはアマゾン東端に接する地域にまで進出している。現在進められつつあるマトピバ(Matopiba)地域農業開発計画は、まさにアマゾンに接する形で展開されている。

ここ二〇年にわたるブラジルの大豆輸出先国の推移を見ると、一九九五年時点では一〇位以内にも入っていない中国がこの二〇年間のうちに急激に圧倒的シェアを占めるようになる。一方、日本の大豆輸入は二〇〇三年の五一七万トンから二〇一五年には三二四万トンと大幅に減少している。中国はかつて世界最大の大豆生産国であったが、大量に輸入する国に変わった。しかし、その変化は中国国内での食肉需要や加工食品需要の増大に対応するためだけではない。日本の加工食品企業は日本から中国に大規模に進出しており、中国で加工食品を生産し、日本を含むアジア諸国、世界に売る戦略を打ち出し、日本の総合商社も相次いでブラジルの現地商社に出資・買収して、大豆の調達力の向上、ロジスティックスの掌握につとめ、中国への大豆輸出にも関与している。アジアでの加工食品、食肉需要の急増はブラジルでの大豆生産の急増を生み出した(Hiraga [2016])。

こうして、ブラジル農業のなかで大豆は特別の地位を獲得するに至った。現在、ブラジルで穀物が植えられた農地のなかで、大豆の耕作面積は四九％を占め（ブラジル農牧食料供給省統計）、二〇一四年には大豆関連商品の輸出総額はブラジルの全輸出の一三・一％を占めるに至っている（大豆一〇％、大豆粕三・一％）。大豆はブラジルの最大の輸出品である鉄鉱石につぐ第二位だが、大豆粕を含めるとその額は第一位となる(BACI International Trade Database)。

遺伝子組み換え農業の導入

手っ取り早く外貨を獲得することができる輸出指向型大規模農業は、近年ブラジルで急速に拡大してきた。それは一方で小規模農民の権利を損ない、生態系にも悪影響を与えるのだが、ブラジル政府のルーラ、ルセフの両労働者党政権はともに、そうした動きを規制する姿勢はほとんど見せず、むしろ税制優遇など協力する姿勢を取った。ブラジル政府が進めたのは税制優遇だけではない。二〇〇五年、遺伝子組み換え大豆の耕作を承認し、その後、ブラジルは米国に次ぐ遺伝子組み換え王国となった。二〇一五年度に栽培された九六・五%の大豆が遺伝子組み換えとなった（Céleresウェブサイト）。遺伝子組み換え耕作国は二〇一五年の時点においても世界でわずか二八か国しかない。

遺伝子組み換え大豆は米国で一九九六年に商業的耕作が始まった。その同じ年、早くもアルゼンチンで遺伝子組み換え大豆の耕作が国会で承認された。当時アルゼンチンは相次ぐ通貨危機を経験し、議会では実質的審議がほとんどなされないまま、なし崩し的な国会承認だった。アルゼンチンは単なる遺伝子組み換え耕作承認国の一つに留まらなかった。南米での遺伝子組み換え導入のための文字通りの橋頭堡となった。ブラジルでも遺伝子組み換え企業のモンサントが一九九八年に遺伝子組み換え大豆の耕作認可を獲得し、遺伝子組み換え農業が開始されようとしていたが、それに対して市民組織が訴訟を起こし、その訴えが認められた。その結果、遺伝子組み換え大豆の耕作は一九九八年から二〇〇三年までモラトリアムが宣言され、耕作が禁止された。しかし、禁止されていたにもかかわらず、一九九八年以降、アルゼンチンから遺伝子組み換え大豆の種子がブラジルに密輸され、非合法の遺伝子組み換え栽培がブラジルで始まっていた。

二〇〇二年の大統領選挙で当選したルーラ大統領の公約の一つはこの遺伝子組み換え耕作禁止であったが、当選後公約は次第に曖昧模糊となった。ルーラ政権においては、ブラジル議会の過半数を占める大土地所有者の利益をバックにする議員（Bancada Ruralista）の支持が政権運営に不可欠であった。その結果農業政策は基本的に大土地所有者の多い連立与党ブラジル民主運動（PMDB）に丸投げとなった。大統領就任直後に非合法に植えられていた遺伝子組み換え大豆の収穫期が迫った。収穫した大豆を捨てさせるつもりかと大地主層から大きな圧力を受け、ルーラ大統領は二〇〇三年三月に遺伝子組み換え大豆を二〇〇四年一月までに限り利用することを承認する暫定措置令を出した。この暫定措置令に対して農民、消費者による社会運動や環境保護運動が起こり、八〇の団体が反対声明を出したが、政府はこれを無視した。二〇〇三年一二月の世論調査で、七三％のブラジル人が遺伝子組み換え食品は食べたくないと答えた（Guivant [2005]: 87）。しかし、議会で正面から議論されることなく、既成事実をもとに強引に合法化を迫る勢力に押され、二〇〇五年三月に遺伝子組み換え作物の耕作は正式に承認された。

承認後、遺伝子組み換え農業の普及は劇的に進んだ。二〇一六／一七年の耕作では大豆九六・五％、トウモロコシ八八・四％が遺伝子組み換えであると言われる。実際にブラジルで耕作されているのは大豆、トウモロコシ、コットンの三品種に過ぎない。しかし、二〇一二／一三年期には遺伝子組み換え作物の耕作はブラジル全農地の半分以上を超えた。遺伝子組み換え大豆、トウモロコシ、コットンの占める割合は二〇一五年には九三・〇％（大豆九六・五％、トウモロコシ八八・四％、コットン七八・三％）にも達している（Céleresウェブサイト）。

遺伝子組み換え作物は生産性を上げるか

遺伝子組み換え大豆は、その生産性の高さゆえにブラジルの大豆生産を独占するに至ったのだろうか。実際に数字を見てみたい。図１－２はブラジルにおける大豆とコメの生産性の推移である。ブラジルのコ

図1−2　大豆とコメの生産性の推移

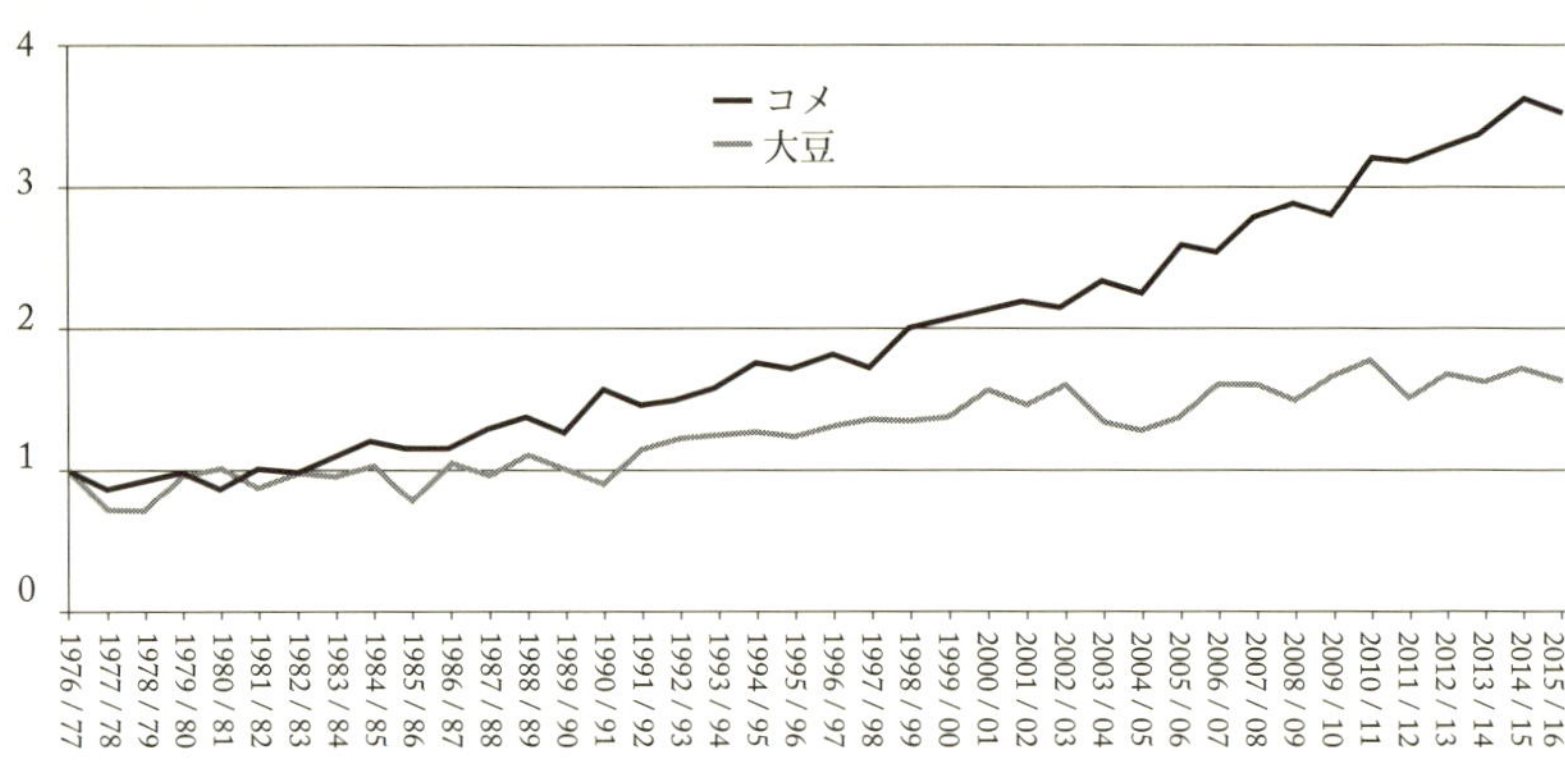

（出所）CONABのデータから作成（1976/77年を基準に各年の生産性を見たもの）＊2015/16年の数値は予測値

メは輸出商品としては競争力がないため、耕作面積も激減しているが、それでも生産性は毎年順調に上がっている。一方、大豆は一九九八年から非合法に、二〇〇五年からは合法的に遺伝子組み換え技術が導入されている。しかし、グラフを見て分かるように非遺伝子組み換えのコメの生産性の上昇に比べ、大豆の生産性の増加はとても低いものに留まっている。遺伝子組み換えが始まる一九九八年以前の一七年間の生産性の向上は三三・八%だが、一九九八年から二〇一五年までの一七年間はそれより低い三一・九%に留まる。さらに遺伝子組み換え耕作が合法化された二〇〇五年から二〇一五年の一〇年を比べるとわずか一八・六%しか伸びていない。遺伝子組み換え大豆の耕作が始まる前の一〇年間には四〇・八%の生産性の向上が見られたのと際立った対照を見せている。

サンパウロ大学の研究（Osaki [2014]）では、ブラジルで収穫されたモンサントの二種類の遺伝子組み換え大豆（ラウンドアップ耐性遺伝子組み換え大豆RRとラウンドアップ耐性に害虫抵抗性を組み入れた新製品のIntacta Pro RR2）と非遺伝子組み換え大豆の各地の収量平均を比較した。この調査では非遺伝子組み換え大豆の収量が最も多く、一ヘクタールあ

図1−3　非遺伝子組み換え（Non-GM）大豆と遺伝子組み換え（GM）大豆の比較

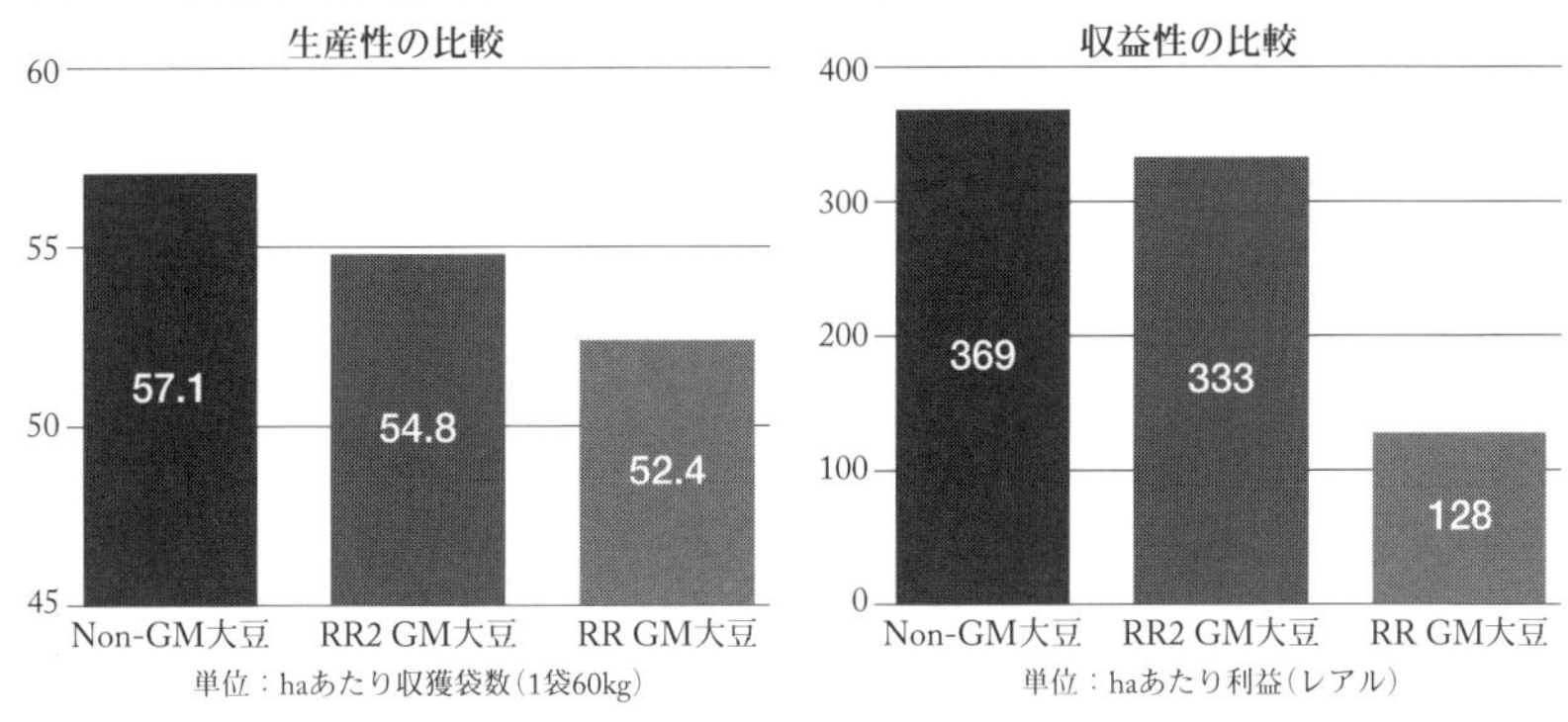

（出所）Osaki [2014]、科学技術・イノベーション戦略研究・管理センター（CGEE）ウェブサイトhttp://www.cgee.org.br/atividades/redirect/9129

たり、平均五七・一袋（一袋六〇キログラム）にのぼったのに対して、遺伝子組み換え大豆はそれより低かった（ＲＲ２は五四・八袋、ＲＲは五二・四袋。図１−３参照）。生産量だけでなく、収益でも同様の違いが見られた。この研究はブラジル下院議会でも取り上げられている。モンサント社は生産性に対する疑問に対して、ブラジルの大豆生産のほとんどを遺伝子組み換え大豆が急速に占めた事実こそが遺伝子組み換え大豆の生産性の高さの証明だと応じたと説明している。

遺伝子組み換え作物に対して人びとが抱くイメージは、遺伝子組み換え作物が通常の作物よりも高い収量をもたらしてくれるというものだろう。しかし、実際に遺伝子組み換え技術で大豆の収量は上がったという科学的な証拠は存在しない。二〇〇九年、米国の憂慮する科学者同盟（Union of Concerned Scientists：ＵＣＳ）は報告書を発し、遺伝子組み換え技術は収穫の向上に寄与しないと指摘した（Gurian-Sherman [2009]）。二〇一六年、米国科学アカデミーも遺伝子組み換え技術が生産性の向上には貢献しないことを認めている。『ニューヨーク・タイムズ』紙は、遺伝子組み換えを導入した米国の農業生産性は遺伝子組み換えを導入しなかった欧州での生産性に劣っていることを報じた（二〇一六年一〇月二九日号）。

遺伝子組み換え技術は農薬を減らすか

遺伝子組み換え企業は、遺伝子組み換え技術は農薬を減らすことができるとして宣伝してきた。従来の農業のような、さまざまな農薬を使って、作物に農薬がかからないように苦労しながら、労力をかけて雑草取りをする手間が省ける。遺伝子組み換え企業が指定する農薬を空中散布すれば大豆やトウモロコシ以外はすべていっぺんで枯れてしまう。農薬を何度も撒く必要がなくなり、農薬の使用量はぐっと減り、経済的にも利益を生みやすくなると宣伝した。それではブラジルではどうであったか。ブラジルで販売された農薬の総量は、二〇〇〇年から二〇一四年にかけて、販売量は二・九一倍、販売額では四・八九倍という大きな伸びを示している（SINDAGウェブサイト）。

二〇〇〇年の大豆への栽培面積あたりの農薬使用量を一として変化を見ても、耕作面積あたりの農薬販売量は二〇一四年には二・一八倍、販売額は三・三六倍という大きなものとなっている（SINDAGウェブサイト）。農薬使用は減るどころか大幅に増えているのが実態である。

遺伝子組み換え作物拡大の背後にあるもの

高い生産性や低農薬が事実でなかったとしたら、なぜ、生産者たちは遺伝子組み換えを選ぶのか。モンサントは市場での占有率の高さをその技術の優越性の証明として使っている。技術の優秀性が理由でないとしたら、この事態はなぜ生まれてしまったのか。

当初、遺伝子組み換え耕作が始まった時期であれば、比較的に種子の値段も安かった。しかし、この間、種子や農薬の値段はうなぎ登りに上がり、食料供給公社（Companhia Nacional de Abastecimento：Conab）によれば、すでに最新の遺伝子組み換え大豆（RR2）の生産コストは非遺伝子組み換え大豆のコストを上回っている。非遺伝子組み換え大豆はニーズが高く、通常の大豆価格にプレミアムがつく高い値段で売ることができる。生産コストが非遺伝子組み換え大豆よりもかさみ、非遺伝子組み換えよりも安い値段でしか売れない遺伝子組み換え大豆は不利だ。それにもかかわらず、なぜ遺伝子組み換え大豆は九割を超える占有率に達してしまったのだろうか。

その問いに答えるためには、大豆の生産現場の状況を探らなければならない。遺伝子組み換え作物の耕作が始まる時期に、遺伝子組み換え企業は遺伝子組み換え技術の宣伝に巨額をかけた。その際、上記の二つの典型的なフレーズ、すなわち「遺伝子組み換えは高い生産性を提供する」、「遺伝子組み換え技術は農薬使用を減らす」が多用された。それを信用し、遺伝子組み換え農業に着手した生産者は多かっただろう。政府関係者、業界ぐるみで大きな宣伝が行われて、生産者が乗り遅れたら大変だという心理状況になったことは十分考えられる。大豆やトウモロコシの市場は単価が低いため、大量生産して、生産コストを下げるだけ下げない限り、生産者の元に利益が残らない厳しさがある。少しでも生産性を上げ、コストを下げられるとなれば必死で取り入れるだろう。このような状況下で遺伝子組み換え作物の耕作を開始する際に、遺伝子組み換え技術とは優れたものであると多くの農家が受け止め、栽培を開始したと想定される。

このような狂騒的雰囲気のなかで遺伝子組み換え大豆栽培が始まった。その派手な宣伝とともに、遺伝子組み換え企業は種子会社の買収を急ピッチで進めた。その結果、遺伝子組み換え大豆以外の種子の入手が困難となる事態が生まれた。種子だけでなく、非遺伝子組み換え大豆で使われていた農薬も入手が困難となった。こうした変化はブラジルだけでなく、アルゼンチン、パラグアイなどでも広く見られた。

非遺伝子組み換え大豆の耕作の継続を求める大豆生産者組合とブラジル政府の協力で、ブラジルでは二〇一〇年から「自由な大豆」プログラムが始められ、非遺伝子組み換えの種子の提供が行われることによって、特にマトグロッソ州などでは非遺伝子組み換え大豆の栽培を継続することが可能になった。しかし、アルゼンチンやパラグアイでは非遺伝子組み換え大豆の栽培はほとんど駆逐されてしまった。パラグアイに移民した日系人のインタビューによると、「以前は自分たちのために、そして日本への輸出用に非遺伝子組み換え大豆を耕作していたが、もうこれは続けられない。なぜなら、種子はなんとか手には入っても農薬が手に入らない。病気が出たときに以前は農業技術センターの技術者に相談できたが、今は非遺伝子組み換え大豆のことを知っている技術者はいなくなってしまった。そして、周りを遺伝子組み換え大豆畑に囲まれてしまい、非遺伝子組み換え大豆を植えても、すぐに菌病が発生するようになった。今年は収穫までに殺菌剤を一〇回も撒いた。収穫はできたが殺菌剤臭くてもう食べられるものではなくなってしまっていた。もう今年限りで非遺伝子組み換え大豆の市場向け生産は止める」(二〇一三年一〇月五日筆者聞き取り)。パラグアイの日系人農家ですら、遺伝子組み換えを強制されたという意識は持っていない。それだけ効果的に宣伝がなされて、遺伝子組み換えは高収量をもたらす、技術革新をもたらすという幻想が強固に植え付けられたことが想像される。

ひとたび遺伝子組み換え大豆が圧倒的に優勢になった地域で、非遺伝子組み換え大豆を耕作することには困難が伴う。たとえ耕作したとしても、耕作した後の出荷で困難に直面する。大豆を蓄えるサイロ、トラック、港湾施設、船の運搬の過程で同じものを使ってしまうと遺伝子組み換え大豆との混入が起きてしまうので、この運搬の過程すべてにおいて、独立したロジスティックスを構築することが必要になるからである。一回の船の運搬単位は二万トンであり、個々の農家が手がけられる規模ではない。このような困難を前に、個々の大豆生産者がいかに非遺伝子組み換え大豆を選択したいと考えたとしても、その実現は容易ではない。

ブラジル、アルゼンチン、パラグアイで遺伝子組み換え大豆がほとんどを占めてしまったその要因は、情報宣伝と種子や農薬などの販売ルートの独占にあった。まさに悪貨が良貨を駆逐するように非遺伝子組み換え大豆が駆逐されたのである。

遺伝子組み換え農業がもたらしたもの

このように遺伝子組み換え換え農業は大豆とトウモロコシ、コットンの三品種においてブラジル農業に入り込んだ。特に大豆はブラジルの農地全体の半分近くを占めるに至っている。トウモロコシは大豆の裏作に耕作されるケースが多く、年中遺伝子組み換え作物ばかりが植えられる地域が農地の半分を超している。遺伝子組み換え農業はブラジルに何をもたらしたか。

まず農薬使用増加と健康被害がある。通常は噴霧すれば枯れてしまうため作物には直接かけられない除草剤でも、除草剤耐性遺伝子組み換えでは無差別噴霧が可能になるため、除草剤の空中散布が広大な地域で行われた。農薬は地下水に染みこみ、地下水を飲み水などの生活水として利用する人びとの健康に大きな影響を与えている。上水道やミネラルウォーターの利用が多い米国と異なり、南米での遺伝子組み換え栽培は住民の健康を直撃する。ブラジル保健省の統一保健制度情報部（DataSUS）によれば、ブラジル政府に記録された農薬被害のケースは二〇〇七年から二〇一四年までに三万四一四七件に及び、特に遺伝子組み換え大豆の耕作地域で農民の間にガンの発生率が高くなっていると指摘されているが、それはまだ氷山の一角であろう。残念ながら十分な疫学的健康影響調査は行われておらず、その健康被害の実態をつかむことは難しい。しかし、国立ガン研究所（INCA）は農薬増加の原因を遺伝子組み換えにあるとして、ガンの増加をもたらさないために、その規制が必要であるとする声明を出している（INCA [2015]）。

次に非遺伝子組み換え農業への悪影響、共存不能性がある。遺伝子組み換え大豆畑に包囲された地域では非遺伝子組み換え作物の栽培、さらには有機農業などの実践は困難になる。農薬の流出によって土壌が汚染され、土壌内の土壌細菌の力が衰え、ミネラルや窒素などが得にくくなり、作物も病虫害に襲われやすくなるからである。特にトウモロコシの場合は花粉が飛散するため、非遺伝子組み換えのトウモロコシを栽培していても遺伝子組み換えトウモロコシの花粉によって汚染されてしまう。ひとたび遺伝子組み換え栽培を始めると、土壌が汚染され、地力が衰えるため、元の非遺伝子組み換えの栽培に戻すことはとても困難な事業となる。戻したくても戻せない農家は少なくない。

土地の集中という問題も生んだ。外部市場への直結による大規模な大豆・トウモロコシ生産が本格化すると、かつてその地域に存在していた地域の市場が衰退する。その市場に依存していた地域農家の経営が成り立たなくなる。また大豆・トウモロコシ生産は単価が低くて益が薄いため、小規模生産者にとって利益を出すことが難しく、小規模の農業生産は転換が困難であるため、その結果、土地の売却、離農という選択肢を選ばざるをえなかった生産者が続出した。大規模な大豆・トウモロコシ生産者はますます農地を拡大する結果となった。

遺伝子組み換え農業は多国籍資本との結合と支配という問題ももたらした。大豆、トウモロコシなどの穀物、油脂作物市場はカーギルやADMなど世界の数少ない穀物メジャーによって、その流通のほとんどを握られている。この遺伝子組み換え大規模農業の進展はブラジルにおいても、それらの穀物メジャーやモンサントなど国外に本拠を置く多国籍企業との関係を緊密なものにさせた。技術の多国籍企業依存も強まった。雑草管理や害虫管理においてはブラジルのなかにもさまざまな技術者が存在しており、地域に適した農業技術が蓄積されていたが、遺伝子組み換え農業の侵入によって、それらが遺伝子組み換え企業による技術に置き換えられ、国内の技術の生き残りの道が険しくなり、多国籍企業への技術依存が高まる結果となってしまった。こうしてブラジルの農業と生産者は、多国籍企業との関係を深め、種子の特許料、農薬など巨額の支払いを余儀なくされた。

コメやフェイジョン豆などブラジルの食に欠かせない作物の生産の七割は小規模家族農家が生産をしているとされるが、そうした農業が圧迫され減少し、大豆、トウモロコシ、コットンという輸出向けモノカルチャーが進んだ。特にモノカルチャーの進んだ地域では日々の食料を提供する地域の市場がなくなり、ほかの地域や国外から輸入しなければならないという歪な食のシステムに変わってしまった。

遺伝子組み換え農業では大量の化学肥料、農薬が使われる。どちらも化石燃料を使って作られるものだ。その土壌への投入によって、土壌内の土壌細菌に悪影響を与え、土壌の健全性を損なってしまう。土壌細菌などが弱ることで、土壌はもろく、風や雨などで流出しやすくなり、特にセラード地域での土壌流出は深刻な問題となっている。水体系の劣化にも直結する問題である。さらに大豆栽培においては収穫の後、土壌を乾期の太陽にさらすことになる。土壌は世界の大部分の炭素を蓄えることができる炭素の格納庫なのだが、その土壌から大量の温暖化効果ガスが排出されてしまう。それは気候変動の激化をもたらす。

遺伝子組み換え耕作地ではスーパー雑草、スーパー害虫の出現が見られる。遺伝子組み換え耕作を始めて数年は除草剤が効果を発揮するが、除草剤をかけても枯れない雑草がすぐに現れ、除草剤の効果が減っていく。その対策として遺伝子組み換え企業はベトナム戦争で使われた枯れ葉剤の主成分の一つである2,4－Dやジカンバなどを混合させることによってその薄れた効果を補おうと計画しているが、やがてそれらにも耐性を獲得することが予測されている。より多くの種類の農薬の使用が不可避となり、環境や人の健康への影響がさらに懸念される。同様に害虫が食べると腸を破壊して死ぬ毒素を生成するBt毒素を遺伝子組み換えによって作り出す害虫抵抗性の機能も、それに耐性のある害虫の出現によって効果が減ってきている。それに従い、殺虫剤の使用量も増え、遺伝子組み換え技術の有効性に疑問が投げられている。

遺伝子組み換え農業は持続性の観点からも疑問が多い。遺伝子組み換え農業は農薬と化学肥料が不可欠な農業であるが、どちらも化石燃料なしに製造することができない。近い将来、化石燃料の枯渇は確実であり、その場合、この農業モデルは立ちゆかなくなってしまう。

3　工業型農業に対抗するアグロエコロジーの出現

アグロエコロジーの出現

持続性に疑問があがる遺伝子組み換え農業、あるいは農薬や化学肥料に依存した工業型農業に対するオルタナティブは存在するのだろうか。この問いに関してブラジルは世界が注目すべき重要な経験をもっている。アグロエコロジーの動きである。エコロジーな農業というと有機農業を連想するかもしれない。ブラジルで農薬や化学肥料を使わない有機農業は、一九七〇年前後から主にヨーロッパ移民や日本からの移民によって始められた。一九八〇年代、ブラジルが軍事独裁から民主化に向かうなかで、さまざまな市民組織が作られ、そのなかには農地改革を支援したり、小農民の技術支援を行う動きが生まれていく。支援する農業技術は有機農業を応用したもので、農地改革と有機農業を合わせることでの社会変革がめざされ、そうした農業のことをオルタナティブ農業と呼んで、普及活動が進められた。

チリ出身で現在は米国カリフォルニア大学バークレー校で教鞭を執るミゲル・アルティエリは、世界の伝統的農業に現代の工業型農業をしのぐほどの高い生産性を誇りながら環境には負荷をかけない農法があることに注目し、その農法に共通する原則をまとめ、それをアグロエコロジーと名付けた。アグロエコロジーの例としてメキシコのチナンパ農法がある。ヨーロッパの植民者が入る前のアステカ時代から行われていた先住民族による農業実践であり、湖の湖岸で湖底の沈殿物や腐食した草などを積み上げた人工島を作り、その土地で行う農法だ。現在もメキシコシティの南のソチミルコで実践されている。この農業では生産性が極めて高く、一ヘクタール三・五トン〜六・三トンのトウモロコシ生産が可能だ。米国の近代農業では、一九五五年の数字で一ヘクタール二・三トンであった（Altieri [2008]: 5）。

第3回アグロエコロジー会議で基調講演をするアルティエリ。サンパウロ州ボトゥカトゥ市、2013年8月（筆者撮影）

このアルティエリのアグロエコロジーの概念は、一九八九年にブラジルでその著書『アグロエコロジー』のポルトガル語版（Altieri [1989]）が出版されると熱狂的に受け入れられた。有機農業の場合、有機認証を受けるためにはヨーロッパの第三者機関に安からぬお金を支払わなければならず、ヨーロッパで標準的な農法に従うことを求められる。かつての植民地宗主国の指定に従う有機農業の方法論には南米では特に反発も強かった。これに対して、アルティエリのアグロエコロジーは南米の伝統的農法の価値を見出すものであり、地域ごとに異なる農民の伝統的な知恵と科学的知見との対話で生産性を上げることをめざすものであった。アグロエコロジーでは農法や技術が押しつけられるのではなく、地域の農民の主体性、文化的なアイデンティティが尊重される。それまでオルタナティブ農業の推進に関わっていた人びとはこの方法論を強く支持した。

しかし、同じく同年代に活動を本格化させていく土地なし農村労働者運動（Movimento dos Trabalhadores Rurais Sem Terra：MST）にとっては、アグロエコロジーの採用はそれほど単純ではなかった。MSTは土地を持たない農業労働者を組織して、生産に使われていない遊閑農地を見つけて、そのそばにテントを張り、政府に農地改革を求める活動を一九八〇年代半ばから本格化させてきた。一九八八年のブラジル憲法では生産に使われていない土地は農地改革の対象となると規定されているが、大地主が議会の過半数を占めているため、政府は一向に農地改革に動かない。それに対してMSTは、非暴力直接行動によってその実施を求めて成果を上げていった。その結果、得られた農地でどんな農法を行うかが問題になる。当初は大地主の農業、つまり農薬、化学肥料、F1種子のセットからなる「緑の革命」工業型農業モデルをめざす動きがMSTのなかでも見られた。そのため、農薬などに反対する環境運動とは衝突する場面もあった。しかし、いわばミニ工業型農業モデルは耕作に多額の費用がかかる。種子も農薬も化学肥料も買わなければならないからだ。そして耕作のときにその費用を上回る収入が得られなければ借金が残り、果ては土地の権利を失うことになってしまう。多くのケースで債務がかさみ、さらに農薬の被害なども出て農民自身が健康を害する問題も深刻なものとなった。

一方、化学肥料や農薬などを用いないアグロエコロジー・モデルを採用したケースでは成功する確率がずっと高かった。外部からの投入に頼らないアグロエコロジーでは適切な技術支援があれば借金する必要も減るからだ。そして農薬による被害も出ない。「緑の革命」モデルか、アグロエコロジーかが問い直された結果、ＭＳＴとしてもアグロエコロジー以外の選択肢はないことがはっきりしていくには一〇年近くの月日が必要だった（全国アグロエコロジー連合事務局長デニス・モンテイロ談、二〇一三年七月二五日）。ＭＳＴなど多くの団体が組織的な推進を決め、二〇〇一年以降、全国的にアグロエコロジーを広めていくための数千人規模の大規模な会議（地域会議、全国会議）が多数開催されるようになり、アグロエコロジーはブラジル全土に急速に広まっていった。

アグロエコロジーとは何か

世界にはすでに、有機農法やアグロフォレストリー、パーマカルチャー、バイオダイナミクスなど環境と調和する農業実践が知られている。それではアグロエコロジーは、これらの農法とどのような関係にあるのか。アグロエコロジーとは生態系の力を農業に応用する科学であり、そうした原則に基づく農業実践であり、それを実現する社会をめざす社会運動であって、特定の農法を示す概念ではない。その地域の文化や社会とも密接に関わる大きなフレームワークを提供するものがアグロエコロジーと言える。その枠組みは有機農業の発展にとって重要なものとなることから、国際有機農業運動連盟（ＩＦＯＡＭ）は「有機農業３・０」という概念を二〇一六年に打ち出し、アグロエコロジー運動への賛同を表明した。ここにおいて、アグロエコロジーと有機農業は融合的に発展する道が開けたということができるかもしれない。

特にアグロエコロジーのなかで強調されるのは、生産者（農民）の主体性の重要性である。農民が持っている知恵、世界観を尊重し、それと科学者が持つ知見を対話させるなかで、最も良い選択肢を生産者が選んでいくという方法論が採られている。ただ単に生産性の高い作物が優先されるのではなく、たとえば先住民族の文化のなかで欠かせない作物の生産が重視される、そうしたことも特徴としてあげることができる。

そして、もう一つの重要な要素は、アグロエコロジー運動が女性の権利獲得運動とも大きな関わりを持って進んできていることである。伝統的な農業においては、世界のどこでも女性は中心的な役割を果たしてきている。たとえば種採りなどでは女性が大きな役割を果たしていることが多い。しかし、工業型農業の開始によって、農作業は機械化されたり、また種子や化学肥料、農薬を一度に購入して、収穫は市場に売る産業へと農業が変わっていく。そのなかで女性の役割が周辺化させられていく。機械を動かしたり、市場から種子などを買ったり売ったりする権限を男性が独占することが多くなっていくからだ。

アグロエコロジーは、そうしたかつての女性の役割の重要性を呼び戻すものとなった。女性が選んだ種子が次の耕作の成功を決める。「フェミニズムなくしてアグロエコロジーはありえない」。そうしたスローガンもブラジルのアグロエコロジー運動のなかで頻繁に見られるようになる。そして何より、役割を取り戻した女性たちは、大きな力を発揮し、社会を変え始めている。

貧困と女性の権利の剥奪によって、女性が子どもを産む機械とされて、多数の子どもを生み続けるケースがブラジルを含む南の世界では多い。人口が増えることがさらに貧困を悪化させる悪循環が続く。しかし、女性が権利を獲得した地域では、こうしたケースも減少していくことが期待できる。女性の権利の確保された地域では人口爆発は起こりにくいからだ。そして、女性が直接収入を得ることによって、その家族の健康状況が改善されるなど、社会的発展が進んでいく。

アグロエコロジーはその意義が農民だけに限られるものではなく、社会全体に関わるものであるという認識がさまざまな社会セクターの人びと、学問の領域を越した研究者に理解されていく。そうした広範な人びとを結びつける社会運動の旗印となっていると言ってもいいだろう。

アグロエコロジー支援政策

このアグロエコロジーでは、異なる三つの次元の活動が重視される。まずは科学としてのアグロエコロジーであり、次に農業実践としてのアグロエコロジー、最後に社会運動としてのアグロエコロジーである。なぜ社会運動としてのアグロエコロジーか。たとえ地域でアグロエコロジーを実施しようとしても、政治や経済の制度によってそれが阻まれるケースは多々ある。それゆえ、アグロエコロジー的生産が可能となるよう、さまざまな社会勢力とともにその政策を実現していくことが重要となる。そのためブラジルでも社会運動として、そうした政策の実現に力が注がれ成果を上げていった。

二〇〇三年にはブラジルで種子法が改定されたが、そのなかでクリオーロ種子（伝統的固有種種子）条項が新設された。種子は農業の基本中の基本である。農薬や化学肥料なしには育たない種子しか残らなければ、農民はアグロエコロジーを実践したくとも実践が不可能になる。この法律によって農民の種子の権利が確保され、ブラジルに存在する多様な種子がこの法律によって守られることとなった。アマゾン地域をはじめ、南米の先住民族の間では異なる地域の先住民族の間で種子を交換し、その多様性を確保することが古くから行われてきた。現在はこうした種子の交換などは、各地域で開かれるアグロエコロジー会議などを通じても積極的に促進されるようになっている。

二〇〇三年には食料調達計画（Programa de Aquisição de Alimentos：PAA）が作られた。これは小規模農民の生産物の政府機関による買い上げを義務付けたもので、これによって市場へのアクセスの難しい小規模生産者であれ、現金収入を得ることを可能にした重要な制度である。二〇〇九年には学校給食計画（Programa Nacional de Alimentação Escolar：PNAE）が作成された。これは給食の素材の三〇％を地域の小規模農家から直接買い付けることを義務化するもので、学校のある地域であればどんな市場から離れた地域の農家でも現金収入を得る道を開くものである。このPAAとPNAEによって、地域の住民の食料を保障しながら、同時に地域の農家の生産の奨励とその生産物の買い取りの保障を行う制度が作られることになった。

二〇一二年には大統領令でアグロエコロジーと有機農業生産政策が決まった。翌年から実施されたこの政策では、地域ごとの農民団体と政府関係者が協議しながら、その地域のアグロエコロジーや有機生産に必要な施策を決定し予算を使う、参加型予算の方法が使われた。次いで有機農業によって生産された農産物を加工する加工場が作られ、地域の人びとの職が作られ、都市のフェイラ（朝市）で売られていく。連帯経済を通じて、企業による食のシステムとは異なるアグロエコロジカルな経済圏が規模は小さいものの育ちつつある。労働者党政権は、大規模工業型農業を進める大地主の勢力と妥協し、その結果大規模な遺伝子組み換え耕作などの破壊的な農業を進めた一方で、小規模家族農家が中心のアグロエコロジー生産の基礎を作ることに成功した。

しかし、二〇一六年八月のルセフ大統領弾劾後、テメル暫定政権はこのアグロエコロジー政策を進める中心的な存在であった農業開発省（Ministério do Desenvolvimento Agrário：MDA）の廃止を早々と決定し、さらに二〇一六年最終四半期のPAAの予算は四割も削減された。労働者党政権の崩壊によって、これまで実現してきた政策が反故にされてしまう危惧が高まっている。

アグロエコロジーと気候変動

アグロエコロジーは特にキューバやブラジルで大きな規模で発展してきた。キューバではソ連の支援のもとで工業型大規模農業が推進されてきたが、ソ連の崩壊によってそれが止まり、食料危機に直面するところを農薬も化学肥料も使わないアグロエコロジーの急速な発展で凌ぐことができた。キューバの七割の農業生産はアグロエコロジー的生産であるといわれる。ブラジルでも遺伝子組み換え農業が国を覆うほどの勢いで迫るなかで、小農民の自立的な発展をアグロエコロジーは可能にしてきた。

　このアグロエコロジーの持つ意義は小農民の自立に留まるものではない。近年進められている工業型農業によって土壌の崩壊が進み、水体系が影響を受け、気候変動が加速するが、それに対してアグロエコロジーはこの悪循環を止めるだけでなく、逆転させていく力があると指摘されている。植物は光合成によって太陽光線と大気中のCO_2から炭素を作り出す。それは実などに蓄えられるだけでなく、根を通じて地中に提供される。地中には多数の土壌細菌がその炭素を求めて、植物の根に群がる。植物からもらう炭素はその土壌細菌の生きるエネルギーとなる。土壌細菌は炭素をもらう一方、植物に窒素、ミネラルなどを提供する。土壌細菌の力で植物は自分では作ることができない生きる上で必須の養分を得ることができる。こうした植物と土壌細菌の交換によって、大気中の炭素は地中に蓄えられ、またミネラルや窒素などの成分の豊かな土壌ができあがる。土壌細菌の活発な土壌は旱魃のときにも水分を蓄え、水害の際にも容易に流されない強さを持つ。そしてその生産物はより栄養豊かなものとなることができる。

　実際に、こうした炭素の吸着能力が現在の気候変動の危機を救う切り札になると科学者たちが指摘している。しかし、土壌に化学肥料や農薬を撒けば、この土壌細菌はダメージを受け、炭素を吸着するどころか死滅した土壌細菌がメタンガスの発生源となってしまい、逆に土壌が気候変動を促進する要因になってしまう。土壌細菌の不活発さは作物の栄養不足につながる。農薬や化学肥料に依存しないアグロエコロジー的生産が世界に広がることで、世界が食べていく上で必要な食料生産を維持しながら、気候変動を含むグローバルな環境危機や農薬による健康破壊、生態系破壊を止めることが可能となるという認識は今や世界の研究者や農業関係者によっても支持され、国連食糧農業機構（FAO）は二〇一四年にローマでアグロエコロジー国際シンポジウムを開催し、アグロエコロジーこそがこうしたグローバルな危機への解決策だとして国際的に普及させていくことを決定した。その決定に日本政府も賛同した。

工業型農業推進一辺倒の日本の農業政策

一方、近年、日本政府の農業政策のスローガンは輸出できる「強い農業」であり、農業への企業参入が強調されている。個々の農家の支援策も現在は削られ、離農者が続出しているが、日本政府は民間企業の参入に躊躇を見せない。それは国内農業政策だけでなく、海外開発援助政策にも共通している。

かつて、企業的な大規模農業を導入すれば農業における生産性があがり、経済的にも発展するという考え方が先進国や国際機関で支配的であった。しかし、実際には企業的な大規模農業は環境負荷が高く、しかも生産性は必ずしも高くないことが明らかになってきた。企業的経営は投入する資本に対する効率性に集中しがちであり、また価格変動などによって経営が苦しくなると生産を放棄してしまう傾向があり、経営が苦しくても生存のために努力をする家族農業が地域の経済の持続的発展や食料保障のためには欠かせないという認識が重視されるに至っている。ＦＡＯは二〇〇八年の食料危機を経て、大規模工業型農業推進では今後国際的に破局的事態を招きかねないことを認識し、それまでの政策の舵を大きく切り、小規模家族農業推進を決めた。国際的には、世界食料危機を機に農業開発政策において大きなパラダイムシフトが起きている（国連世界食料保障委員会専門家ハイレベル・パネル［二〇一四］）。

しかし、日本政府による国内外の政策は世界に逆行している。国内の農業の空洞化とそれを埋める政府開発援助による農業開発とは裏表の関係にある。古くは、日本は明治維新後に工業化に偏重した政策を取り、不足する農産物を朝鮮半島、中国東北部に依存した。戦後、その依存が不可能になったものを埋めたのは米国の農業であった。米国を中心とする食料安保体制が作られた。その体制が危機に瀕するのが一九七三年／七四年の食料危機であった。米国からの大豆禁輸措置により大豆価格が急騰したことを受け、その後、日本政府は輸入先を多角化する政策に転じた。その受け皿となったのがブラジルであった。

プロデセルそしてマトピバ

日本政府によるブラジルにおけるひときわ目立つ農業開発への関わりは、やはり前述のプロデセル（日伯セラード農業開発協力事業）とブラジル政府のマトピバ地域農業開発計画支援だろう。プロジェクトの開始が関係国で署名された年代を見れば、ブラジル中央部セラード地域の開発計画であるプロデセルが一九七四年、ブラジル北東部マラニョン、トカンチンス、ピアウイ、バイア州にまたがる地域の開発計画であるマトピバが二〇一六年となる。年代的にはかなり違いがあるのだが、この二つのプロジェクトは大きな枠組みでまったく同じものである。つまり、大豆などの輸出向け穀物生産のために工業的農業を大規模に推進するという性格のものである。計画地域に伝統的に住んでいる小規模家族農家の存在は、これらの計画では無視されている。それぞれの地域で必要な農業生産を支援するのとはまったく関係ない、地域で消費されることがない大豆などの輸出用穀物が生産され、その生産主体も、現地の小規模家族農家ではなく、地域の外から移住した大規模農家である。トップダウンで計画が作られ、地域の農民たちとの話し合い、対話がほとんどなされず、現地の食文化とも関わりのない生産が導入される。同じ問題を抱えた農業開発という点では、日本、ブラジル、モザンビーク三か国の間で二〇〇九年に実施が合意されたモザンビークでのプロサバンナ（ProSAVANA）計画をこれに加えることもできるだろう（Okada [2015]）。

これらの計画に共通するのは地域の発展、地域の小規模家族農家の支援や環境を守る視点の欠如である。

計画される主要な生産物は大豆だが、これらは地域では消費されずに輸出される。「援助」は地域で蓄積せずに国外に流出してしまう計画なのだ。「援助」という名称がまったく体を表さなくなってしまっている。

アマゾンの未来に向けて

ブラジルなどで発展したアグロエコロジーは、今や世界で共通する問題を解決する希望の政策となり、実践となりつつある。現在は、ラテンアメリカはもちろん、アフリカでも急速に広まりつつある。それを推し進めているのは農民運動、環境運動などからなる広範な社会運動が基盤となっているが、一方、FAOが世界各地域で普及活動に着手しており、政府機関での取り組みも始まっている。国際的な環境保護団体や社会運動団体もアグロエコロジーの支持を表明し、世界最大の農民団体であるラ・ビア・カンペシーナ（La Via Campesina）、国際有機農業運動連盟（IFOAM）などもその推進活動を積極的に進めている。フランスは新農業法で政策としてそれを取り込み、英国でも議員連盟が二〇一一年に作られており、EUでは共通農業政策でアグロエコロジーの導入が始まろうとしている。米国でもアグロエコロジー研究が大きく進んでおり、都市農業などでの実践例も増えている。

しかし、現在の日本政府の関わりは、国内の農業政策においても海外開発援助政策においてもこうした世界の潮流に真っ向から反対の方向に向かってしまっていると言わざるをえない。アマゾンの未来を真に考えるのであれば、これまでのプロデセルなどが引き起こした負の側面を真摯に総括し、さらにマトピバなどの開発計画を再考することは不可避であろう。そして、それと表裏一体として存在する日本の食料・農業政策もまた変更することが必須である。それは何より日本社会の持続的発展のためにも必要なことであり、日本とアマゾンの持続的発展とは切り離すことはできないのである。

参考文献

青木公［一九九五］『甦る大地セラード――日本とブラジルの国際協力』国際協力出版会

オルター・トレード・ジャパン［二〇一三］『アグロエコロジーに何を学ぶか――ブラジルのオルタナティブ』http://altertrade.jp/archives/7697

オルター・トレード・ジャパン［二〇一四］『国際家族農業年と人びとの食料主権』http://altertrade.jp/archives/6882

国連世界食料保障委員会専門家ハイレベル・パネル［二〇一四］『人口・食料・資源・環境　家族農業が世界の未来を拓く――食料保障のための小規模農業への投資』農文協

舩田クラーセンさやか［二〇一七］「モザンビークで何が起きているか――ＪＩＣＡ「プロサバンナ事業」への農民の異議と抵抗」『世界』通巻八八四号（二〇一七年五月）、岩波書店

本郷豊、細野昭雄［二〇一二］『ブラジルの不毛の大地「セラード」開発の奇跡』ダイヤモンド社

アンディ・リーズ［二〇一三］『遺伝子組み換え食品の真実』白井和宏訳、白水社

Altieri, Miguel [1989] *Agroecologia: bases científicas para uma agricultura sustentável*, São Paulo: Livraria Expressao Popular.

Altieri, Miguel [2008] "Agroecology: Environmentally sound and socialy just alternatives to the industrial farming model" https://www.researchgate.net/publication/268394776_AGROECOLOGY_ENVIRONMENTALLY_SOUND_AND_SOCIALLY_JUST_ALTERNATIVES_TO_THE_INDUSTRIAL_FARMING_MODEL

CIMI: Conselho Indigenista Missionário [2016] *Relatório Violência contra os povos indígenas no Brasil DADOS DE 2015*, Brasília.

Guivant, Julia S. [2005] "Transgênicos e recepção púbrica da ciência no Brasil" http://www.scielo.br/pdf/asoc/v9n1/a05v9n1.pdf

Gurian-Sherman, Doug [2009] "Failure to Yield - Evaluating the Performance of Genetically Engineered Crop," Cambridge MA: Union of Concerned Scientists.

Hiraga, Midori [2016] “The Development Trajectory of VegetableOil Industry Based on the Global Oil-crops in Agro-extractivism: An example of Japanese Sogo-shosha and Oil-related Industry,” The 4th International Conference of BICAS 28–30 November.

INCA: Instituto Nacional de Cáncer [2015] “Posicionamento do Instituto Nacional de Cáncer acerca dos agrotóxicos” http://ciencia.estadao.com.br/blogs/herton-escobar/wp-content/uploads/sites/81/2015/04/INCA-Agrotoxicos-Posicionamento.pdf

National Academy of Sciences [2016] “Genetically Engineered Crops: Experiences and Prospects,” Washington, D.C.

Okada, Kana Roman-Alcalá [2015] “The role of Japan in Overseas Agricultural Investment: Case of ProSAVANA project in Mozambique,” Conference Paper No. 82, An international academic conference on Land grabbing, conflict and agrarian-environmental transformations: perspectives from East and Southeast Asia, 5–6 June Chiang Mai University. https://www.iss.nl/fileadmin/ASSETS/iss/Research_and_projects/Research_networks/LDPI/CMCP_82-Okada.pdf.

Osaki, Mauro [2014] “Sustentabilidade e sustentação da produção de alimentos no Brasil” CGEE, http://www.cgee.org.br/atividades/redirect/9129

Sano, Sayaka [2016] “Strategies of Japanese Trading companies under Neoliberalism” https://kaken.nii.ac.jp/ja/grant/KAKENHI-PROJECT-

Santilli, Marcio [2017] “Amazônia Esquartejada,” https://www.socioambiental.org/pt-br/noticias-socioambientais/amazonia-esquartejada25292139/

ウェブサイト

Celeries　http://www.celeres.com.br/

SINDAG: Sindicato Nacional das Empresas de Aviação Agrícola do Brasil　http://sindag.org.br/

第2章

採取経済と森の持続的利用

小池洋一

ゴム樹液の採集
©Flavia Amadeu

ブラジルでは、森林が破壊され生物多様性が失われる一方で、それらを保全する創造的な挑戦がなされている。挑戦は、政府や企業セクターだけでなく、地域社会や住民など市民セクターでもなされている。また多様なセクターが共同して環境を保全するための組織や行動が生まれている。採取経済、その持続のための保護区の設立もその一つであった。

採取経済はしばしば、自然界の動植物を採取して生活の資とする原始的な経済とみなされるが、それは経済活動を生態系の再生能力の範囲にとどめることによって、自然資源を持続的に利用する経済である。ブラジルでは先住民が、焼き畑に狩猟や採取を組み合わせて、人間の生存基盤としては必ずしも豊かではないアマゾンで持続可能な経済を営んできた。また本章が取り上げるセリンゲイロ（seringueiro ゴム樹液採取労働者）もゴム樹液、果実などの採取に加えて自給的な食糧生産や狩猟など、アマゾンの環境に適応して持続可能な経済を営んできた。

彼らアマゾンの森の民は、二〇世紀の後半以降大規模な開発とグローバル化の進展によって追いつめられ、その生活基盤と生命は危機に直面することになった。これに対して彼らは森林破壊に果敢に闘うとともに、森林を持続的に利用する仕組みを提案した。それが採取経済保護区の設立であった。世界では開発が進み大規模な環境破壊が進んでいる。経済のグローバル化が人びとに豊かさをもたらさず、他方で温暖化や自然資本の減少が経済活動の持続を困難にさせているなかで、森の民の運動は環境の保全と開発のオルタナティブを示している。

1　ゴム樹液採取労働者の運動

ゴムブームとバラカン制度

アマゾンにおける環境破壊やそれに対抗する民衆の運動を理解するには歴史を辿る必要がある。アマゾンは深い森林によって人を寄せ付けない土地であった。唯一先住民が狩猟や焼き畑など森の持続的な利用によってアマゾンとともに生きてきた。こうしたアマゾンの静寂は一九世紀末に突然破られた。ゴムの時代の到来である。ゴム樹は中米から南米にかけて広く分布するが、数多く存在するのがアマゾンであった。一九世紀半ばから二〇世紀はじめにかけてアマゾンはゴムブームに沸いた。ゴムの集散地としてマナウスが、輸出港としてベレンが発展した。アマゾンにゴムブームをもたらしたのは自動車の発明と産業の発展であった。ブラジルからのゴム輸出は二〇世紀はじめにはコーヒーと並ぶまでになった。アマゾン劇場（マナウス）、パス劇場（ベレン）の二つのオペラハウスはゴムブームの遺産である。

ゴムブームは多くの人びとをアマゾンに引きつけた。ブラジルの土地は、一八五〇年代の制度廃止までセズマリア制によって政府が入植者に無償で配分していたが、アマゾンではそうした制度はなく入植者が勝手に先取した。その結果土地紛争が絶えなかった。ゴムを求める人口の流入はそれに拍車をかけた。ゴム樹液採取のフロンティアはアマゾン河口周辺からシングー川、マデイラ川流域と次第に南部に、さらにはネグロ川、アクレ川流域などの北部や西部に向かった。しかし、アマゾンでのゴム樹液採取にも限界があった。労働力不足である。これに対してブラジル政府は北東部から労働力を送ることで解決しようとした。北東部は、ブラジルの低開発地域で、周期的な旱魃が数多くの貧困人口を生み出した。一八七〇年代の旱魃は特に深刻であった。北東部からアマゾンに送られた人口は一八七〇〜一九二〇年に二五〜三〇万人と推計され、ゴム経済最盛期の一九〇六年のセリンゲイロの数は一一〇万人に達したと言われる。

セリンガル（seringal ゴム樹林地）の経済と生活は、砂糖生産地のカーザ・グランデ（casa grande）に似た、バラカン制度によって支配されていた。バラカン（barracão）はゴム農園主の倉庫・店舗・住宅を兼ねた建物を意味する。ゴム農園主はセリンゲイロに対して樹林地への渡航費、樹液採取の道具を前貸しし、樹液によって相殺した。労働者の収入は出来高によるが、賃金が払われるわけではない。樹林地では通貨は流通しない。必要な日用品は農園主が経営する店舗で購入する。労働への報酬と日用品の購入はすべて農園主の帳簿上で決済される。こうしてセリンゲイロは債務奴隷化した。他方で、ゴム農園主はベレンやマナウスに本店を置くゴム仲買人によって支配された。仲買人は、ゴム樹液の購入と日用品販売を相殺することで、アマゾンでのゴム生産を促したのである。ゴムに典型的に見られるこうしたアマゾン特有の取引形態はアヴィアード（前貸し）制度と呼ばれる。

開発の時代とゴム林の危機

アマゾンのゴムブームは、イギリスがブラジルから不法に持ち出した種子によってマレーシアなどアジアでゴムプランテーションを拓くと、一九一〇年代に突然終焉を迎えた。ゴム園の所有者は次々と土地を放棄した。ゴムの生産はセリンゲイロによって細々と継続された。農園主から自由となった彼らは解放セリンゲイロ(seringeiro libero)と呼ばれた。解放されたからと言って生活が良くなったわけではない。激減した樹液の売り上げを自給的な農業などで補って生活をつないだ。樹園地では人口のほとんどは貧困や栄養不足のなかにあり、教育機会がなく非識字の状態にあった。マラリアやリーシュマニア症の感染症の恐怖もあった。樹園地と住民の生活はアマゾンの深い森のなかに閉じ込められた。

こうした静寂は一九六〇年代に再び打ち破られた。本格的なアマゾン開発の時代の到来である。その衝撃はゴムの時代よりもはるかに大きく、また長期にわたるものであった。一九六四年に誕生した軍政は国家統合と開発を目的にアマゾン開発に着手した。縦横に道路を建設し、移民を送りこんだ。「土地なき人を人なき土地へ」がスローガンであった。税制恩典によって大規模な農牧畜、鉱物開発を行った。開発の中心の一つがロンドニア州であった。世界銀行の融資を受けて州を貫く国道三六四号(BR364)を舗装した。州都ポルトヴェーリョと大消費地サンパウロがつながることによって、移民の流入とともに牧畜、冷凍肉、木材加工業者が大挙して進出することによって、ロンドニア州の開発が進み大規模に森林が破壊された。開発前線はやがて隣接するアクレ州に及んだ。州都リオブランコからペルー側のクルゼイロドスルまでのBR364の延長は多くの移住者と企業を引きつけた。ゴム農園主は彼らに土地を売り渡した。牧畜業者、木材業者などが森を焼き払い牧場を開き木材を伐採した。開発の進展はセリンゲイロの生活と生命を脅かした。

エンパテ——平和的な抵抗行動

牧畜業者などゴム林への侵入者に対する集団的な抵抗は、当初極めて弱いものであった。共有の権利が制度化されていないのが理由の一つであった。加えてセリンゲイロは広大な森林のなかで孤立して生活しており、その結果共同で行動することがなかった。そうしたなかで森林破壊の進行はゴム採取人の生活基盤を掘り崩していった。一部のセリンゲイロは都市に活路を求めたが、長く森のなかで過ごし教育を受けていない彼らにとって都市は生活の場になりえなかった。ゴム園が生命をつなぐ唯一の場であることを確認したゴム採取人たちは、次第に牧畜業者や木材業者に共同して対抗する途を探ることになった。エンパテ(empate)がその手段であった。エンパテは平和的な手段による抵抗運動である。ゴム採取人たちが集団を組み、開発を進める牧畜業者と彼らの用心棒に対峙し、森を伐らないよう説得するのである。はじめは男性だけであったが、次第に女性や子どもや老人も参加するようになった。家族の参加は平和的運動であることを示すうえで重要であった。エンパテは多くの場合農業労働組合のリーダーによって組織された。説得がうまく行かないときは行政や法廷、ジャーナリズムに訴えた。

エンパテ、先頭はマリナ・シルヴァ
©Tiao Fonseca—1986—Personal Archive

最初のエンパテは一九七六年にウィルソン・ピニェイロによって組織された。ピニェイロは全国農業労働者組合(Confederação Nacional dos Trabalhadores na Agricultura:CONTAG)に参加しアクレ州でセリンゲイロの組織活動を行った。CONTAGは一九六四年にゴラール政権によって設立されたが、軍事クーデタによって多くのリーダーが追放され、保守的な組織となっていった。一九七五年にはブラジレイアにピニェイロによって、七七年にはシャプリにシコ・メンデスによって農業労働者組合が組織された。エンパテは一九七〇年代末に活発になった。平和的手段と言っても開発業者にとっては危険極まりないものであった。一九八〇年にピニェイロは、ブラジレイア農業労働者組合の事務所で牧場主が雇った殺し屋によって暗殺された。ピニェイロの死後アクレ州でのエンパテはシコ・メンデスに引き継がれた。シコ・メンデスは、ラディカルで個人的なリーダシップの性格の強いピニェイロの運動の反省に立って、より穏健で集団的なエンパテを展開した。後に環境大臣になるマリナ・シルヴァもシコ・メンデスが組織するエンパテに参加した。

森の学校

ゴム採取人たちが行ったもう一つの集団行動は民衆教育であった。一九八〇年の「セリンゲイロ・プロジェクト」(Projeto Seringueiro) がそれである。プロジェクトの目的は識字教育を通じた採取人のエンパワーメントであった。半ば奴隷状態にあったセリンゲイロを教育を通じて解放するためのものであった。教育は当初は成人を対象としたが、彼らには学習の時間がなかった。大人たちは自分たちよりも子どもたちが学ぶことを望んだ。つまり未来のための教育を期待した。セリンゲイロ・プロジェクトを組織したのは農業労働者組合であったが、多様な組織がそれを支援した。その一つが解放の神学を唱えるカトリック教会とその神父や修道女であった。カトリック教会はブラジル各地でキリスト教基礎共同体を形成し聖書講読サークルを組織してきたが、一九七〇年代以降ゴム園で識字教育コースを設け、地域コミュニティを組織した。解放の神学は、社会に存在する貧困・搾取・差別に対し、それらの現世での救済と民衆の解放を目指す運動である。彼らはゴム林の侵入者とセリンゲイロに対する暴力を非難し、ゴム園の主権者がセリンゲイロであると主張した。労働組合もまたセリンゲイロたちの共同行動を支援した。

識字プログラムはエキュメニズム資料情報センター（Centro Ecuménico de Documentação e Informação：ＣＥＤＩ）

がデザインしたものであるが、その基礎にあるのはパウロ・フレイレの教育思想であった。フレイレの教育の基本にあるのは意識化と変革である。教育は、被抑圧者が調整者の支援を受けて対話と学習を通じて自身と他者あるいは全体世界との関係を認識し、自己と世界の解放によって人間化すなわち失われた人間性の回復に向けた変革を目指す過程である。フレイレによれば、自由は贈り物のように差し出されるものではなく、自らの行為によって獲得されるものである。被抑圧者の教育学とされるパウロ・フレイレの教育理念と方法論は、採取人が置かれてきた抑圧とそれからの解放に沿うものであった。

セリンゲイロによるエンパテは、森を破壊から守りゴム採取人が森で引き続き暮らすことを可能にしたが、彼らの生活を改善するという意味では不十分なものであった。ゴムの価格は低迷していたし、付随的に営まれる農業は自給の域を超えるものではなかった。貧困は彼らを新しい農地の開拓へと向かわせた。セリンゲイロはより本質的な問題に直面していた。ゴム林の私的な所有と個別の利用が、森林の保全とその経済的利用を困難にするという問題である。ゴム樹や農地が限られるなかでの、より豊かな生活を目指すセリンゲイロの行為は、ほかの採取人の利益を損ねる危険がある。限られた森林と資源のもとでそれらを保全し経済的利益を得るには、土地の私的所有と個別な利用に代わる制度を必要としたのである。

2　採取経済保護区の設立

全国採取人評議会

エンパテの運動はやがて採取経済保護区（reserva extrativista）設立の運動に向かった。それはエンパテの限界を踏まえて森林の共同利用を探るためのものであった。シコ・メンデスをリーダーとするシャプリ農業労働者組合は、新たな森林の利用方法を議論するためブラジルのゴム採取人を結集する会議の組織を計画し、一九八五年にブラジリアで第一回全国セリンゲイロ大会を開催した。大会は、ブラジル文化省やＯＸＦＡＭなどの支援を得て開催され、採取経済保護区設立の必要性が議論された。シコ・メンデスは大会で次のように演説した。アマゾンで、そして地球上で進み、人間の生命を脅かしつつある森林破壊を一刻も早く止める必要がある。だからと言ってわれわれセリンゲイロはアマゾンを不可侵の地にしようと主張しているわけではない。経済活動と森林保全をともに実現している方法を提案しているのである。それは採取経済保護区の設立である。森は人びとにさまざまな食べ物や薬を恵む。われわれは所有権がほしいと言っているのでない。われわれが必要としているのは用益権である。採取経済保護区は国家が土地を所有し、セリンゲイロなど森で暮らす人びとが用益権をもつ仕組みである。採取経済保護区はアマゾン森林を保全する唯一の方法である。大会では、セリンゲイロの全国組織を結成し政治的な要求を行うことを目的に、全国採取人評議会（Conselho Nacional das Populações Extravistas 前Conselho Nacional dos Seringueiros：ＣＮＳ）が組織された。ＣＮＳは採取経済保護区設立を要求する中心的な組織となった。

採取経済保護区のモデルは先住民保護区（terra indigena：ＴＩ）であった。ブラジルのカトリック教会、とりわけアマゾン地域の司教たちは、軍政期の一九七〇年代に開発による土地紛争とインディオの迫害を告発し、政府に救済を求めた。一九七二年には先住民宣教協議会（ＣＩＭＩ）が設立され、先住民の保護運動を展開した。運動は七三年のインディオ法（先住民保護法）に結実した。インディオ法は先住民の権利保護を規定したが、その一つが先住民保護区であった。保護区における先住民の権利は曖昧で、加えて保護区の確定は遅々としたものであった。ＣＮＳが要求した採取経済保護区は先住民保護区のような穏健なものであった。

採取経済保護区

こうした国内外でのアマゾンへの関心の高まりのなかで、セリンゲイロによる採取経済保護区設立要求は一九八七年になってようやく政府に受け入れられた。国家植民農業改革院（ＩＮＣＲＡ）が通達第六二七号によって採取人定着プロジェクト（Projeto de Assentamento Extravista：ＰＡＥ）を創設した。ＰＡＥは、土地再分配を目的とするＩＮＣＲＡの土地政策の一環であったが、ブラジルの歴史上はじめて法的に自然資源に対する共同の権利を認めるものであった。通達第六二七号は、土地の所有権が連邦政府に属し採取人コミュニティが用益権をもつ、土地利用がＩＮＣＲＡとコミュニティの代表組織との契約によって決定される、コミュニティへの参加がそれまで持続的に採取経済を営んできた伝統的な住民に限定される、コミュニティが土地と自然資源を共同管理（condomínio）のもとで利用できる、と定めている。土地所有が国有で共同体所有でなかったのは、セリンゲイロにその準備がなかったからである。セリンゲイロはエンパテという集団行動を通じて共同体意識を高めたが、リーダーたちは、開発によって土地を奪われるという脅威がなくなれば、セリンゲイロたちから共同意識が消えてしまうことを恐れたのである（Cardoso [2002]）。

ＰＡＥは、土地が国有で共同体所有ではないものの、個人ではなくコミュニティに用益権を認め共同管理を義務づけている点で、コモンズの制度に近いものであった。自然資源を持続的に利用する制度であるコモンズについては、後に述べるように多くの悲観論や批判がある。実際ＰＡＥでも、誰が用益権をもつかコミュニティの範囲が明瞭でなく、またコミュニティの範囲が限定されてもメンバーが必ずしも共同管理意識をもっていないなどの問題があった。その結果フリーライダー的行動によって自然資源が減少し、そのことがＰＡＥの存続を危うくすることがあった。ＩＮＣＲＡの主要な関心が土地再分配にあり、自然資源の共同管理の意義について認識が乏しいということもあった。

シコ・メンデスをリーダーとするアクレにおける採取経済保護区設立の要求は、ブラジルにおける森林あるいは広く生態系の保護、そして経済活動と生態系保護の両立を追求する、すなわち持続的開発の先駆となった。しかし、第一回全国セリンゲイロ大会開催と採取経済保護区設立要求はアマゾンで牧畜業者による暴力を激しいものにした。アマゾンの森林破壊への国際社会の関心の高まりや、森林保護を訴えるセリンゲイロへの支持は、牧畜業者の危機感を増幅した。その活動は世界に広がった。シコ・メンデスは一九八七年の第三回の全国セリンゲイロ大会でＣＮＳの委員長に選出されたが、その一九八七年には米州開発銀行（ＩＤＢ）総会に出席し、アクレ州でのＢＲ３６４の舗装の中止を訴えた。サンパウロ州からアクレ州を結ぶＢＲ３６４は、ロンドニア州内で舗装によって大規模な農業開発と森林破壊をもたらしていた。ＩＤＢの融資停止はアクレ州での同様な災禍を繰り返さないために不可欠であると主張したのである。同じ年にシコ・メンデスは、その森林保護運動が評価され、国連から「グローバル五〇〇賞」を受賞した。ブラジル国内では一九八八年に新憲法が公布されたが、そこではブラジルの歴史上はじめて環境権を認め、アマゾン森林などを国有財産とし国家と国民にその保護を義務付けた。新憲法を受けてサルネイ政権は「われらが自然計画」（Programa Nossa Natureza）を作成し、アマゾンでの丸太輸出の禁止、農畜産プロジェクトへの税制恩典の廃止、金採取における水銀使用の禁止などを定めた。

こうしてアマゾン森林保護は国内外で支持されるようになったが、開発の当事者にとっては受け入れ難いことであった。とりわけシコ・メンデスは彼らにとって危険な存在であった。ゴム採取人によるエンパテという平和的な抵抗運動も、識字運動によって彼らが知識を身に着けることも、農場主にとっては受け入れ難いものであった。そしてついにシコ・メンデスは一九八八年末に牧場主の凶弾に倒れた。米国映画『森焼きの季節』（*The Burning Season*, 一九九四年）は、シコ・メンデスやピニェイロらの運動をモデルにしたものである。

コミュニティによる土地と自然資源の共同管理という意味でPAEは画期的なものであるが、それはあくまでINCRAの内規によるものであり法的な安定性が不足していた。そこでサルネイ政権は政令第九八八九七号（一九九〇年）によって採取経済保護を恒久的な制度とした。採取経済保護区の監督はブラジル環境・再生可能天然資源院（Instituto Brasileiro do Meio Ambiente e dos Recursos Naturais Renováveis：IBAMA）が行うことになった。法は採取経済活動が無償の土地利用権のコンセッション（譲渡）契約に基づくとした。譲渡契約にはIBAMAによって承認された利用計画、環境を損ねる行為があった場合には契約が取り消される条項を含むものとされた。

採取経済は国際的な支援もとりつけた。「ブラジル熱帯雨林保護のためのパイロット・プログラム」（PPG7）である。PPG7は、リオデジャネイロでの地球サミットに先立つ一九九〇年のG7ヒューストンサミットで熱帯林破壊への憂慮と保護への協力が表明されたのを受けて、翌年のジュネーブサミットで旧西ドイツなどが中心になって作成したもので、ブラジルの熱帯林保護と持続可能な開発について試験的なプログラムを作成し、その実施のためのブラジル国内と国際的な支援のための制度をつくることを目的としていた。一九九四年にはワシントンで専門家会議が開かれ、シコ・メンデス採取経済保護区を含め四つの採取経済保護区をPPG7に組み込んだ。その目的はインフラの整備と生産物の市場化の促進によって採取経済を強化することであった（西沢［二〇〇五］）。採取経済は国際的にもその重要性が認められ支援が与えられたのである。

保護区の体系化

政府は二〇〇〇年に法律第九九八五号によって国家自然保護単位システム（Sistema Nacional de Unidades de Conservação da Natureza：ＳＮＵＣ）を設立した。ＳＮＵＣの目的は、自然保護と資源利用を保護単位（Unidades de Conservação：ＵＣ）ごとに定め、長期にわたる生態系の保全、住民と伝統文化の保護、持続可能な開発を効率的、効果的に達成することである。それはまた、それまで連邦、州、ムニシピオ（基礎自治体）のレベルでその定義、内容、保全政策がばらばらであった保護区を、統一し整合性あるものにするためのものであった。完全保護区（Unidades de Proteção Integral：ＰＩ）と持続的利用区（Unidades de Uso Sustentável：ＵＳ）に大別される。

ＰＩでは、自然保護が厳しく規制され、そこでは自然の間接的な利用、すなわち科学研究、エコツーリズム、教育などの活動のみが認められる。ＰＩは生態ステーション（estação ecológica）、生物保護区（reserva biológica）、国立公園（parque）、自然遺産（monumento natural）、森林生命保護区（refúgio de vida silvestre）に細分される。このうち生態ステーションは自然保護と科学研究を、生物保護区は生物全体の保護を、森林生命保護区は動植物の生存と再生の保証を目的とするものである。他方ＵＳは、自然保護と自然資源の持続的利用の両立を図るものであり、環境保護地域（área de proteção ambiental：ＡＰＡ）、特別生態地域（área de relevante interesse ecológico）、国有林（floresta nacional）、採取経済保護区、動物保護区（reserva de fauna）、持続的開発保護区（reserva de desenvolvimento sustentável）、自然遺産民間保護区（reserva particular do patrimônio natural：ＲＰＰＮ）に分けられる。ＡＰＡは一定程度人間が占拠する地域であるが自然保護が重要な公的および私的に所有される地域である。特別生態地域は、多くが狭小で人間の占拠がまったくないか低位で、生物学的に希少で生態

図2−1　政権ごとの法定アマゾンでの連邦保護区（UCs）設立数

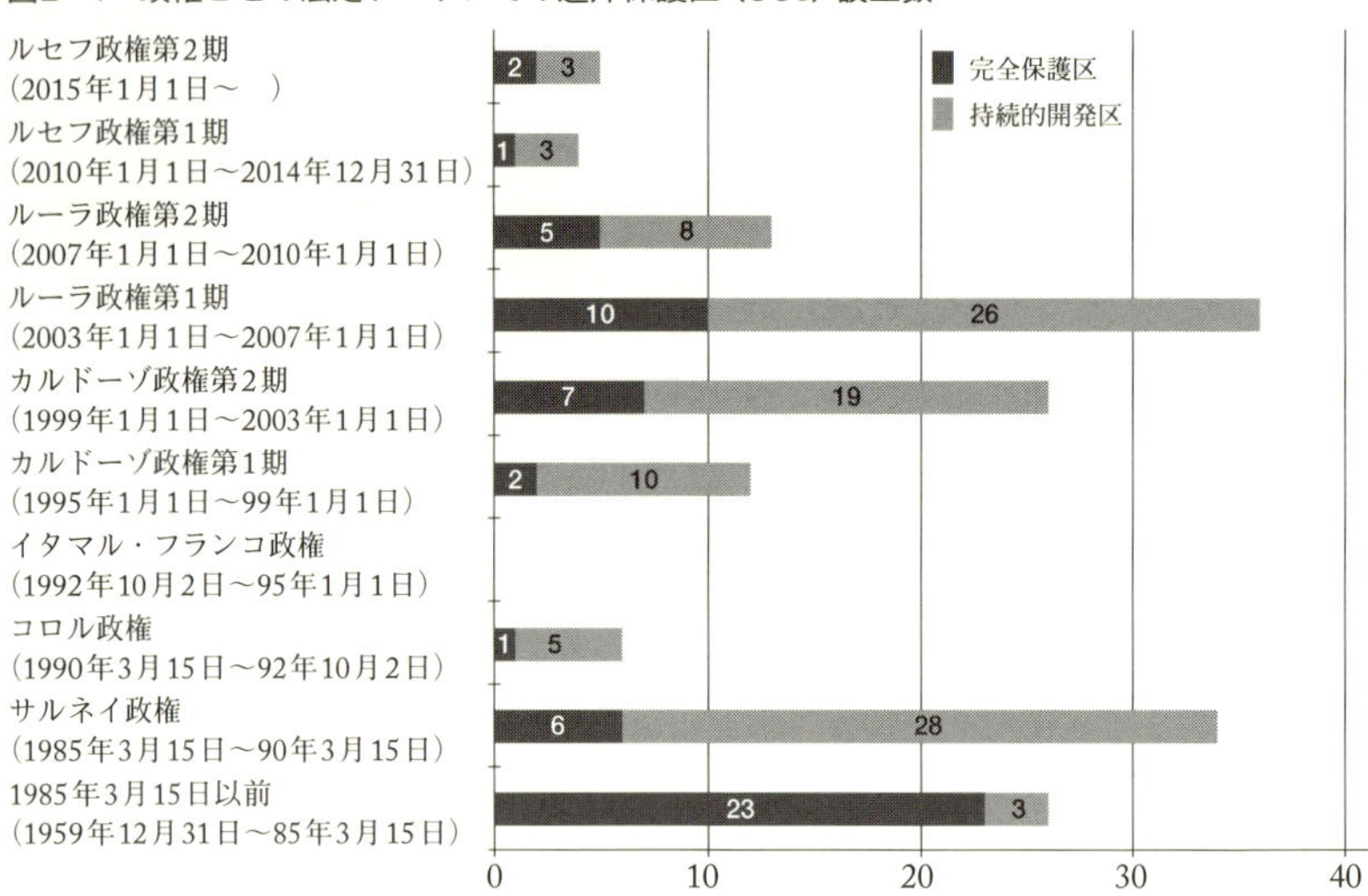

（出所）ISA: Instituto Socioambiental (https://uc.socioambiental.org/print/21622)

系の保存が重要な地域ある。持続的開発保護区は、伝統的な人びとが自然と生物多様性を何世代にもわたって持続的に利用してきた地域である。ＲＰＰＮは生物多様性を長く維持することが重要とされる私有地である。採取経済保護区は、人びとが伝統的に採取経済を営んできた地域であり、採取経済を基本とし付随的に自給農業と小規模に家畜の飼育を営むものであり、住民の生命と文化の保護を目的とするものである。

ＵＣを管理するのはＩＢＡＭＡであったが、二〇〇七年にシコ・メンデス生物多様性保護機構（Instituto Chico Mendes de Conservação da Biodiversidade：ＩＣＭＢｉｏ）に移管された。ＩＣＭＢｉｏは言うまでもなくゴム採取人シコ・メンデスの名を冠したものであり、環境省に属し国家環境システム（ＳＩＳＡＮＡＭＡ）を構成する組織である。その権限は、連邦ＵＣの設立を提案、設立、監督し、関連してブラジルの生物多様性に関する研究、保護政策を実行することである。

表2−1　生態系別の環境保護区 ── 2017年2月

生態系	アマゾン			全生態系*合計		
面積(km²)	4,198,551			8,514,085		
	箇所	面積(km²)	%**	箇所	面積(km²)	%**
完全保護区	82	434,211	10.3	636	540,794	6.4
生態ステーション	19	107,642	2.6	95	122,164	1.4
自然遺産	0	0	0.0	43	1,480	0.0
国立公園	48	273,649	6.5	393	357,888	4.2
森林生命保護区	1	64	0.0	46	3,695	0.0
生物保護区	14	52,856	1.3	59	55,566	0.7
持続的利用区	248	733,087	17.5	1,417	989,785	11.6
国有林	60	305,179	7.3	106	306,634	3.6
採取経済保護区	71	137,730	3.3	90	139,343	1.6
持続的開発保護区	21	110,789	2.6	37	112,091	1.3
動物保護区	0	0	-	0	0	-
環境保護地域	35	178,477	4.3	303	425,112	5.0
特別生態地域	6	446	0.0	49	1,017	0.0
自然遺産民間保護区	55	466	0.0	832	5,588	0.1
保全区合計	330	1,167,297	27.8	2,053	1,530,579	18.0

(注) *海洋部を除く　**生態面積に対する比
(出所) ブラジル環境省

アマゾンでの保護区の設立は、セリンゲイロらの運動が活発であった一九八〇年代後半のサルネイ政権期と二〇〇〇年代のルーラ労働者党政権期に進展した（図2－1）。その結果二〇一七年にはその数は三三〇か所になり、アマゾン生態系に属する面積に占める割合は二八％に達した。うち採取経済保護区は七一か所、面積の三・三％になった（表2－1）。

採取経済保護区の管理

採取経済保護区が機能し自然資源が保全されるには優れた管理制度を必要とする。その一つが採取経済とその保護に関わる多様な主体（利害関係者）による共同管理（co-gestão）であり、もう一つが実効的な保護のための具体的な管理手段（ferramentos de gestão）である。ＳＮＵＣを定めた法律第九九八五号は、ＵＣが公益市民組織（ＯＳＣＩＰ）によって管理されるものとしている。採取経済保護区を含むＵＣが設立されると管理計画（Plano de Manejo）が作成される。採取経済保護区の場合、管理計画は住民の参加によって作成され、計画の目的、責任体制、人間活動による自然への干渉、保護と監督、目的が達成されない場合の罰則などを含む。管理計画に従い具体的な利用計画（Plano de Utilização）が作成され、次いで利用計画に基づいて住民との間で利用権譲許契約（Contrato de Concessão de Direito Real de Uso：ＣＣＤＲＵ）が結ばれる。

例えばシコ・メンデス採取経済保護区（Reserva Extrativista Chico Mendes：ＲＥＣＭ）では、法律第九九八五号に従い、保護管理委員会（Conselho Gestor da Reserva）が組織されている（図2－2）。ＲＥＣＭは約九七万ヘクタールの面積をもち、二〇一五年で約二〇〇〇家族、一万人が住む。保護管理委員会は二九の組織の代表によって構成されている。うち一五は地域に住む伝統的住民の代表であり、ほかの一四は公的機関の代表である。前者には住民のアソシエーション、協同組合、労働組合の代表が、後者にはアクレ州環境庁、

ＲＥＣＭが位置する市政府、アクレ連邦大学の代表が含まれる。保護管理委員会を主催するのは委員会のメンバーでもあるＩＣＭＢｉｏである。住民のアソシエーションは地域の住民と生産者を代表し、委員会の意思決定に最も重要な影響を与える組織である。一九九四年にシャプリなど三つの地域で、九九年に二つの地域でアソシエーションが組織された。各アソシエーションには下部組織として基礎コミュニティがあり、それぞれに代表あるいはコーディネーターが存在し、コミュニティの要求を伝えるなどアソシエーションとの仲介機能を果たす。

ＲＥＣＭの管理は、管理計画、利用計画、利用権譲許契約によって実行される。それらは住民の自然資源利用を規制するものであり、それらが履行されているかどうかは保護管理委員会とＩＣＭＢｉｏが共同で監視する。管理計画は、ＵＣの物理・生物・社会的特性に関する情報と、ＵＣのゾーニング、ゾーンごとの土地および自然資源利用の規則を定めた文書である。利用計画は住民による自然資源利用に関する詳細な規則であり、管理計画の一部を構成する。利用計画には、ゴム路の利用、森林開墾の規模、木材伐採、狩猟や漁獲量の上限などに関する規則を含む。利用計画にはそれに違反した場合の罰則も含まれる。管理計画と利用計画は住民と行政（ＩＣＭＢｉｏとＩＢＡＭＡ）によって作成される。

図2－2　シコ・メンデス採取経済保護区の管理構造

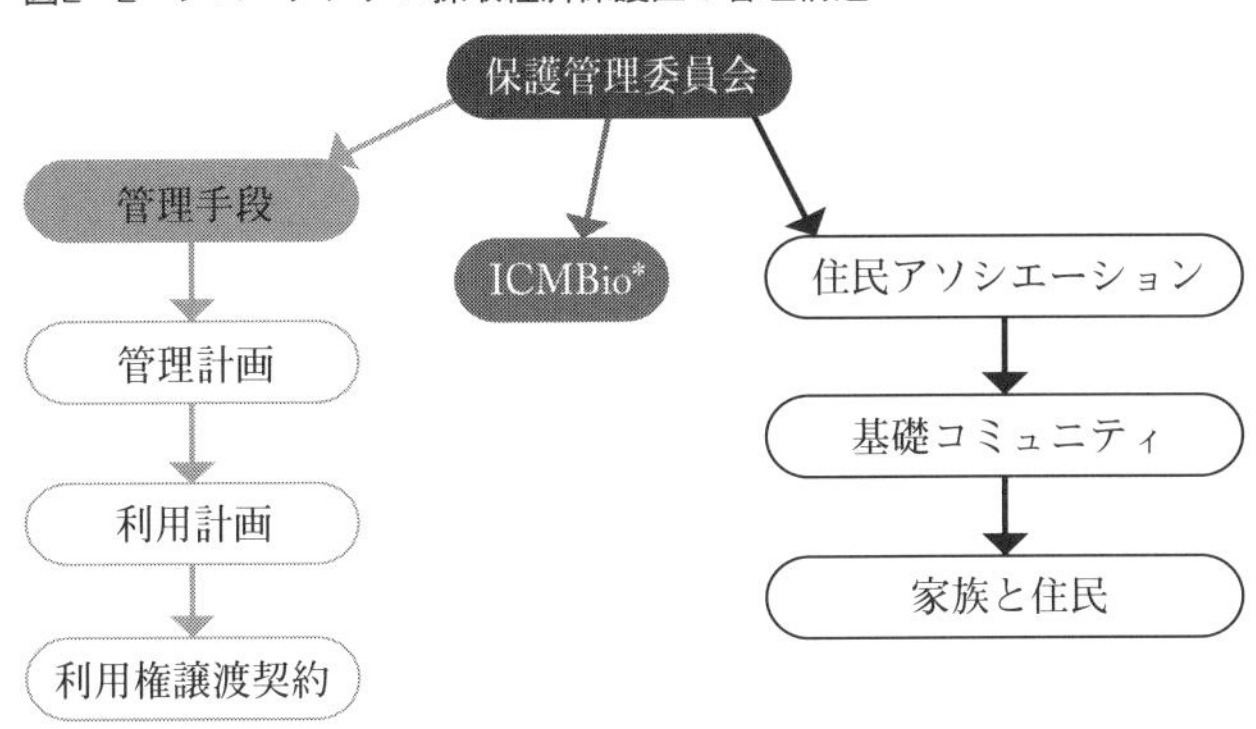

（注）＊シコ・メンデス生物多様性保護機構
（出所）WWF [2015]から作成

ＣＣＤＲＵは、ＩＣＭＢｉｏと受託アソシエーション（Associação Concessionária）の間で締結されるもので、契約に基づいて住民に対して土地利用の権利が与えられる。ＲＥＣＭでＣＣＤＲＵを結んでいる受託アソシエーションは先に挙げた五つの住民アソシエーションである。次いで各受託アソシエーションと住民の間で利用再確認文書（Termo de Reconhecimento de Posse）が交換される。文書は一〇年間有効である。

住民参加型監視システム

森林を効率的、効果的に保全するには、開発の状況と植生などの環境変化について情報を収集し蓄積することが必要となり、そのためには監視（モニタリング）システムを構築することが不可欠となる。アマゾンについては、連邦レベルでは国立宇宙研究所（ＩＮＰＥ）の法定アマゾン森林伐採衛星監視プロジェクト（ＰＲＯＤＥＳ）が、一九八八年以降法定アマゾン地域での森林破壊の状況を衛星を使って調査をしている。アクレ州でもジオプロセシング中央ユニット（ＵＣＥＧＥＯ）が、州内の森林被覆と森焼きを監視している。

しかし、環境変化を正確に理解し的確な保護政策を実行するには、こうした空間的な監視だけでは不十分であり、人びとの土地利用や経済活動、それらの森林や生物多様性への影響、炭素蓄積量の変化についてのローカルな情報が不可欠である。コミュニティ森林監視（monitariamento florestal comunitário）あるいは参加型森林監視（monitariamento florestal participativo）は、そうした現場情報を効率的に低コストで収集する手段である。コミュニティ参加型のモニタリングは、衛星によるリモートセンシングで得られる空間情報をより精度の高いものとする。他方で、コミュニティ参加型のモニタリングによる現場情報を、リモートセンシングによる空間情報と比較解析することにより、現場情報がどの程度全体の性質や特徴を表しているかを確認できる。つまり、上からの監視（リモートセンシング）と下からの監視（参加型モニタリング）を組み合わせることによって、経済活動と森林などの環境変化についてより正確な情報が取得できる。こうした双方向の監視システムはまた、森林資源管理のグッドガバナンス（良き統治）をもたらす。すなわち、行政と住民が共同して環境に配慮した経済活動や環境保全活動を行うようになる。

アクレ政府は、気候変動・環境サービス規制機構（ＩＭＣ）に、シコ・メンデス採取経済保護区における住民監視のパイロット・プロジェクトを設置した。「緑のサイン」（Sinal Verde）と呼ばれるプロジェクトは、二〇一四～一五年にデジタル技術を使った参加型監視システムを構築し、保護区の社会、経済、環境データを作成するとともに、公共政策と環境政策の影響評価を政府とは独立して実施した。これらの作業は、保護区における環境の保護と、採取コミュニティの生活手段を見出すためであった。プロジェクトでは最初に保護区で活動する住民組織、政府、市民組織から意見を徴収し、監視するテーマと指標のマトリックスを作成した。選ばれたテーマは経済活動（採取経済、農業、漁業）、社会的厚生（公共サービスへのアクセス、教育へのアクセスと質、健康・医療へのアクセス、飲料水へのアクセスと質、交通手段の利用）、森林の統治（管理の効果と参加、土地占拠、環境問題・気候変動に対する意識と知識、公共政策の影響）である。指標は、例えば採取経済であれば、採取量と頻度、採取物の種類、販売価格、管理計画の有無、補助金など恩典へのアクセスである。モニターは、保護区が位置するムニシピオごとに、保護区の人口（家族数）に応じて、全体で四〇人が選出され、彼らには訓練と報酬が与えられた。モニターは、訪問調査によって情報を収集した。集められた情報はデジタル化し公開された（Sabogal [2015]）。

こうした住民参加による監視システムは、環境情報をより精緻なものにするだけではない。参加によって住民は高い環境意識をもつようになり、住民による自分の利益を最優先する機会主義的な行動を抑止する効果をもつ。住民参加はまた、住民の行政の環境政策に対する政治的影響力を増大させ、行政の誤りを抑止する可能性を高める。他方で住民参加は、モニターが高い能力をもたなければ誤った情報提供をもたらす。行政が自らの政策を正当化するために住民参加を利用すれば、誤った政策の原因になる。

REDD+

森林保全の仕組みとして現在国際的に注目されている仕組みとしてREDD+がある。REDD+は、二〇〇五年に開催された国連気候変動枠組条約（UNFCCC）の第一一回締約国会合（COP11）で提案された途上国の森林減少・劣化に由来する排出の削減（Reducing Emissions from Deforestation and Forest Degradation in Developing Countries：REDD）に、COP13での議論を踏まえて森林炭素ストックの保全および持続可能な森林経営ならびに森林炭素ストックの向上（Conservation of Forest Carbon Stocks, Sustainable Management of Forest, Enhancement of Forest Carbon Stocks in Developing Countries）という考えをプラスしたものである。REDD+では、開発途上国が森林減少・劣化の抑制により温室効果ガス排出量を減少させた場合や、あるいは森林保全により炭素蓄積量を維持、増加させた場合に、先進国による途上国への資金支援などの経済的支援を実施し、その成果（排出削減量・吸収増大量）がREDD+実施者の貢献分として評価される。

ブラジルは二〇一五年に環境省通達第三七〇号によって「国家REDD+戦略」（ENREDD+）を定めた。その目的は、違法な森林伐採の削減、森林生態系の回復、低炭素の持続的な森林経済の開発を通じて、気候変動を緩和することである。こうした連邦政府の戦略は、言うまでもなく地球温暖化の悪化と国際的なREDD+の動きに対応するものであるが、それを先導したのはアクレ州の環境政策であった。アクレ州政府は一九九八年に「森林環境資産評価プログラム」（Programa de Valorização do Ativo Ambiental Florestal：PVAAF）

を作成し、森林がもつ経済的価値の評価に着手した。次いで二〇〇〇年には法律第二三〇八号によって「環境サービス支払いシステム」(Sistema de Incentivo por Serviços Ambientais：ＳＩＳＡ)を作成した。ＳＩＳＡは森林、生物多様性などの環境保全プロジェクトに対して恩典を与えるものであるが、それは森林保全などを通じる炭素蓄積の増大に対する支払いの仕組みにつながるものとなった。こうしたＲＥＤＤ＋分野でのアクレ州での先駆的な試みには、シコ・メンデスたちセリンゲイロらによる森林保全運動などの歴史的な背景があった。

ブラジルは二〇〇九年に法律第一二一八七号によって「国家気候変動政策」を策定し、二〇二〇年までにCO_2排出量を、何らの温暖化政策をとらなかった場合の予想値に対して三六・一％～三八・九％削減するとし、法定アマゾンについては、一九九五年～二〇〇五年平均に対して森林破壊を二〇二〇年までに八〇％削減するとした。アクレ州も連邦政府の政策と同様に森林破壊を八〇％削減するとしたが、それはCO_2排出量を一億五三〇〇万トン減らすことになる。ＲＥＤＤ＋は森林破壊削減の手段の一つとなった(WWF [2013])。二〇一二年には、アクレ州政府はドイツ復興金融公庫(ＫｆＷ)とＲＥＤＤ＋の契約を結んだ。その後各州でＲＥＤＤ＋の契約締結や交渉が相次いだ。

しかし、ＲＥＤＤ＋には批判もある。森林の経済的価値を評価するのは容易でない。ＲＥＤＤ＋は伐採や農地転用が生み出す価値を補償するものであるが、適正な水準をめぐって先進国と途上国の間で対立が生じうる。ＲＥＤＤ＋が厳格に適用されれば、先住民、セリンゲイロなどの持続的な経済活動が制約されるという問題もある。加えてＲＥＤＤ＋が先進国による途上国の森林のエンクロージャー(囲い込み)であるとの批判がある。さらにＲＥＤＤ＋が先進国のCO_2排出責任を免責する手段であるとの批判もある。

3　採取経済保護区とコモンズ

コモンズ論

森林のような自然資源をどのように経済的に利用し環境を保全するかを考察する議論として、コモンズ論や社会的共通資本論がある。コモンズ（commons）は、もともとは入会権やその権利を行使できる共有地を意味したが、今日では土地に限らず広く自然資源の共同管理制度や管理の対象である資源そのものを意味する言葉として使用されている。他方で社会的共通資本は、人びとが豊かな経済生活を営み安定的な社会を維持し優れた文化を発展させるための自然環境や社会的装置を意味するが、それらは社会全体の共通財産として社会的な基準によって管理・運営されるものとされる。これらの議論はともに自然資源を社会が共同して利用すべきものとしている。

自然資源のような共用資源は、その名前のとおり、資源の利用者を排除するのが容易ではない。他方で多くの人がそれを競って利用すれば、個々の利用の利益は減少してしまう。つまり排除性が低く競争性が高い。こうした問題を克服する方法としては、資源を利用するメンバーを制限する、つまり排除性を高めることが、あるいは資源の利用についてルールを定める、つまり競争性を低めることが考えられる。これに対し、生物学者ハーディンはこうした可能性を否定しコモンズの消滅を予言した。すなわち、多数者が利用できる共有資源は乱獲され枯渇を招くとし、こうした「コモンズの悲劇」を防ぐには、コモンズの公的所有か規制、あるいは私的所有への移行が不可避であるとした。資源管理における私的所有の重要性を強調する「コモンズの悲劇」論は、ラテンアメリカにおいても先住民共同体による共有地の解体や、農地改革によって集団での利用を認められた土地の分割や私有化にも影響を与えた。

しかし、私的所有や利用が効率的な資源管理や環境保全を実現しているわけではない。むしろ反対に資源の収奪的な利用と環境破壊を招いてきた。他方で公的所有や規制もまた政権の思惑や利権構造のなかで開発主義による資源収奪と環境破壊を引き起こしてきた。アマゾンで展開された私企業あるいは国家による大規模農牧業や鉱物資源開発がその例である。

政治、経済学者オストロムは、フィールド調査を踏まえて過度に抽象的な「コモンズの悲劇」論を批判し、人びとの集合行為が悲劇を回避しうるとした。自然資源の管理で重要なのは所有よりも利用である。オストロムは、英国に固有な制度であるコモンズに代えて、共同利用資源（common pool resource）という用語を使い、共同による持続的な利用可能性とその条件を論じた。そのうえで「コモンズの悲劇」が回避される条件として、コモンズの境界が明瞭であること、資源利用が地域の自然や社会的条件と整合的であること、資源利用のルールが予め示されていること、資源の監視が実行されていること、違反に対して罰則のルールが定められていること、利害関係者が意思決定に参加することが保証されていること、紛争解決のメカニズムがあること、管理組織が政府などの外部に対して自治権が認められていること、などを挙げている（Ostrom [1990]）。

コモンズとしての採取経済保護区

ブラジルの採取経済保護区は、シコ・メンデス採取経済保護区に見られるように、自然資源の持続的利用とそれを保証する条件を備えている。採取経済保護区の登録に当たってはそれに参加するメンバーを伝統的な住民に限定している。牧畜業者や木材業者などのアウトサイダーを排除している。利用者の限定は利用者間の競争を抑制している。管理計画は、保護区の物理・生物・社会的特性を踏まえ、ゾーンごとに自然資源利用のルールを定め、地域の条件に整合的な利用を促している。利用計画、利用権譲許契約はより具体的に自然資源のルールを定め、採取人などの生産者の利己的な行動を抑制する。利用計画には違反した場合の罰則がある。保護区では衛星による空間監視とともに住民参加型の監視システムが導入されている。保護区における自然利用と保護政策を決定する保護管理委員会には、政府、組合などとともに住民アソシエーションが住民を代表して参加し、政治的要求を行っている。基礎コミュニティは個々の住民による直接的な要求の場であるとともに、住民間の利害を調整する場ともなっている。保護区の統治では、保護管理委員会の行政側のメンバーが半数以下に制限されるだけでなく、コミュニティの参加が常に強調されている。

コモンズにおいては、これらフォーマルな組織やルールとともに慣習や信頼が重要となる。また組織やルールの法的根拠も重要となる。エンパテなどの共同行動の経験は、保護区設立後に森林などの自然資源の共同管理を容易にしてきた。人びとは自然資源の持続的利用の制度を発展させてきた。他方で、ブラジルでは一九九八年憲法が環境権を認め、それに先立って一九八一年に制定された環境基本法（法律第六九三八号）などによって環境保護の制度を整備してきた。さらに一九九八年に制定された環境犯罪法（法律第九六〇五号）は環境を攪乱する行為に対し実刑を含めて罰則を課した。これらの法もまた採取保護区が有効に機能する条件となっている。

採取保護区における共同管理の主体は、自然資源の所有者や自然資源の直接的な利用者に必ずしも限定されない。地域の住民や行政、産出された生産物の消費者、生産物を加工する企業、支援者であるNGO・NPOなど多様な主体が関わる。グローバル化の時代にあっては管理の主体は国家の枠を超える。自然資源を破壊することなく持続的に利用するには、これら多様な主体による共同管理あるいは協治

(collaborative governance)(井上[二〇〇四])が重要になる。採取保護区は多様な主体による協治とそのための制度を備えている。

コモンズを脅かすもの

このように採取保護区は自然資源の管理において重要な手段であるが、現実には有効に機能しているわけではない。多くの困難に直面している。オストロムが示したコモンズの条件は、裏から読めばコモンズが失敗する条件でもある(竹田[二〇一三])。

採取保護区では、その法制化以後も小規模ではあるが森林破壊が進んでいる。環境NGOのアマゾン人間環境研究所(IMAZON)によれば、二〇〇一～〇九年の連邦および持続的利用区における森林破壊面積は累積二九八五平方キロメートルに達した。採取保護区ではジャッシパラナ保護区(ロンドニア州)の四〇七平方キロメートル、シコ・メンデス保護区の二三四平方キロメートルが大きい。しかし、これらの破壊面積は衛星写真に基づくものであり、有用材の選択的伐採や狩猟などによる森林劣化や生物の減少などが反映されていない。保護区ではまたその法制化以前に認可された多数の鉱業プロジェクトが存在する。完全保護区では鉱業活動は違法であり取り消される可能性が高いが、持続的利用区ではその取扱いは明瞭ではない。これらに加えて、採取保護区を含む国家自然保護単位システム(SNUC)全体について、その制度の見直しや保護区の縮小などの政治的要求がある(Veríssimo et al. [2011])。

採取保護区の持続にとって多様な主体による統治は決定的な重要性をもっている。この統治に不安定性をもたらす要因の一つは人口の増加である。採取保護区外部から流入が制限されているため、唯一の増加要因は出生率である。採取保護区の森林面積は人口に対して広大なので、人口増が採取保護区の持続を脅かすことは少ないであろう。しかし新しい世代が保護区の共同管理に高い価値を置く保証はない。しかし、共同管理を危うくするのは、世代交代そのものより富裕への願望である。採取保護区ではゴム樹液やブラジルナッツが主要な経済活動であるが、これらだけでは生活を支える十分な収入を得るのは容易ではない。採取保護区で想定されている自給的な農業、家畜の飼育、狩猟などを加えても、大きくは改善しない。その結果採取保護区の多くの人口は貧困や栄養不足から脱していない。貧困は人びとを木材の伐採や牧畜に向かわせる。こうした行為は保護区で定められた管理計画などに違反する。しかし、そもそも管理計画が作成されていない。二〇一〇年時点で管理計画をもつ持続的利用保護区は、連邦保護区で一七%、州保護区で二〇%に過ぎない（Veríssimo et al. [2011]）。管理計画作成は保護区設立後五年以内とされているが、それを考慮しても少ない。

こうした採取保護区の状況は、開発を優先する企業や住民による共同管理に懐疑的な研究者の保護区批判の根拠になっている。しかし、採取保護区の統治を不安定にさせているのは、保護区内部の問題よりも外的な環境である。その一つは開発の進展や経済のグローバル化である。物流の発展は、地域の産業や商品にとって制約を取り除く一方で、消費財の流入や自然資源の流出を促す。かつてアマゾンの最奥地であったアクレ州にもグローバル化の波が押し寄せている。アクレ州では、ペルー沿岸とつながる太平洋道路が建設された。太平洋道路とは、ブラジル国内ではアマゾナス州のボカドアクレからアクレ州都リオブランコを経て、シャプリでシコ・メンデス採取経済保護区を貫き、ペルー国境のアッシスブラジルに至る国道三一七号（BR317）である。国境を超えた太平洋道路はペルー国内では複数のルートで太平洋岸に到達する。この道路は南米地域インフラ統合イニシアティブ（IIRSA）のうちペルー・ボリビア・ブラジル軸の一部である。他方でアクレ州は、輸出加工区に税制上の恩典を与える連邦法律第一一五〇八号を受けて、農産物加工などの企業誘致を図っている。これらは共にアジア市場との連結を狙うものである。世界の成長地域への輸出は、地域の産業や商品にとって制約を取り除く一方で、アジアからの消費財の流入やアジアへの自然資源の流出を促し、採取経済保護区における自然資源の管理に重大な影響を与える可能性がある。

気候変動に伴う異常気象も採取経済保護区の不安定性要因になっている。特に今世紀に入って温暖化はアマゾンに異変をもたらしている。アマゾンでは二〇〇五年、二〇一〇年と旱魃を経験したが、二〇一六年にはそれを上回る大規模な旱魃がアマゾン全域で発生した。こうした自然環境の変化は、保護区の経済と生活を危機に陥れ、人びとの機会主義的な行動を助長し、コモンズの共同管理を危うくさせる可能性がある。

採取経済は開発のオルタナティブになるか

かつてポストコロニアリズムの旗手であったフランツ・ファノンは、植民地からの解放にとって重要なのは民衆全体の覚醒であり、一人ひとりが民族全体の経験を共有することであるとした。ファノンは開発行為である橋の建設を例に引いてこう述べる。一つの橋の建設がもしそこで働く人びとの意識を豊かにしないものならば、橋は建設されない方がいい、市民は従前どおり、泳ぐか渡し船に乗るか、川を渡っていればいい。橋は空から降って湧くものであってはならない。市民の筋力と頭脳から生まれるべきものだと（ファノン［一九六九］一一三−一一四）。

アマゾンにおけるセリンゲイロたちの環境保護運動は、森林破壊から自らの生命と生活を守るための平和的な抵抗運動（エンパテ）や民衆教育から出発し、ゴム樹林で起こっていることをブラジルそして人類が直面している危機として捉え、さらに開発のオルタナティブとして採取経済保護区設立を具体的に提案するものであった。それはまさにファノンの言う個別の経験を社会全体と共有し、また筋力と頭脳によって「橋」(採取経済保護区)を建設するものであった。

採取経済保護区が直面する困難は、住民の環境意識の低さや富裕への憧憬、管理計画や監視などの制度的な不備など保護区内部に起因するものではない。保護区を批判する人たちはしばしば、それが住民に比べて広大に過ぎると批判し、他方で保護区が持続的であるには住民が伝統的な原始生活をする必要があるとする。しかし、住民の経済的欲求は地域外のそれにくらべればささやかなものである。アマゾンの資源を大規模に収奪するのは農牧業、林業、鉱業などの外部の要因である。そしてこれらの経済活動を促しているのは人びとの消費である。とはいえ、消費の拡大は人びとの欲求が際限ないからではない。消費主義を促しているのは、人間の欲望を不断に開発しようとする企業の活動であり、そうしなければ経済が成立しない資本主義という経済システムである。

採取経済とそのための民衆運動は、消費主義と開発主義への批判でありオルタナティブである。われわれの社会がこれからも存続するためには、経済活動を生態系が持続可能な水準にとどめる必要がある。採取経済はそうした挑戦の一つである。採取経済が存続するには、保護区における資源管理の強化とともに、外部からの開発圧力を排除するための法的規制とその厳格な実施が必要となる。それは何も採取経済以外の経済活動を否定するものではない。採取した生産物の薬品などへの工業的利用、すでに開発された地域におけるアグロフォレストリー(森林農業)、市場へのアクセスを容易にするためのデザイン開発などを、保護区の生態系や文化に配慮しながら検討する必要がある。それが実現するには外部からの支援が不可欠である。企業には社会的責任が強く求められる。消費者には倫理的で責任ある消費が求められる。責任ある企業と人はブラジルに限らない。アマゾンの環境破壊により大きな責任を負っているのは、開発の利益を享受する先進国の企業と消費者である。

参考文献

井上真［二〇〇四］『コモンズの思想を求めて』岩波書店

小池洋一［一九九三］「アマゾンにおけるゴム樹液採取労働者の闘争」久保田順編著『市民連帯としての第三世界』文眞堂

竹田茂夫［二〇一三］「危機のコモンズの可能性」『大原社会問題研究所雑誌』第六五五号（二〇一三年五月）

西沢利栄［二〇〇五］『アマゾンで地球環境を考える』岩波ジュニア新書

西沢利栄、小池洋一［一九九二］『アマゾン――生態と開発』岩波新書

フランツ・ファノン［一九六九］『地に呪われたる者』鈴木道彦、浦野衣子訳、みすず書房

パウロ・フレイレ［二〇一一］『新訳被抑圧者の教育学』三砂ちづる訳、亜紀書房

シコ・メンデス［一九九一］『アマゾンの戦争――熱帯雨林を守る森の民』トニー・グロス編、神崎牧子訳、波津博明解説、現代企画室

乗浩子［二〇〇八］「解放の神学から先住民神学へ」『イベロアメリカ研究』第XXX巻第二号

Cardoso, Catarina A. S. [2002] *Extractive Reserves in Brazilian Amazonia: Local Resource Management and the Global Political Economy*, Hampshire, England: Ashgate Publishing Ltd.

Hall, Anthony [2004] "Extractive Reserves: Building Natural Assets in the Brazilian Amazon," *Working Paper Series*, No.74,

Political Economy Research Institute, University of Massachusetts Amherst.

Heyck, Denis LynnDaly [2010] *School in the Forest: How Grassroots Education Brought Political Empowerment to the Brazilian Amazon*, Sterling: VA, USA, Kumarian Press.

Hildebrandt, Ziporah [2001] *Marina Silva: Defending Rainforest Communities in Brazil*, New York: The Feminist Press at the City University of New York.

Ostrom, Elinor [1990] *Governing the Commons: the Evolution of Institutions for Collective Action,* Cambridge University Press.

Sabogal, D. et al. 2015 *Monitariamento florestal cominitário: experiências na reserva extrativista Chico Mendes- Acre-Brasil,* Oxford, UK: Global Canopy Programme.

Veríssimo, Adalberto, Alicia Rolla, Mariana Vedoveto e Silvia de Melo Futada orgs. [2011] *Áreas Protegidas na Amazônia Brasileira: Avanço e Desafios*, São Paulo: IMAZON.

WWF [2013] *Environmental Service Incentives System in the State of Acre*, Brazil, Brasília: DF.

WWF Brasil [2015] *Guia Informativo da Gestão Participativa na Reserva Extrativista Chico Mendes- Acre*, Brasília: DF.

第3章

アグロフォレストリー

人と森が共生する農業

定森徹

マニコレ市でのアグロフォレストリー導入農家
（筆者撮影）

一九九〇年、ブラジル最大の大都会サンパウロ、その中心にある巨大な教会大聖堂前の正面階段で数十人ものストリートチルドレンがたむろしシンナーを吸っている。初めてブラジルを訪れたときに見たその光景が忘れられず、そのわけを知りたいと思い、筆者はサンパウロのスラム街でボランティアとして五年間働いた。スラム住民の多くは農村出身者であった。「都会に出ればきっと豊かになれる、そう思って出てきたの」と住民は言う。しかし都会に出てお金を稼げなければその生活は農村よりもはるかにみじめで苦しいものとなる。そして多くの場合、貧しさとみじめさは人間の根本を破壊してしまう。失業、アルコール、ドラッグ、暴力、犯罪、殺人、家庭崩壊。筆者はスラムで素晴らしい人たちに出会ったが、多くの恐ろしい闇にも直面した。それでも多くの人が農村を捨てて都会に出ていく。

二〇〇一年にアマゾナス州マニコレ市(ムニシピオ)での活動を始めたとき、暴力的な都市に長くいた筆者にはアマゾン農村部は桃源郷のように感じられた。しかし、美しい自然とは裏腹に人びとの暮らしは厳しいものであった。主産業の農業は労多く見返りは少ないと多くの人が感じ、子どもには農業を継がせたくないと言い、将来の展望の無さは若者がアルコールにおぼれる大きな原因の一つとなっていた。保健活動だけでは解決できない問題が多く見え、アマゾンの人びとが誇りと尊厳を持って生きられる道がないだろうかと考えさせられた。そんなときに出会ったのがアグロフォレストリーであった。

人と森が共生して持続可能な開発を実現し、人びとが誇りと尊厳を持って生きていける、そして将来に希望を持てる、そのためのキーとしての「人と森が共生する農業」アグロフォレストリーについてこの章では述べていく。この章の読者がアグロフォレストリーについて知り、遠くアマゾンの地で自分たちの生活を改善しようと奮闘する農村の人びとについて思いをはせていただければと考える。

1 アマゾンにおけるアグロフォレストリーと関連事項

マニコレ市でのアグロフォレストリー導入事例（バナナ、アサイ、カカオ、セドロ）（筆者撮影）

アグロフォレストリーの仕組み

アグロフォレストリーという言葉は、農業を意味するAgroと林業を意味するForestryが組み合わされたもので日本語では森林農法などとも呼ばれる。これは、一つの土地で複数の作物を組み合わせて栽培し、かつそこに少なくとも一つの大型の樹木（用材樹種、果樹、ヤシ類など木本性作物。ブラジルの定義では樹高六メートル以上のもの）を含み、土地を水平にも垂直にも有効に利用して生産するシステムで、「人と森が共生する農業」と呼ばれる。

しかしアグロフォレストリーは必ずしも経済的に割の合う方法で行われているとは限らず、その展開は世界的にみても限定的である。環境保護を目的とした「カネの儲からないアグロフォレストリー」

図3－1　遷移型アグロフォレストリー概念図

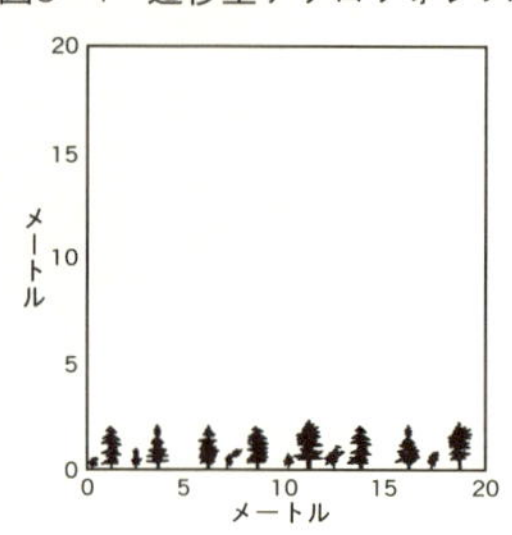

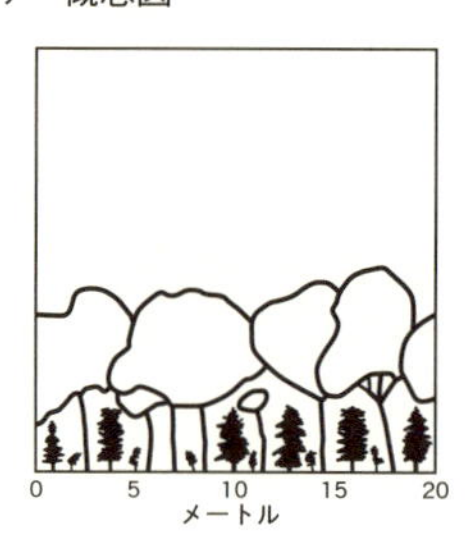

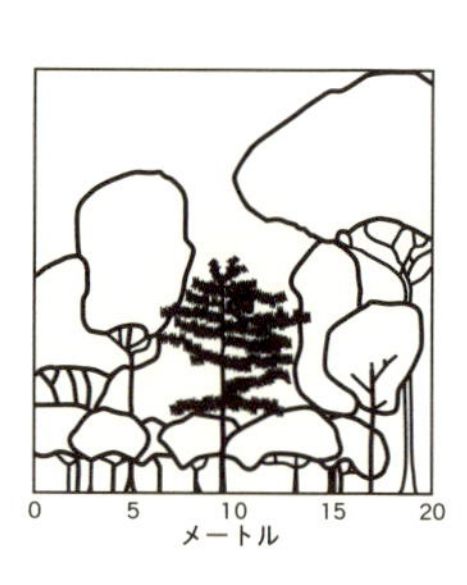

（出所）Subler [1993]

では、生活のかかった多くの農民を巻き込むことはできず、面としての広がりがないケースが世界中で多くみられた。

そのようななか、国際的に注目を集めているのが、アマゾンで日系農業者が開発したトメアス式アグロフォレストリー（Sistema Agroflorestal de Tomé-Açu：SAFTA）で、それは一言でいえば「カネの儲かるアグロフォレストリー」である。SAFTAはタイプとしては遷移型アグロフォレストリーというものに分類される。遷移型アグロフォレスリーは、二次林の植物遷移を模倣して有用植物の栽培を行うものである。いいかえれば、いったん伐採された森に草が生え、光や乾燥を好む樹が生え、長い年月をかけて次第に本来の自然の森に戻っていく過程を、経済的に価値のある多種の植物を混植することで模倣していく方法である。

そもそも伝統的焼き畑でも、耕作後数年して地力が衰えると、そこでの耕作は放棄され、その後自然にパイオニア樹種（最初に生えてくる比較的太陽を好み乾燥に強い樹種）が侵入し、二次林を形成し（二次遷移）、数十年から一〇〇年以上かけて森林を回復していくのだが、遷移型アグロフォレストリーではその過程を農耕者が積極的に模倣、介入し、経済的にメリットのある多種の植物を混植していくことで、生産性の高い森林農場、アグロフォレストを形成していくのである（図3－1）。

具体的には以下のような作物・樹種を適切に組み合わせて植えていく。

・植え付け後一年程度のうちに収穫のある短期作物（キャッサバ芋、トウモロコシ、陸稲、豆類、瓜類など）
・一～二年目から数年間収穫のあるコショウやパッションフルーツなどの蔓性木本作物、バナナなど
・数年で収穫の始まる果樹（カカオ、クプアスー、アサイなど）
・八年前後で非木材林産物の収穫の始まる多目的高木（パラゴム（ラテックス）、アンジローバ（薬用油）、ブラジルナッツなど）
・七年～数十年で伐採できる材木用高木（パリカー、アンジェリン、チーク、マホガニーなど）

遷移型アグロフォレストリーには、以下のような利点がある（山田［二〇〇五］）。
・長期間継続的に同じ土地から収入が得られ、定着農業が可能（焼き畑移動耕作が不要）。
・焼き畑に比べ単位面積あたりの収入が高い。
・牧畜に比べ単位面積あたりの収入が高い。
・牧畜に比べ雇用吸収力が高い。
・モノカルチャー（単一作物栽培）に比べ病害虫などによる被害を受けにくいため農薬の使用量を減らせる。
・モノカルチャーに比べ農作物価格相場変動の影響を受けにくいため収入の安定化につながる（ある作物の相場が下がってもほかの作物によりカバーできる）。
・肥料投入の必要性が比較的少ない（①遷移型栽培の初期は後継作物が残肥を活用、②成熟期には農業生態系内部の栄養素循環量が増大）。

・森林保護、土壌保護、生物多様性保護につながる（①焼き畑の必要性が減り新規伐採減少、②天然林周縁に緩衝林帯を形成、③森林回廊として野生生物の移動経路確保）。

一般に森林再生のために植樹しても、その利益を得られるのは果樹などで早くて数年、材木用の樹種であれば数十年かかることも珍しくない。資本のあるものであればともかく、貧しい農民にとってそのような形ではそのエリアを適切に管理することは難しく、植樹したものが雑草などに負けて枯死してしまうことも多い。しかしトメアス式アグロフォレストリーでは、同じ土地にすぐに収穫できる短期作物やそれよりも少し収穫開始が遅れるが数年間収穫できる中期作物を植えることで、農民がそこに通うためのインセンティブを与えるのである。数年たって果樹から収益が得られるようになれば、農民は長期間にわたりそのエリアから収入を得ることができ、最終的には材木にもなる巨木が成長するまでそこに通い続ける理由となる。トメアス総合農協（Cooperativa Agricola Mista de Tome-Açu：CAMTA）理事長である小長野道則は農民への指導を行う際に「作物は主人の足音を聞いて育つ」と言って農地を頻繁にケアすることの重要性を説いているが、アグロフォレストリーは、農地でありかつ植林地である場所に農民が頻繁に通うことを仕組みとして作り上げているのである。

このように形成されるアグロフォレストリー農地では、そこに蓄積されるバイオマス、生物多様性ともに原生林よりは低いものの、牧場に比べれば比較にならないほど高く、また材木、果樹、ゴムなどの単一作物栽培に比べても環境的視点から見てはるかに優位である。またアマゾンにおいてモノカルチャーはほぼ必ずといっていいほど壊滅的な病虫害などが発生し長期の持続可能性が低い。それに対してアグロフォレストリーでは長期的な持続可能性が高く、短期の経済効率ではモノカルチャーに劣るものの長期的な視点ではむしろ優位といえる。

アマゾナス州マニコレ市――一般的なアマゾン

アグロフォレストリーを行っている地域とそうでない地域には、経済社会や環境保全で大きなコントラストがある。筆者が活動を行うマニコレ市は、日本より空路で二四時間以上かかるアマゾナス州都マナウスからさらに三〇〇キロ以上南西に位置しており、九州ほどの面積（四万八〇〇〇平方キロメートル）に約五万三〇〇〇人（二〇一四年国勢調査データ）が居住するアマゾン西部地域の市の一つである。マニコレ市市街地から船で三〇分から一〇数時間の場所にあるマデイラ川流域農村部に一〇〇以上の村落が点在しており、そこに住む約二万人がキャッサバ芋、バナナ、スイカ、アサイ、カカオなどの栽培と淡水漁業、ナッツ、ゴム、砂金などの採集に頼る半自給自足的な、森と共生した生活を送っている。ただ、そのような生活で得られる現金収入はわずかであり、電気や水道、電話などのインフラが多くの場合未整備なこともあり、より良い収入、教育機会、保健サービス、刺戟や娯楽を求めて住民が都市に流出する傾向も強い。

図3-2　トメアスとマニコレの位置

マニコレ市は南北に細長く、その北部にアマゾン河最大の支流であるマデイラ川が流れ、多くの農民はそのマデイラ川流域に住んでおり、南部はうっそうとしたジャングルで住民は非常に少ない状態であった。しかしそのジャングルに国道二三〇号（BR230）いわゆるアマゾン横断道路（Rodovia Transamazônica）が開設されたことから、地価の高いブラジル南部から国内移民が多く流入し、今日ではアマゾン横断道路周辺人口は約一万人に上っている。これらの国内移民は文化的な違いが大きく、伝統的小規模焼き畑などによる半自給自足ではなく、伐採後の大規模な野焼きにより牧草地をつくって牛の放牧を行うことが多い。大きな道路から小さな道路が伸び、またそこからさらに小さな道路が伸びる形で伐採が進んでいく様子は空撮するとまるで魚の骨のように見えることから「フィッシュボーン」と呼ばれており、非常に大規模な自然破壊へとつながっている。

パラ州トメアス市——アマゾンアグロフォレストリーの先進地

アグロフォレストリー先進地域であるアマゾン東部パラ州トメアス市は、州都ベレンより一二〇キロほどの場所に位置する。一九二九年に日本人移民が入った当初はまったく孤立した地域で、水路以外では州都ベレンへは行けなかったが現在では陸路が整備され、車の場合五時間ほどで到着できる。面積は五一四五平方キロメートルでマニコレ市の約九分の一だが、同等以上の約六万人（二〇一四年国勢調査）の人口を有する。産業は、農業、牧畜、製材業が発達しており、経済状況は比較的良好と考えられている。

トメアス市は、日本開拓移民が入植し発展したブラジル北部地域最大の日本移民入植地である。現在、日系ブラジル人はマイノリティーとなっているが、農業分野での存在は未だ大きい。当地で日系移民がより利益があり、また持続可能な農法を追求するなかでアグロフォレストリー技術体系が確立されて今日に至っている。

アグロフォレストリーは、トメアス市では日系人から非日系人へと技術伝達が進み、今日、非日系の小農家でも多くの実践例が見られるようになっている。また、JICAとブラジル政府、トメアスの篤農家やCAMTAが協力して国内外の農業技術者へのアグロフォレストリートレーニングを実施している。それ以外にもトメアスの篤農家や農協は、国内外から興味を持ってやってくる研修生なども積極的に受け入れており、地域でのアグロフォレストリー普及にも大きく貢献している。

リベイリーニョ／カボクロ

アマゾン地域農村住民のほとんどはリベイリーニョ／カボクロと呼ばれる人びとであり、厳しい経済・社会状況に置かれている。そのため、農村部から居住市の都市部へ、さらに州都の大都市へと人口の流出が続いており、持続可能な経済発展が求められている。

カボクロ（caboclo）は人種的概念で、先住民と白人混血のアマゾン地方住民を指す。リベイリーニョ（ribeirinho）は川や湖などの近くに住む農村部住民を意味する。旱魃が多発し貧しいブラジル北東部地域の白人系ブラジル人が一九世紀後半から国内移民としてゴムやナッツの採取のためにアマゾン地方に断続的に流入し、現地の先住民系住民と混血が進みカボクロ／リベイリーニョを形成してきた。特に第一次ゴムブームである一九世紀末と、連合国向け軍需ゴム需要が膨らんだ第二次世界大戦中には多くの北東部からの国内移民がゴム採取のために流入した。

リベイリーニョは焼き畑を行うことから「森の破壊者」との汚名を着せられることも少なくない。しかし伝統的手法で行われる焼き畑は通常せいぜい一家族一ヘクタールほどであり、広い範囲で移動耕作を行っている場合には大きな問題とはならない。むしろ大規模な自然破壊が起きれば真っ先に被害を受け生活を脅かされることから大規模で破壊的な開発には抵抗することが多く、「森の番人」といえる。焼き畑、ホームガーデン（後述）、川での漁業、森での狩猟、ゴム・ナッツ・カカオ・アサイ・砂金などの採集を組み合わせたその生活は自然への依存が極めて高く、環境を破壊することは自分たちの生活を破壊することにつながるため、破壊的な開発の動きへは注意を払っているのである。ただし、その感覚はあくまで実生活者のものであり、外部の者のような自然に対する必要以上のセンチメンタルさは持っていない。

ヴァルゼア（氾濫原）とテラ・フィルメ（高台）

アマゾンの農業は、その実施地域の特徴により、ヴァルゼア（várzea）と呼ばれる氾濫原とテラ・フィルメ（terra firme）とよばれる高台の二つに大別される。アグロフォレストリー導入に際してもこの二地域で大きな違いがある

ヴァルゼアは雨期には水に浸かることが多く、土地は川が運んでくる栄養分のため肥沃である。河口に近いアマゾン東部のヴァルゼアでは、雨期には潮の干満によって一日のうちに水に浸かりその後に水が引くことを繰り返す。アマゾン西部のヴァルゼアは河口からの距離が遠いため、潮の干満の影響は受けず、雨期になると一定期間水に浸かった状態となることが多い。ただしこれはその年ごとの雨量・水位と、その土地の標高により水に浸かる年と浸からない年がある。ヴァルゼア・バイシャ（várzea baixa）は毎年必ず水没し、乾期になると現れるきめの細かい土で覆われたエリアで、乾期の数か月を利用してスイカ、カボチャなどの栽培が行われる。ヴァルゼア・アルタ（várzea alta）は、ヴァルゼア・バイシャとテラ・フィルメの中間に位置し、数年から一〇数年に一度程度水没するエリアである。アマゾンで重要な換金作物であるカカオ、アサイ、ゴムなどは元来こういったエリアに適応した植物であり、今日でも半分自生したカカオやアサイ、ゴムが収穫されるのは一般にこのヴァルゼア・アルタである。またこれらの地域では水路への

アクセスが容易なことも多く、農産物の出荷に適している。

他方、テラ・フィルメは標高が氾濫原より高く、通常は雨期になっても水に浸からない。土地は酸性度が強く、また植物の栄養吸収を妨げるアルミ成分が強く、栄養分に乏しいことが多い。「インディオの黒土」(terra preta do indio) と呼ばれる、先住民が長年そのエリアで暮らしたことで排泄物、有機ごみなどが蓄積された黒土のエリアも存在し、そういった土地は極めて肥沃である。生活環境としてはしばしば水没する氾濫原より良い。キャッサバ芋の焼き畑栽培に適している。

2　アマゾンにおけるアグロフォレストリーの展開

ホームガーデンと焼き畑 —— 伝統的アマゾンアグロフォレストリー

リベイリーニョ／カボクロは伝統的な生活様式として川沿いに高床式の住居を建て、その周辺にさまざまな果樹を植え、そのさらに周辺でキャッサバ芋などを栽培し、自然に生えているナッツ、ゴムなどを採取し、川から魚を捕る。これにより基本的な栄養（炭水化物＝キャッサバ芋、タンパク質＝魚、ビタミン＝果樹）と現金収入（ゴム、ナッツ、カカオなど）を確保している。この家屋周辺の混植果樹園はホームガーデン（ポルトガル語ではキンタル・プロドゥチーヴォ quintal produtivo）と呼ばれるアグロフォレストリーの一種である。

また、キャッサバ芋栽培は通常焼き畑で行われ、そのために乾期に森を伐採し、乾燥させ、そこに火を放つ。その後、そこにキャッサバ芋の枝を一メートルほどの間隔を置いて植え込んでいく。比較的容易に芽が出て、森を焼いた際の灰などを養分としながら芋を形成していく（灰はアマゾン地域の酸性土壌の中和の役割も果たす）。キャッサバ栽培にあたって農民は雑草などを刈っていくのだが、有用樹（果樹、材木用樹など）が出てきた場合は残しておく。同じ場所で数回キャッサバ芋を栽培すると地力が落ちて収穫が減ってくるので、そこを放棄して新たな焼き畑を行う。放棄された焼き畑には次第にパイオニア樹種が侵入し二次林を形成し（二次遷移）、数十年から一〇〇年以上をかけて森に戻っていく（Yamada [1999]）。焼き畑の手入れの際、有用樹が選択的に残されていくので、これら人の手の入った場所ではまったくの自然状態より有用樹が増えていくことが推測される。

アマゾン全域で有用樹が多く見られるが、それは単なる自然淘汰だけではなく、白人到来以前から先住民が焼き畑をするなかで選択的に有用樹を残してきたためでもあると山田らは述べている。つまり焼き畑とホームガーデンを通して、先住民やリベイリーニョ／カボクロはアマゾン全体で原始的だが壮大なアグロフォレストリーを実践してきたともいえる。

日本移民と遷移型アグロフォレストリー

トメアスは一九二九年に日本からの開拓移民が入って発展した町であるが、当初は目標としていたカカオ栽培がうまくいかず、またマラリアが猛威をふるったため多数の死者を出し、当時の日系移民社会で「緑の地獄植民地」「猛毒マラリア植民地」とまで呼ばれた（角田［一九六六］）（なお当時の言語感覚では「植民地」は今日の「入植地」にあたる）。その後、第二次世界大戦がはじまると連合国側についたブラジルでは反日感情が高まり、ついには北部アマゾン地域にいた日系移民は当時陸の孤島だったトメアスに収容された。トメアスには初期移民船により持ち込まれたシンガポール産のコショウの苗が根付いていたが、かえりみるものは少なかった。

第二次世界大戦でアジアのコショウ産地の多くが荒廃もしくは植民地支配からの脱却により国内用食料生産へと転換し、世界的に需給が逼迫して価格が高騰し、第二次世界大戦後しばらくしてトメアスはコショウ黄金時代を迎えた（Yamada [1999]）。しかし、一九六〇年代末から一九七〇年代にコショウの病害が広がり、さらに一九七四年の大水害でトメアスのコショウ農業は壊滅的打撃を受けた。そこからパッションフルーツ、カカオ、その他の熱帯果実を栽培する試みが本格的に始まり、現在のトメアスでのアグロフォレストリー発展の基礎となった。一九九〇年代には多種栽培が推進され、ブラジルのハイパーインフレとそれにともなう日本への出稼ぎ増加による日系社会の空洞化などに悩まされながらもジュース工場の拡充を行い、一九九九年にフルーツジュースの海外輸出を開始し、その後も順調に伸びている。今日、日本でもアサイが一般的となったがその多くはこのトメアスから送られてきたものである。

アグロフォレストリー発展の歴史的文化的背景

アマゾン地域日本人移民によるアグロフォレストリー発展の大きな要因の一つは、日本人入植者の背後にある日本農民の歴史的文化的背景である。山田は東アジアの水稲栽培の「集約的土地利用」と、対照的なものとしてのヨーロッパの「乾燥していて植物の生長の緩慢な土地での生産性の低い畜産」での土地利用をあげている。南北アメリカ大陸に入植したヨーロッパ系移民は、その歴史背景と新大陸のほぼ無制限にある安価な土地と奴隷による労働力（後には大規模機械化）を利用した牧畜や大規模な単一作物プランテーションを行った（Yamada [1999]: 324）。

しかしアマゾン地方のエコシステムでは大規模な単一作物プランテーションや大規模な牧畜はほとん

どの場合長期にわたる持続性がないため、アマゾン地方の農業発展は進まなかったのである。それに対して日本農民はエコシステムを崩さないで土地を集約的に利用する傾向を持っており、それがアマゾンでのアグロフォレストリーの発展につながったと考えられる（Yamada [1999]: 349－350）。アマゾンにおけるアグロフォレストリー手法が日本移民の間で発達したことは偶然ではなく、以上に述べたような文化的歴史的背景が存在しているのである（Yamada [1999]: 349）。

トメアスにおけるアグロフォレストリーは、日本人移民坂口陞（一九三三－二〇〇七。一九五七年に渡伯）が地元のリベイリーニョ／カボクロの生活様式をヒントにして始めたものと広く言われている。リベイリーニョ／カボクロは先住民から続いている伝統的な生活様式として川沿いに高床式の住居を建て、その周辺にさまざまな果樹を植え、そのさらに周辺でキャッサバ芋などを栽培している。これは既述の「ホームガーデン」と呼ばれるアグロフォレストリーの一種である。坂口はこのホームガーデンにヒントを得て、現在のトメアスにおけるアグロフォレストリーの基本となっている一年生作物、果樹、用材樹種のさまざまな組み合わせを実験していったことをインタビューなどで述べているが、坂口のこういった態度には日本の篤農家に見られた自然や周辺を注意深く観察し、工夫を行う姿勢が見て取れる。小長野ＣＡＭＴＡ理事長に筆者が農民のトレーニングなどで同行した際にも、自然をよく観察すること、貧しい一般農民のやっている手法からも何かを学び取ろうとすることなど日本の篤農家の特徴を多く見ることができた。

アマゾンにおけるアグロフォレストリーが日系移民の間で発展した最大の要因は、日本の篤農が持っていた自然を注意深く観察しエコシステムを尊重しながら工夫をこらす姿勢、「もったいない」と考えて土地をできる限り有効に活用しようとする日本の伝統と、リベイリーニョ／カボクロが持つ先住民から続いている伝統的知恵の出会いが最も大きな要因といえるであろう。その先住民文化と日本文化が融合し、洗練されたものがトメアス式アグロフォレストリーといえる。

3　アマゾン西部の伝統的小農への遷移型アグロフォレストリー普及プロジェクト

マニコレのリベイリーニョ――森と共に生きる人びと

ここでは筆者がアグロフォレストリーの普及を行っているマニコレの人びとの暮らしについて述べ、そういった地域でアグロフォレストリー導入を行う背景や意味などについて考える一助としたい。マニコレ市遠隔地住民は、主に焼き畑によるキャッサバ芋栽培、バナナ、スイカやカカオ栽培、淡水漁業、ゴムやナッツの採取、砂金の採取などをそれぞれのシーズンごとに行って生活している。それらの人びとが暮らす一〇〇以上の村々は、ヴァルゼアとテラ・フィルメに分かれる。生活環境としては高台の方が良く、また主食のキャッサバ芋の栽培に適しているため高台居住人口の方が多いが、土地の肥沃さから数年から一〇数年に一度程度冠水する氾濫原（ヴァルゼア・アルタ）に位置するコミュニティも少なくない。

マニコレ市農村部の一般的な家屋
（筆者撮影）

住居は、ほとんどが木造高床式である。水道や電話などの基礎的なインフラは整備されていないことがほとんどで、電気は市・州政府から供与された発電機をコミュニティで管理運営しているケースが多かったが、近年は市街地から送電線がひかれているエリアも増え、無料の衛星放送をパラボラアンテナで受信しテレビ視聴を楽しむ家庭も増えている。ほとんどが核家族（結婚すると別の家を建てる）だが、近隣に祖父母や兄弟姉妹が居住しており、日常的な親族間のつながりは深い。住民のほとんどは、前述のカボクロであり、先住民居留区も存在している。

現金収入は少ないが、マニコレ市農村部では食料の多くを漁業や農業による自給自足で賄えるため、これら非現金収入が実質的に収入を補完しており、食料に困ることは少ない。

「森の番人」と自然環境保護

アマゾンでは次のようなピアーダ（piada, ブラジル式ブラックジョーク）が語られる。環境・再生可能天然資源院（IBAMA）の職員が休暇中にアマゾン奥地に観光に行く。大変な伐採が行われており、伐採を行っている業者の男に「これじゃあバクもいなくなってしまうだろう」と言う。伐採業者の男は「ああ、そこにたくさんいるさ」と指さす。そこにはバクの骨が大量に捨ててある。「これじゃあ、ジャガーもいなくなってしまうだろう」「ああ、そっちにたくさんいるさ」そこにはジャガーの骨が大量に捨ててある。「なんてこった。IBAMAの人間はいないのか？」「ああ、そっちにいるさ」そこには人の骨が捨ててある。

ブラジルでもむろん法による伐採規制はあるが、広大で未だに国家権力が完全に及んでいないアマゾン地域において、法規制の実効性は必ずしも期待できない。その周辺に住んでいる人びとが「森の番人」として阻止しない限り、大規模な自然破壊を防ぐことは難しいのである。

この「森の番人」の機能は各集落の住民組織が担っている。ほぼすべての地域で村落ごとの住民組織があり、外部者が地域で違法伐採や違法漁業などしている場合、それらの住民組織が告発を行うなどしているのである。

持続可能な形で自然資源利用をしてきた農村部住民は森と共生する「森の番人」でもあったが、今日、「農業や採集は労多くして実りが少ない」と考え、世代を重ねるごとに都市への流出傾向を高めている。これら「森の番人」がいなくなれば、アマゾン地域の開発はますます収奪的な様相を深めていくことが予想される。伝統的住民がいなくなれば、どれだけ無茶苦茶な伐採をして跡地を牧場にしようが大豆プランテーションにしようが魚を根こそぎにしようが、文句を言うものはほとんどいなくなる。マニコレの例でいえば、もともと大きな川がないため「森の番人」たるリベイリーニョが少なかった市南部に道路ができると、みるみる大きな道路を中心に魚の骨のような形で私道と伐採が広がる「フィッシュボーン」が形成された。「森の番人」が尊厳と希望を持って農村部に住み続けられるようにすることは、同時に周辺の環境を守る意味でも重要なのである。筆者はそのための重要な手段の一つがアグロフォレストリー導入と考えている。

トメアスからマニコレへのアグロフォレストリー技術移転

筆者は、住民の長期的生活改善のためにアグロフォレストリー普及が大きな力になり得ると考え、二〇〇七年以降、農業に関わる政府系農業研究普及機関、カカオ院（CEPLAC）、既述の小長野が理事長を務めるCAMTAや地球環境基金、JICAなどの協力を得て、マニコレ市農民向けのアグロフォレストリー普及事業を実施しており、その結果、対象地域におけるアグロフォレストリー導入が進み始めた。現在ではマニコレ市においてアグロフォレストリーを理解している農業技術者が五名おり、一〇〇以上の農家への定期的な農業指導が実施されつつある。

アグロフォレストリー普及事業の活動の一つが農民向け啓発である。小長野には二〇〇八年の活動開始当初より啓発、トレーニングに協力してもらっている。自身も貧しい農民だったところから、今日ではアグロフォレストリーの第一人者として数百ヘクタールにのぼる大農園を経営するに至った小長野の実践に裏付けられた話は多くの農民のやる気を引き出した。小長野による講演や農村訪問以外にも繰り返し農業技術者による訪問指導、農村でのセミナーなどにより啓発活動を行ってきた。また、それらの一環として後述のモデル農家への地域農民の訪問やトレーニングなども実施することで農民への啓発を行ってきた。

普及事業の第二の活動は、農業技術者や農民向けのトメアスやカカオ院マナウス試験農場への派遣研修である。市農業局に雇用されている農業技術者、農民数十名をこれまでトメアスに派遣し、実際にアグロフォレストリーの成功例に触れてきた。百聞は一見に如かずで、これも技術の吸収とやる気の引き出しに絶大な効果があった。またカカオ院との活動が始まってからは、より近くにあり低コストで研修を行えるカカオ院マナウス農業試験場での研修も実施した。

普及事業の第三の活動は、巡回指導とモデル農家の育成である。研修などを通じて特にやる気が強い農家を選定し、モデル農家として重点的に指導や支援を実施した。多くの農民は貯金などがないため、万が一新農法を導入して失敗すると非常に厳しい状態に陥る。そのため、ほとんどの農民は非常に保守的で従来の方法を変えようとはしない。そこで特に好奇心、やる気、能力のある農民をモデル農家としたのである。多くの農家はモデル農家が新しい手法を始めてもすぐにそれを取り入れることはない。しかし、その手法がうまくいっているようであれば次第にその手法を取り入れるのである。そのため、これらのモデル農家はアグロフォレストリーを伝達するうえでのハブとして非常に重要な役割を果たすのである。

第四の活動は、苗づくりである。当該地域はもともと先住民の採取文化の伝統が根強く、「自然に生えてきた有用植物を利用する」という傾向が強く、特に果樹類は自分から苗を作って植えるということがほとんど行われておらず、食べた後に種子を捨て、そこから自然に生えてきたら、刈らずにとっておくというのが基本であった。しかしプロジェクトで苗づくりを指導してきたことで、果樹の苗を作って植えるということが地域全体で一般化した。

最後の活動はカカオ発酵・乾燥への支援である。当該地域はカカオの原産地域でもあり、カカオ生産が盛んであった。このカカオの栽培はもともとほかの樹種と混植するアグロフォレストリーになっていることも多く、アグロフォレストリー普及においてキーとなる生産物の一つである。ただ、収穫されたカカオをチョコレート原料とするためにはその発酵プロセスが重要であるが、この地域では発酵をせずに簡単な乾燥をするのみだった。この場合、チョコレートの良質の原料とはならず、主にカカオバターを抽出することに使われ、価格は低い状態であった。トメアス関係者やカカオ院と発酵／乾燥に関するトレーニングを農業技術者、農民向けに行うことで、適切なカカオ発酵が可能な農家が一〇人以上養成できた。

ただし、従来の仲買業者は全体から見ればほんの一部の高品質カカオをわざわざ分けて購入する手間をかけたがらないため、これらの農民は高品質カカオ生産の正当な対価を得られなかった。そのため、まとまった量の高品質な発酵済カカオが生産されない状況となっていた。「鶏と卵どちらが先か?」の状態で、「まとまった量の高品質カカオが生産されないから高く買い取りがされない。高く買い取りがされないからまとまった量が作られない」というループにはまってしまい、せっかく伝達された技術が活用されない状態となっていた。

しかし二〇一六年に日本国内のカカオ商社と合意ができ、二〇一七年からある程度まとまった量を日本向けに輸出する予定である。今後、高品質カカオがまとまって生産されればブラジル国内外のプレミアムチョコレート市場向けにも出荷が可能になり、大きな可能性が広がろうとしている。

4 気候変動とアグロフォレストリー

頻発する大水と旱魃に適応するアグロフォレストリー

筆者が二〇〇一年にアマゾンでの活動を開始し、二〇〇三年から本拠をアマゾナス州マニコレにうつして以来、毎年のように「過去最高の川の水位」「過去最低の水位」「記録的大雨」「記録的乾燥」といった言葉が新聞などの見出しを飾っていたが、二〇一四年には「一〇〇年に一度の水害」とされる大水が発生し、氾濫原の高床式の家屋が完全に三か月ほど水没するレベルでマディラ川流域を襲った。氾濫原はもともと水に浸かる可能性のある地域であるが、居住に使われているのは、通常大水になっても高床式の家屋で数週間の床下浸水で済むような標高の場所が選ばれている。しかし二〇一四年の大水害ではそれをはるかに超え、家々が二〜三か月にわたって水没、川の水流によって破壊された家屋も多く出て、津波の後のような惨状になった村も多く出た。

近年、極端な大雨や乾燥が繰り返してきていたこともあり、「これは地球温暖化による気候変動で今までと違った状況になりつつあるのでは」と農民も含めた多くの人びとが感じるようになってきた。

筆者はプロジェクト責任者として地域の農民と共に氾濫原でのアグロフォレストリー導入を推進してき

ており、それらの農地が水害で破壊された際には農民からの非難も覚悟していた。しかし、実際には誰も筆者に対して非難をせず、むしろ「これからやり直しをしなければならないので、今後も支援を続けたほしい」と言ってくれた。また、どのように今後進めるべきかと筆者自身決めかねていたところ、農民たちが「氾濫原と高台、両方で農業をすることでリスクを分散する」と決め、自分たちで残っていた苗を高台に拓いた土地に持ち込み、キャッサバ芋の焼き畑をしつつ、そこに苗を植えていっていた。「こちらから今後どのようにするべきかを決めて指導をしなければ」などと思っていた自分が恥ずかしくなるほどの農民たちの動きであった。

また氾濫原では同じように大水の被害に遭った土地でも、果樹類が壊滅した場所と、ほとんど被害を受けなかった場所に分かれた。当初は水流などの条件のためかと思われたが、その後観察を続けていくと地面に対する日照量が大きなファクターと見られた。水害後の様子を見ると、水没に耐えたカカオなども、水が引いていったときに、最後に少し残った水が太陽光で熱せられてお湯の状態になることで枯れてしまうケースが多いと感じられたのである。われわれや農業専門家から見たときに「陰をつくる樹が多すぎるので生産性を上げるために改善しなければ」と感じられたカカオ林が、逆に水害後も何もなかったかのように残っているケースを見て、「氾濫原に適した、水害にも強く、生産性も高いアグロフォレストリーについてまだまだ研究をしなければ」と強く感じた。

氾濫原は土地が肥沃で、また水へのアクセスも簡単なため、アグロフォレストリー導入が比較的容易であるが、気候変動によると思われる大水害が発生していることなどもあり、栽培樹種、樹間距離の調整、植栽密度、被陰などについて研究を続け、気候変動後に水害が多発することを想定して、新状況に適応させていく必要がある。その際には、日本の篤農が伝統的に持っている「自然を観察し、真似る態度」「伝統的な技法の良い点を残しながら新しい手法を試していく態度」などが重要になるであろう。また高台は水害の被害を受けにくいものの、やはり気候変動による影響とみられる旱魃増加もあり、低コストの灌漑や、肥料コストに見合った栽培生産物の組み合わせなどに関して研究を進める必要がある。

新たな経済サイクルとアグロフォレストリー

アマゾンの歴史を見ていくと、この地域が地理的には大変な僻地であるにもかかわらず、以下のように驚くほど国際情勢の影響を受け続けてきたことが分かる（Yamada [1999]）。

・世界での工業化の発展が第一次ゴムブームをつくりだし、大量のブラジル北東部住民が流入。
・ゴム種子の欧米植民地への持ち出しとそれらの地域でのゴム生産開始によるゴムブーム終焉。
・ゴムブーム後の深刻な経済危機打破のための日本人農業移民導入機運、米国における黄禍論と日本人移民排斥による日本人アマゾン入植。
・第二次世界大戦中、日本によるアジアのゴム生産地域占領によるアマゾンでの連合国向けの第二次ゴムブーム。
・第二次世界大戦後、アジア各国が独立し、コショウの供給量が激減したことによるコショウブーム。

アマゾン地域は過去にカカオ、木材、ナッツ、ゴム、ジュート、コショウとさまざまなブームに沸いたが、どれも長期間は続かなかった。それに対し、アグロフォレストリーの持つ「生産物の多様性」は特定作物のブームに乗るのではなく、常に平均してある程度の収入を確保するという「天然の保険」である。国際情勢の変化や一時の流行に賭けのように乗ろうとするのではなく、アグロフォレストリーの導入により、地道に食料と収入を確保していくのが結局はこの地域の人びとの生活改善への一番の近道となるであろう。

また特にカカオは当該地域で広く栽培されているものの、カカオビーンにするための発酵／乾燥技術が低く、カカオバター採取のための低品質カカオとして生産されているため価格が低く収入向上に結びついていない。筆者が設立した特定非営利活動法人クルミン・ジャポンは気候変動に適応したアグロフォレストリー栽培技術向上と同時に、カカオの発酵／乾燥技術向上と生産された高品質カカオのブラジル国内外への高価格での販売を目指すことでアグロフォレストリー普及につなげていく予定である。

アマゾン農民は森と共に生きる人びと、森の番人であり、彼らの生活を持続可能な方法で向上させることこそが環境保全にもつながる。アグロフォレストリーは万能薬ではないし、また唯一の解決方法でもない。しかし、「森の番人」の生活を持続的に向上させるために非常に大きなポテンシャルを持っており、今後も筆者は地域の人びとと共に当該地域でのアグロフォレストリー推進に向けて活動を続けていくつもりである。

参考文献

内村悦三［二〇〇〇］『実践的アグロフォレストリー・システム』財団法人国際緑化推進センター
国立国会図書館［二〇〇九］「ブラジル移民の１００年」http://www.ndl.go.jp/brasil/index.html
定森徹［二〇一一］「アマゾン西部におけるアグロフォレストリー普及の可能性とその制約条件――マニコレ市

における活動を事例として」日本福祉大学国際社会開発研究科修士論文
角田房子［一九六六］『アマゾンの歌』毎日新聞社
トメアス開拓七〇周年祭典委員会記念誌委員会編［二〇〇九］『アマゾンの自然と調和して――トメアス七〇周年記念誌』トメアス文化協会
トメアス開拓五〇周年祭典委員会編［一九八五］『みどりの大地――トメアス開拓五〇周年史　一九二九―一九七九』トメアス文化協会
西澤利栄、小池洋一、本郷豊、山田祐彰［二〇〇五］『アマゾン――保全と開発』朝倉書店
羽賀克彦［二〇一五］「ブラジル・アマゾン地域での日系農家によるアグロフォレストリーの実践と成果」『国際農林業協力』第三八巻第二号
特定非営利活動法人ＨＡＮＤＳ編［二〇一〇］『アマゾン西部におけるアグロフォレストリー普及活動報告書』特定非営利活動法人ＨＡＮＤＳ
Sadamori, Toru and Masaaki Yamada [2011] "Avaliação da viabilidade financeira da introdução de Sistemas Agroflorestais na Amazônia Brasileira," VIII Congresso de Sistemas Agroflorestais, Belém, PA, 21–15/Nov/2011.
Subler, Scott [1993] "Mechanisms of Nutrient Retention and Recycling in a Chronosequence of Amazonian Agroforestry Systems: Comparisons with Natural Forest Ecosystems," PhD Dissertation, The Pennsylvania State University, State College, USA.
Yamada, Masaaki [1999] *Japanese Immigrant Agroforestry in the Brazilian Amazon: A Case Study of Sustainable Rural Development in the Tropics,* Miami: University of Florida.
Yamada, Masaaki and Henry L. Gholz [2001] "An evaluation of agroforestry systems as a rural development option for the Brazilian Amazon" *Agroforestry Systems.* 55: 81–87.

第4章

先住民の現在と主体的で持続可能な未来

下郷さとみ

カマユラ民族の子ども
シングー先住民公園、2015年（筆者撮影）

アマゾンには伝統文化を生きる先住民の暮らしが息づいている。しかし森の恵みによって成り立つ彼らの暮らしは、周囲で進む大規模な農業開発などによって少しずつおびやかされている。外との人や物や情報の行き来がまれではなくなったいま、先住民は伝統社会とブラジル現代社会とのはざまで、さまざまな面において過渡期を迎えている。貨幣経済の流入とともに金銭を得るための経済手段が必要になり、また外の社会との関わりが進むにつれて、ブラジルの公用語であるポルトガル語教育のニーズも高まってきた。アマゾン開発を推進する政財界の圧力の前では、諸民族が結束し、ポルトガル語やＩＴを駆使して内外に広く訴えていく抵抗運動も求められている。教育や医療などの公的サービスの向上は、先住民自身が政府に対して求め続けているものである。一方、これらの変化は同時に、伝統文化の継承に影響をおよぼす要因ともなっている。

先住民が直面する課題や問題は、直接的にも間接的にも、わたしたちの日本の暮らしにつながっている。つながりとは、たとえばアマゾンにおける農業開発や鉱山開発がもたらす大豆や地下資源を日本は大量に輸入しているという「原因」の部分でもあり、また、たとえばアマゾンの森林破壊がもたらす地球規模の気候変動という「結果」の部分でもある。「開発か保護か」の二項対立の考え方は、常に「開発」をその答えに用意してきた。しかし地球環境の危機が叫ばれるいま、どちらか一方ではない持続可能な開発のありかたが火急に求められている。では、その具体的な方策とは何だろうか。都市に富も人も情報も権力も集中し、自然環境に依拠した伝統的な暮らしが価値を失っていく現代において、先住民が自尊心を持って自立していくには何が必要なのか。

本章では、アマゾン開発の進行のなかで先住民が置かれた状況を概観し、次いで彼らの尊厳ある自立を求める試みの一つとして、伝統文化がいまも色濃く残るシングー（Xingu）川流域の先住民が取り組むプロジェクトを紹介したい。これは日本のＮＧＯ、ＮＰＯ法人熱帯森林保護団体（Rainforest Foundation Japan：ＲＦＪ）（代表：南研子）が支援する養蜂事業と消防団事業である。たとえるなら日本の「里山」がそうであるように、自然と人間の調和の場を創造する試みとしての、先住民の持続可能な未来を提示したい。

1　アマゾン先住民の現在

「ブラジル発見の日」から始まった苦難

四月二二日。アースデイとして国連が定めるこの日は、ブラジルではもう一つ別の名前を持つ日でもある。「ブラジル発見の日」だ。大航海時代の一五〇〇年四月二二日、ポルトガル人探検家カブラル（Pedro Álvares Cabral）が、のちにブラジルと呼ばれることになる大地に初上陸を果たした。その大地は、もちろんポルトガル人に「発見」されたわけではない。そこには数多くの先住民が、少なくとも一万年以上前から暮らしていた。一九七五年にブラジル南東部のミナスジェライス州で発掘された国内最古の人類化石は、一万一五〇〇年前の女性のものとされ、「最初のブラジル人、ルジア（Luzia）」と名付けられている（UFMG

ウェブサイト）。

一五〇〇年当時の先住民の人口は、大西洋沿岸部に二〇〇万人、内陸部に一〇〇万人、ブラジル全土に計三〇〇万人だったと推定される（FUNAIウェブサイト）。さらに多く、一〇〇〇万人以上、二〇〇〇の民族がいたとする説もある（Survivalウェブサイト）。最近の研究では、土壌に残された焼き畑などの人間活動の痕跡から推定して、アマゾン地域だけで八〇〇万人の先住民がいたという仮説も出されている（Clement [2015]）。これは、実に一九世紀のブラジルの全人口に匹敵する数である（IBGEウェブサイト）。アマゾンといえば、人の手のおよばない広大な原生林というイメージが強いかもしれない。しかし、かつてそこには、あまたの先住民の活発な人間活動があった。

「発見の日」以降、植民地化の過程で、また近代以降の都市化や開発の過程で、先住民は土地を追われ急激にその数を減らしていった。最も数が減ったとされる一九五七年には、全国にわずか七万人を残すまでに至った（FUNAIウェブサイト）。いまでもブラジル社会には先住民に対する蔑視感情が根強く残るが、近代まで、まるでけものを狩るように先住民を捕らえて殺す残虐行為が横行した。また、植民開始以前は南米大陸には存在しなかった病気――インフルエンザやはしか、天然痘などの病原体に対する免疫を持たなかった先住民は、侵入者を前にあまりにも脆弱すぎた。いくつもの民族が虐殺や伝染病によって絶滅に追いやられていった（Survivalウェブサイト）。

筆者は「ブラジル発見五〇〇周年」に沸く二〇〇〇年に、まさにそのポルトガル人初上陸の地を訪ねたことがある。記念の地であるブラジル北東部バイア州ポルトセグロ市のコロアベルメーリャ海岸で、パタショ民族（Pataxó）の先住民保護区の一つを訪問した。ブロック作りの小さな家屋が密集した、一見スラムのようにしか見えない小さな区画が彼らに保障された土地のすべてだった。

植民の開始とともに真っ先に土地を追われたパタショの多くは、民族固有の言語や祭祀などの文化を早くに失い、以降、都市の周縁で生きてきた。筆者が訪ねた時は、若者たちのグループが観光客を対象にしたエコツアーの試みを始めたばかりであった。支援者から贈与された別の小さな土地の木立の中に伝統家屋を建てて、そこで歌や踊りを披露し伝統食をふるまうというプログラムである。それらの失われた伝統文化は、近隣のほかの民族と交流して学び取ったのだとリーダーのカットン（Katão Pataxó）が筆者に語った。森に依拠する先住民の生き方は、森の中にあってはじめて成り立つ。森を奪われた先住民は、伝統文化もまた奪われる。しかし、このような状況に置かれて五〇〇年を経てもなおパタショとしてのアイデンティティを持ち続けようと模索する若者たちの姿に、「人間の尊厳とは何か」を深く思索させられた。

先住民の権利と保護

ブラジル社会において先住民は、長らくほかの国民とは異なる扱いを受けて来た。偏見や差別の対象であるという社会意識の面においても、また法的面においても同様であった。先住民の保護と権利を規定するはじめての法に、一九七三年に公布された先住民法（Estatuto de Índio）がある。この基本法は、彼らは法的な制限行為能力者であり国家による後見を必要とする者であるという原則に基づいている。これは一九一六年公布の旧民法における原則を踏襲するもので、そこにはブラジル社会への同化を前提に彼らを滅びゆく民族とみなして、それまでは国家が庇護を与えるという先住民観があった（ISAウェブサイト）。後見人の任を負う組織として、一九一〇年に先住民保護庁（Serviço de Proteção aos Índios：ＳＰＩ）が設置され、六七年には、これに代わる新たな組織、国立先住民保護財団（Fundação Nacional do Índio：ＦＵＮＡＩ）に移行した。

軍事政権（一九六四〜八五年）の終了の後、一九八八年に民主主義に基づく憲法が公布された。新憲法の先住民に関する規定は、先行法とは大きく異なっている。先住民は独自の社会集団や習慣、言語、信仰、伝統を持つ人びとであり、そのような固有文化を彼らが保持する権利を認めた。そしてブラジルにおける彼らの先住性をはじめて公式に認め、伝統的に占拠してきた土地に対して彼らが始原的な権利を永続的に持つことを認めた。そこでは表土の利用と河川および湖沼がもたらす資源の利用に先住民が排他的な権利を持つ。また、憲法に基づき二〇〇二年に改正された新民法では、「先住民は法的な制限行為能力者であり国家による後見を必要とする者である」とする旧民法の規定が削除された。なお、憲法が保障する先住民の諸権利の保護は、ＦＵＮＡＩが継続して担っている。

先住民が始原的な権利を有する土地は、境界画定（demarcação）と呼ばれる認定作業によって決定される。土地の境界線を画定して、その内側を先住民保護区（Terra Indígena：ＴＩ）に定めるというものである。この境界画定の作業プロセスはＦＵＮＡＩが行い、最終的に大統領が署名することで効力を発する。前憲法下でも先住民保護区の規定は存在した。しかし、そこでは保護区の場所を決定するのは政府であり、開発の妨げになる先住民を、彼らにゆかりのない別の地域に設置した保護区に強制移住させるといったことも行われた。二〇一七年三月時点で、境界画定の最初の作業プロセスである調査段階にあるケースだけでも、全国にまだ一一四か所の土地が先住民保護区の認定を待っている（FUNAIウェブサイト）。

なお現憲法では、教育や健康はすべての人の権利であり、それを保障するのは国家の義務であるとされ、これに基づいて公的教育機関および公的医療機関におけるサービスが無償化された。先住民に対しても、もちろん同様に教育と医療の無償提供が保障される。加えて憲法は、先住民の固有文化に配慮した教育と医療の提供を規定している。先住民の固有文化の保護については、外からの介入を排除する手立てがＦＵＮＡＩによって取られている。その一つが、非先住民が先住民保護区内に立ち入る際にＦＵＮＡＩ

が課す先住民保護区入域許可の取得義務である。許可申請には訪問する先住民コミュニティの長が署名発行する招聘状が必要であり、また憲法に則って先住民の伝統文化を尊重し、彼らの独立性や尊厳を侵害する行為は行わないとする内容の誓約書の提出が求められる。このような保護策の背景の一つには、奥地探検による初接触時代に、キリスト教宣教者の活発な活動によってキリスト教化が推し進められ、多くの民族の伝統文化が失われた過去への反省がある。

先住民の現況と拡大する森林破壊

死者の魂を送る祭祀「クァルピ」
シングー先住民公園、カマユラ民族、2015年（筆者撮影）

二〇一〇年の国勢調査（IBGE [2010]）から、ブラジル先住民の現況を見てみよう。

先住民の人口は全国に八九万六九一七人である。文化的な広がりは、二七四の言語、三〇五の民族に渡る。国の全人口に占める割合は〇・四七%とわずかである反面、多様性に満ちた社会を形づくっている。このうちアマゾン地域（法定アマゾンのうちマラニョン州に属する地域を除く）の先住民は四三万三三六三人で、全体の四八%を占める。全国で人口が最も多い民族はアマゾン北部に暮らすチクナ（Tikúna）の四万六〇四五人である。続いて、国の中西部から南東部にかけて暮らすグァラニ・カイオワ（Guarani Kaiowá）が四万三四〇一人、南東部から南部にかけて暮らすカインガング（Kaingang）が三万七四七〇人である。先住民の居住域がブラジル全土に広がることが、これら三民族を見るだけでも感じ取れるであろう。

先住民全体の五七・七%は、先住民保護区に暮らしている。先住民保護区の数は二〇一〇年で全国に五〇五か所、総面積は約一〇七万平方キロメートルで、国土面積の一二・五%を占める。面積ベースでは先住民保護区の大部分である九八・三三%がアマゾン地域に集中する一方で、前述の通り、その人口は全体の半数に満たない。つまり保護区内に暮らす五七・七%以外の先住民は、彼らが元来持つはずの土地への権利がない状態に置かれていると言えよう。たとえばグァラニ・カイオワのなかには、ブラジル中西部マトグロッソドスル州の大農牧場地帯で、街道の脇に建てたバラックで暮らしながら何年も先住民保護区の認定を待ち続けるグループがいる。

アマゾン開発は道路建設とともに始まった。一九六〇年に首都ブラジリアとパラ州都ベレンを結ぶ国道一〇号（BR010）が完成した。七〇年代には、アマゾンを横断するトランスアマゾニカ（BR230）や、アマゾン北部からブラジル南部まで国土を縦断する国道一六三号（BR163）、アマゾン南部マトグロッソ州からペルー国境のアクレ州までを結ぶ国道三六四号（BR364）の開通が続いた。道路に沿ってまず木材伐採業者が入り、マホガニーやイペーなどの商業価値のある木を切り出した。有用でない木は倒してから火を入れて焼き払い、裸地となった森の跡地に牧場や農場が開かれた。

アマゾン熱帯林の元来の面積はおよそ四〇〇万平方キロメートルで二〇一〇年までにその一五%が失われたと推定されている（ISAウェブサイト）。観測衛星を使った国立宇宙研究所（Instituto Nacional de Pesquisas Espaciais：INPE）の法定アマゾン森林伐採衛星監視プロジェクト（PRODES）によれば、観測が始まった一九八八年の時点から二〇一六年までの期間のアマゾン森林喪失累計面積は法定アマゾン全体の八・四%、日本の国土面積の一・一倍にあたる四二万一八七一平方キロメートルにのぼった（INPEウェブサイト）。

既伐採地の土地用途は、牧草地が五四・九％、二次林が二二・二七％、耕作地が五・三九％、鉱物採掘が〇・一三％などである（INPE [2010]）。耕作地の主要な作物は大豆である。アマゾンにおける大豆の栽培面積は三万九二〇〇平方キロメートルで、全国の大豆栽培の一一・七％を占める（GTS [2016]）。

アマゾン森林破壊のもう一つの脅威として、地下資源採掘をあげておきたい。ブラジルのＮＧＯ、社会環境研究所（Instituto Socioambiental：ＩＳＡ）が二〇一六年に発表したモニタリング調査結果によれば、アマゾンにおける地下資源採掘活動の総件数は四万四九一一件であった。そのうち環境保護区（Unidade de Conservasão：ＵＣ）および先住民保護区の全部または一部に活動域が重なる箇所は一万七五〇九件にのぼった。内訳は、連邦立環境保護区内が一万六八六件、先住民保護区内が四一八一件、州立環境保護区内が三三九〇件であった。これらの採掘活動はガリンペイロと呼ばれる私的な採掘人集団によるもので、採掘資源の七〇％は金である。彼らは環境保護区や先住民保護区に許可なく侵入し、野営しながら鉱脈を探索して採掘する。その過程で先住民との衝突が多発している（ISAウェブサイト）。

シングー先住民公園の周囲に広がる大農場、2015年（筆者撮影）

前述の通り憲法は、先住民保護区における表土利用の権利を先住民に保障するが、地下資源への権利はない。ただし、鉱物資源の調査と採掘にあたっては影響を受けるコミュニティへの意見聴聞が必要であるとの規定がある。二〇一三年、この憲法規定に反する形で、鉱物採掘法（Código de Mineração）改正案が国会に提出された。改正案では、地下資源開発を国家の最優先事業に位置付け、影響を受けるコミュニティへの聴聞や同意なしで開発が行える、などとしている。ガリンペイロによる不法活動はもとより、先住民保護区における政府や企業の大規模開発事業に容易に道を開くことになると、先住民は批判の声をあげている。

土地への権利の侵害と抵抗運動

憲法が保障する先住民の土地への永続的な権利は、開発推進側にとっては、いちじるしい障害である。ブラジルの基幹産業の一つであるアグリビジネス業界は、アマゾン農業開発の妨げとなる先住民の権利の制限を求めて、国会でロビー活動を展開してきた。その業界の要望に呼応するのが、国会議員が組織する議員連盟の一つ、農牧業議員前線(Frente Parlamentar da Agropecuária：FPA)である。これは二一四名の下院議員(下院定数五一三人)と二三名の上院議員(上院定数八一人)の、計二三七名が連なる巨大議連である(FPAウェブサイト)。彼らが強く後押しする形で、いくつかの法律改正案が国会に提出されている。前述の鉱物採掘法改正案のほかに先住民が強く懸念するのが、憲法修正案二一五号(PEC215)である。

前述のように、先住民保護区の認定(境界画定)はFUNAIが作業を進め、大統領が署名して発効する。これに対して同修正案は、現在、行政府にあるこの境界画定の権限を立法府へ移行するというものである。これは、国会での多数決によって境界画定の可否が決定されることを意味する。国会内の勢力図を考えれば、新たな境界画定は実質不可能になることが容易に予測されるであろう。さらに修正案では、憲法が公布された一九八八年の時点で占拠実態があった土地についてのみ先住民は権利を請求することができるとする「時間基準点」(marco temporal)という概念が提示されている。しかし当時の時代背景を考えれば、開発や迫害によって元来の土地を追われたままの状態にあった民族は少なくない。現憲法の原則「ブラジルにおける先住性を認め、土地への始原的かつ永続的な権利を保障する」を大きく後退させることになるであろう。この修正案は二〇一五年一〇月に下院委員会で可決され、国会での採決に進むばかりという段階にある。

二〇一六年八月のルセフ大統領弾劾決定後、副大統領から大統領に昇格して政権についたテメル（Michel Temer）は、就任前からアグリビジネス業界との連携強化の姿勢を打ち出していた。同年七月、大統領職務停止中のルセフに代わって大統領代理を務めていたテメルは、農牧業議員前線の所属議員を招集して会合を持った。アグリビジネスは国の発展のかなめとして、その推進を確認し合い、推進のための制度や法の整備を約束した。大統領と農牧業議員前線が会合を持つのは、二〇〇八年に同前線が誕生して以来はじめてのことで、テメルの農業開発推進に重きを置く姿勢が見て取れる（*El Pais*: 2016. 7. 16）。また二〇一七年のFUNAIの予算は前年の半分に削減され、その結果、職員の解雇や地域事務所の閉鎖を強いられた（*Revista Forum*: 2017. 5. 4）。

FUNAIの弱体化を図る動きは顕著である。二〇一五年一〇月にPEC215が下院委員会で可決された翌日には、国会に「FUNAI・INCRA調査委員会」が設置された。先住民保護区の境界画定プロセスにおけるFUNAIの、農地改革プロセスにおける国家植民農業改革院（Instituto Nacional de Colonização e Reforma Agrária：INCRA）の、それぞれの不正疑惑の究明が同委員会の目的とされる。二〇一七年五月には調査報告書が委員会に提出され、委員の採決で承認された。報告書の執筆責任者は農牧業議員前線の代表を務めるレイトン下院議員（Nilson Aparecido Leitão）である。三〇〇〇ページを越す報告書にはFUNAIによる不正行為に連なったとして、先住民三五名と人類学者一五名を含む九〇名があげられた。境界画定の前提条件である「その土地を伝統的に占拠してきた先住民であるという事実」の調査の際に、嘘の証言や記載があったとするものである。採決後、レイトンはテレビのインタビューに答えて、「FUNAIは解体すべきだ。もしくは農牧業開発に差し障りのない組織の形にわれわれが作り変える」と語った（*TV Globo*: 2017. 5. 7）。

権利を侵害するこれらの動きに対して、先住民はさまざまな形で抗議の声をあげてきた。その最大の抵抗運動が、ブラジル全土から諸民族が結集する「自由の大地キャンプ（Acampamento Terra Livre）」である。二〇〇三年から毎年開かれているこのキャンプでは、数日間に渡って首都ブラジリアの国会を臨む広場で野営しながら、デモ行進や関係省庁への申し入れなどの対外行動のほか、全体会議や分科会を通した活発な討議が行われる。主催するブラジル先住民連携（Articulação dos Povos Indígenas do Brasil：APIB）は、全国各地の先住民団体の連合体である。一四回目となった二〇一七年四月のキャンプには、「境界画定をすぐに！（Demarcação já!）」をテーマに過去最高の二〇〇民族四〇〇〇人が参集した（APIBウェブサイト）。PEC215、教育や保健などの公的サービスの改善、先住民の政治参加の促進など、さまざまな課題や問題が議論され、取りまとめられた要望書が連邦最高裁判所、大統領府、保健省、教育省、法務省に提出された。

要望書を作成したのは、先住民としてはじめて弁護士資格を取得したワピシャナ民族の女性、ジョエニア（Joênia Wapixana）である。また、日々のキャンプの行動内容は、写真や映像とともにSNSを通して逐次ネット配信された。そこにはキセジェ民族（Kisedje）のカミキア（Kamikia Kisedje）をはじめとする先住民写真家や映像作家の活躍があった。多くの民族が法人格のある民族組織を持ち、ウェブサイトやフェイスブックページで民族の文化や活動を発信している。先住民はいま、人材育成や組織育成、事業への資金提供などの面でブラジル内外のNGOの支援を受けつつ、専門的な知識や技能を生かし、異なる民族間の共通言語でもあるポルトガル語とITを駆使した現代的な運動を展開し始めている。ブラジルの代表的な先住民支援ＮＧＯとしては、ＩＳＡや、先住民宣教協議会（Conselho Indigenista Missionário：ＣＩＭＩ）があげられよう。

ブラジルの先住民が置かれている状況には、国際社会からも厳しい目が注がれている。二〇一六年三月、国連人権委員会先住民作業部会の特別報告者コルプス（Victoria Tauli-Corpus）がブラジルを訪問し、ベロモンテ水力発電所周辺の先住民や、マトグロッソドスル州の大農場地域で先住民保護区の境界画定を求めているグァラニ・カイオワなどの状況を視察した。境界画定を求める運動をめぐっては、大農場主による先住民襲撃事件が多数起きている。二〇一四年の一年間だけで全国で一三八人の先住民が殺害され、うち四一件が同州内で発生した（CIMI [2015]）。自身もフィリピン北部の少数民族イゴロット（Igorots）であるコルプスは、憲法修正案二一五号にも懸念を示し、先住民の人権保護をブラジル政府に求める報告書を国連に提出した。一年後の二〇一七年三月には、ＡＰＩＢの共同代表で先住民女性リーダーであるグァジャジャラ民族（Guajajara）のソニア（Sônia Bone Guajajara）と、ヤノマミ民族（Yanomami）リーダーのダビ（Davi Kopenawa Yanomami）がジュネーブの国連人権委員会を訪問し、先住民の人権問題についてブラジル政府に継続して警告を与えるよう申し入れを行っている（*Amazonia Legal em Foco*: 2017.4.11）。

2　アマゾン先住民の伝統文化とその変容

シングー川流域の豊かな森と先住民の生活

先住民の文化は土地と密接に結びついている。森と、森が育む豊かな水の恵みに彼らの生活は支えられ、そのなかから森羅万象に精霊が宿るアニミズム的な世界観が生まれる。そして、そのような世界観が呪術

図4－1　ブラジルの先住民保護区 ── 2017年1月

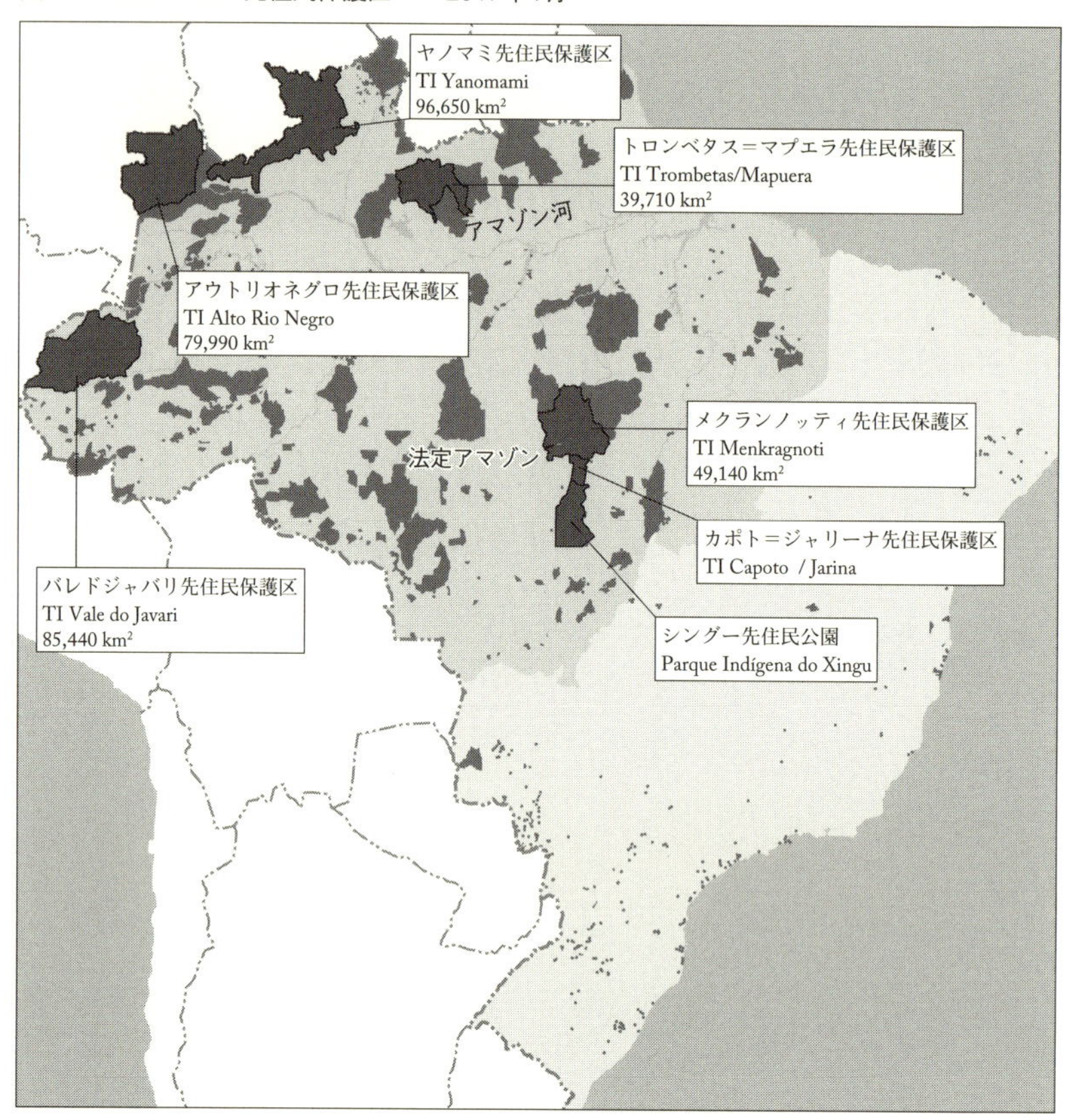

（注）網かけの部分が先住民保護区（調査から国家名義による登記に至るすべての画定段階を含む）。なお面積上位5か所と本章に登場する2か所について、網かけを濃くして名称を記載した。
（出所）FUNAI

や祭祀などの伝統文化を育んだ。前節で述べた土地への権利を求める先住民の闘いは、彼らのアイデンティティの源泉を守る闘いそのものであると言えるだろう。彼らの伝統的な暮らしのありようと、それが変容しつつあるいまを、国内有数の面積規模の先住民保護区を抱くシングー川流域の民族の事例を中心に紹介したい。

アマゾン主要支流の一つであるシングー川は、ブラジル中西部に位置するマトグロッソ州の、植生がセラードからアマゾン熱帯雨林へと移り変わるあたりに端を発する。流れは北へと向かい、やがてパラ州へ入り、最後はアマゾン河下流部に合流する。全長一九七九キロメートル、流域面積は日本の国土面積の一・四倍(五三万一二五〇平方キロメートル)という大河である。シングー川の特に上流域から中流域にかけては、大小一〇か所の先住民保護区がひとかたまりにまとまった形の広大なエリアが広がっている。これらの総面積は北海道のほぼ二つ分、約一四万平方キロメートルにおよぶ(FUNAIウェブサイト)。

熱帯森林保護団体(RFJ)は、このうちマトグロッソ州内にある二か所の先住民保護区で支援活動を行ってきた。最も南に位置するシングー先住民公園(Parque Indígena do Xingu 面積二万六四二〇平方キロメートル)と、そのすぐ北側に隣接するカポト=ジャリーナ先住民保護区(Terra Indígena Capoto / Jarina 面積六三五〇平方キロメートル)である(FUNAIウェブサイト)。前者にはカマユラ(Kamayurá)など一六民族のおよそ四八〇〇人が、後者には主にカヤポ民族(Kayapó)がおよそ一四〇〇人暮らしている(ISAウェブサイト)。なおシングー先住民公園は、一九六一年に設置されたブラジル初の先住民保護区である。筆者は二〇一四年からRFJが展開する支援事業のコーディネーターとして協力を始め、翌二〇一五年からは同団体が年に一回実施する事業フォローアップのための現地視察の旅に加わることになった。以降に記すシングー川流域先住民のありようは、筆者が二〇一五年と二〇一六年に実施した視察で得た知見と先住民からの聞き取りに基づいている。

ＲＦＪ代表の南は、一九九〇年代初頭にシングー川流域を訪ね始めた頃の様子を次のように語る。

「貨幣経済はまだほとんど存在せず、機械類やプラスチックなどの工業的製品も、ほぼ見かけることがなかった。人びとの多くが、裸の体に植物の繊維を編んだひも状のものを腰に巻くという伝統的装束で暮らしていた。当時、政府による教育や保健などの公的サービスは、ひどく手薄だった。カポト＝ジャリーナ先住民保護区では、カヤポの六つのコミュニティで小さな学校を建設した。リーダーのメガロン（Megaron Txucarramãe）の『これからは白人（非先住民の意）との接触機会がますます増えるであろう。若者たちがだまされたり卑屈な思いをしたりしないよう、外の世界と堂々と渡り合えるよう、ポルトガル語を学ばなければならない』という考えに呼応した支援であった。この事業では彼らの主体性を尊重するために、有望な若者を教師として養成し、先住民自身が子どもたちに教える、という手法を取った。これら六校は、その後、マトグロッソ州立校の校舎として活用されるに至っている」。

現在、先住民保護区では、ある程度の規模以上のコミュニティには州政府が設置運営する学校があり、基礎教育（九年間）と、一部では中等教育（三年間）が提供されている。学校ではコミュニティ出身の先住民教師が、政府から長期派遣されてくる非先住民教師もまじえつつ授業を行う。科目やカリキュラム、教科書はブラジルの公教育のそれに基づくが、文化に配慮した副教材を先住民教師が手作りして生徒の理解を助けている。一例をあげれば、ポルトガル語（国語）の授業では、政府支給の教科書に書かれた物語を彼らの生活環境に則した内容に置き換えて使用するなどである。また、民族言語の授業では、アルファベットを使った読み書きの習得もはかられている。民族文化に配慮した教育方針は、前述した憲法の規定に基づくものである。また、生徒の生活実感に根ざした教育手法は、貧しい農村地域で識字教育を成功させたブラジルの教育者、パウロ・フレイレ(Paulo Freire)の教育学を踏まえている。

ブラジルの先住民は文字を持たない文化を生きてきた。言語学者によって編み出された民族言語のアルファベット表記法は微妙な発音を表す規則が複雑で、習得はきわめて困難である。現代では、文字による記録やコミュニケーションも求められるが、その際には同じ民族間でもポルトガル語が使われる場合が少なくない。しかし、たとえば古老の記憶のなかだけに残る神話や伝説は、彼ら自身の言語で記録されない限り、そのスピリットは永遠に失われてしまうであろう。そんななか、ブラジリア連邦大学で学んだカマユラのアイザナイン(Aisanain Paltu Kamayurá)は、二〇一五年、シングー地域の先住民としてはじめて言語学の博士号を取得した。二〇一六年にコミュニティに戻った彼は、子どもたちが民族言語を通して文化を継承していくための筆記教育に力を注いでいる。

二〇一二年に連邦政府が先住民を対象とする連邦大学および州立大学などの入学優先枠制度を設けてからは、大学に進む若い世代も少しずつ増えてきた。教育学を修了して正規の資格を取得した先住民が教師陣に加わることで、非先住民教師の派遣なしで民族の文化や習慣により配慮した主体的な教育を実施したいという機運が高まっている。高等教育の機会の広がりは、前述のように弁護士や言語学者のほか、医師や看護師などの専門資格を持つ新たな世代の誕生をもたらし始めている。

医療については、先住民は伝統的に薬草を病気やけがの治療、健康維持に利用してきた。呪術師は、同時に薬草の遣い手でもある。薬草の知識や呪術の技は、呪術師の家系のなかで親から子へと継承される。伝統推定年齢が九〇歳を超えるカヤポのラオニ(Raoni Metuktire)も、そんな偉大な呪術師のひとりである。伝統の深い知恵を受け継ぐ、いまでは数少ない長老のひとりであるラオニだが、思考は柔軟である。「白人(非先住民)がもたらした病気は薬草では治らない。医薬品や医師がもっと必要であり、政府に対して保健サービスの向上を求める運動を行っている」と筆者に語った。

先住民保護区では、小規模のコミュニティには一種の薬局が、大きなコミュニティや通称「ポスト」と呼ばれるＦＵＮＡＩの現地事務所には診療所が置かれている。薬局にはトレーニングを受けた先住民の保健ワーカーが常駐して、政府から支給された医薬品の管理や病人への投薬を行う。診療所では政府から長期派遣された医師や看護師、歯科医が治療を行っている。任に就く医師の多くはキューバ人で、彼らは二〇一三年にブラジル、キューバ両政府の共同事業として始まった僻地医療改善プログラム「もっと医師を」(Mais Médicos) によってブラジルに招かれた。なお、医師と看護師のチームは診療所のないコミュニティで巡回医療も実施している。

これらの保健サービスは、保健省の先住民特別保健局 (Secretário Especial de Saúde Indígena：ＳＥＳＡＩ) が担う。ブラジルには前述した憲法の規定に基づいて単一保健システム (Sistema Único de Saúde：ＳＵＳ) と呼ばれる無償の公的医療制度があり、その下部組織であるＳＥＳＡＩが先住民の文化や習慣に配慮した保健サービスの提供を行っている。ただ、配分される予算は常に不足しており、医薬品不足やスタッフの給与未払いが長く続く地域も多い。ラオニも語るように、十分な予算配分や、文化や習慣により配慮した医療を求める運動は、先住民の運動の重要な位置を占めている。特に食生活のブラジル化の進行によって糖尿病や脳血管障害などの生活習慣病が増加している昨今は、予防医学にも力点を置いた保健サービスの向上が求められている。ラオニが示した柔軟性は、それだけ問題は深刻だという切実さの表れでもあろう。

外社会との接触がもたらす生活の変容と課題

サンパウロ連邦大学の医学部にあたるパウリスタ医学校 (Escola Paulista de Medicina) は、ＳＵＳ整備前の一九六五年から、シングー川流域で医療支援事業を行ってきた。シングープロジェクト（Projeto Xingu）と呼ばれるこの事業では、現在、ＳＥＳＡＩの業務の一部を受託して支援活動を展開している。同事業の責任者である医師のロドリゲス（Douglas Rodorigues）は、二〇一六年にカマユラのコミュニティで会った筆者に、保護策によって生じる矛盾について次のように解説した。

「入院や手術などの中度～高度医療が必要な症例では、ＳＥＳＡＩは先住民保護区近隣の都市の公的医療機関に搬送して治療を行う保健サービスを提供している。たとえば現在、先住民の妊婦の多くが病院での出産を希望するが、それは出産時の事故を予防する反面、妊産婦と新生児が家族や共同体と結ぶ絆を重視する先住民の伝統文化や、伝統的産婆の技術の継承を損なう要因ともなっている。伝統的産婆の存在を再評価するとともに、携帯型超音波検査機器の導入によって、コミュニティに居ながら安全な出産に臨める体制を整えていく必要がある。また、病原性胃腸炎のような抗生剤治療が必要なケースで伝統的な呪術治療に固執し、更年期障害による不定愁訴のような薬草治療や呪術による心理サポートが有効なケースで病院での治療を求めるといった、アンバランスな状況も散見される。伝統文化の尊重の上に現代的な技術をバランスよく加味していく方策が求められる」。

伝統文化の変容を食生活の面でも見てみよう。伝統的な主食はキャッサバである。すりおろしてから処理して取り出したでんぷんを、ベジュと呼ばれる少し厚めのクレープのように焼いて食べる。また、豊かな川の流れのあるシングー地域では、年間を通して獲れる多種多様な淡水魚が重要なタンパク源である。狩りではイノシシやバク、サル、アルマジロ、カメ、野鳥などが食される。しかし、あくまで食料を得る活動の中心は農耕である。村の周囲には広い範囲に焼き畑と焼き畑後に再生した二次林が広がっており、キャッサバのほかにサツマイモやトウモロコシなどが栽培されている。畑は三、四年使った後で放置され、別の場所へと移動する。数年から一〇年ほどで畑であった場所は森林に戻り、再び焼き畑の火が入れられる。焼き払う面積は広くても一ヘクタールほどと小規模であり、森を焼いた後に苗を植えて半年たったキャッサバ畑では、木々の実生がすでに地面のあちこちに芽吹いているのが見られた。こうして彼らは森を壊さない持続可能な農耕技術である伝統的焼き畑を、何千年にも渡ってアマゾンで営んできた。

しかしこのような食生活は、非先住民社会との接触が深化するにつれて急激に変化している。砂糖がたっぷり入ったコーヒーを飲む習慣の浸透は、その顕著な例である。油を使った調理法も新しい食習慣の一つである。塩は伝統的にホテイアオイに似た水草の一種を焼いた灰汁から採ったカリウム塩が使われていたが、市販のナトリウム塩（食塩）がそれに取って代わりつつある。この地域に長年通う南は、顕著な変化は二〇一〇年代以降からであると語る。短期間で起きた急速な変化が、前述のように糖尿病や脳血管障害などの、これまではなかった病を引き起こしている。南はまたバイクやテレビが二〇一〇年代半ば以降、急速に普及したと語る。発動機を夜間に二時間ほど回して全戸に配電を行うコミュニティは少なくない。夜に焚き火の明かりを囲んで子どもに物語を語り伝えるならわしは、電球とテレビによって、どこかに置き忘れられようとしている。

先住民社会へのキリスト教会の介入もまた、憂慮すべき問題である。キリスト教はアニミズムとは相反する世界観を持ち、呪術や祭祀などの伝統文化を否定するからである。先住民のアイデンティティを損なう行為はコミュニティを弱体化させ、取り巻くさまざまな脅威に対して彼らをより脆弱な存在へと追いやってしまうであろう。近年、ブラジルの国会ではアグリビジネスと並んで福音主義教会右派の影響力の増大がめざましい。牛（boi）と聖書（biblia）のそれぞれの頭文字を取って「BB派」（bancada BB）と呼ばれる政治勢力の台頭に、先住民リーダーたちは警戒を強めている。

そして変容の最大の要因として、貨幣経済の流入を指摘したい。外からもたらされる物は、すべて貨幣経済の世界の産物であり、手に入れるには金銭が必要である。いったん手に入れた物は維持するための金銭をさらに必要とする。発動機を導入したコミュニティでは燃料の購入費用が大きな負担になっており、また、それを遠いまちまで買い付けに出かけて運び帰るための費用も膨大である。まちとを結ぶ現代の交通手段は、水路の部分を船外機付きボートに、陸路の部分を一種の白タク業を個人で営むトラック運転手に頼っている。人間にとって便利さとは、いちど経験した後にはもはや手放すのが難しいものである。かつてのように手段は手漕ぎのカヌーと徒歩だけという生活には戻りがたい。

先住民個々人が収入を得る手段はさまざまである。すなわち、(1)学校教師や保健ワーカーのように政府に雇用されて給与を得る、(2)農民年金を受給する（ブラジルの年金制度では、社会保険料を払わなかった人にも法定最低賃金（二〇一七年現在、月額九三七レアル）と同額の年金が保障されている）、(3)家族手当を受給する（子どものいる貧困家庭向けの国の制度で、所得水準や子どもの数などの条件により受給額が決定される）、(4)民芸品をつくって売る、(5)まちへ出稼ぎに行く、などである。農民年金と家族手当は銀行口座へ振り込まれる。まちに銀行口座を持ち、定期的にまちまで出かけて役所で手続きを行い、そして口座から引き出すという作業は、だれにでも可能なわけではない。また、以前はコミュニティ内の相互扶助で行われていたことが、労働の対価としての金銭の授受が発生するという事例も見られ始めている。貨幣経済の流入は所有の概念をもたらし、所有の多寡は格差を生み、そして金銭への執着や依存を生み出す。現代社会の病理そのものである。

生活環境は、ほかのブラジル国民とは地理的にも社会的にも大きく違いがあるとはいえ、先住民もまた現代という同時代に生きる人びとである。単純な「昔に戻れ」は非現実的で、彼ら自身もそれは望んでいない。しかし、現代社会の病理にからめ取られる未来もまた望むべきではないであろう。と同時に、先住民の伝統文化の衰退は政治的問題にも直結している。先住民が伝統的な文化や生活様式を手放すことは、それらが依拠してきた広大な森を彼らに保障する必然性もまた失わせかねないからである。過渡期にある彼らの進む道がどこへ向かうのか、課題は重い。

3　持続可能なアマゾンと先住民の主体的な未来

自然と人間の調和の場を創造する持続的開発の試み

貨幣経済の浸透が好むと好まざるとにかかわらず進む現代の先住民社会では、所得創出手段へのニーズが年々高まっている。求められるのは、年金や家族手当などの社会保障にも、善意の個人や団体による援助にも、さらには被搾取的な形態に陥りやすい出稼ぎ賃労働にも頼る必要のない、自立した産業の創出である。そこでは、先住民の生活圏を取り巻く自然環境や彼らの伝統的な文化特性を生かしつつ、先住民自身が主体的に運営できるような、持続可能な手段が必要とされる。そこで、このような観点から熱帯森林保護団体（RFJ）が実施するのが、二〇〇三年に開始した養蜂事業である。上シングー（Alto Xingu）と呼ばれるシングー先住民公園の南部地域で、マチプ（Matipu）、カラパロ（Kalapalo）、ヤワラピチ（Yawalapiti）、ワウラ（Waurá）、アウェチ（Aweti）、ナフクワ（Nafukwá）、カマユラの七民族と共に取り組むものである。アマゾンには、およそ六〇〇種のハチが生息し、それらのうち蜜を集める習性のある数種のハチの蜜を先住民は伝統的に利用してきた（Instituto Peabiru [2013]）。蜜の採取は木のうろなどにつくられた天然の巣を壊して行うが、それとは異なり養蜂事業では、木枠に巣をつくらせて巣箱で飼養する近代的な養蜂技術を導入している。二〇一六年までに技術の修得を終えて、二〇一七年以降は蜂蜜の商品化と流通経路の確保、また各コミュニティ単位での自立した経営を目標にすえている。

中シングー（Médio Xingu）、下シングー（Baixo Xingu）と呼ばれるシングー先住民公園の中部〜北部地域では、シングー先住民保護区協会（Associação Terra Indígena do Xingu：ＡＴＩＸ）がＩＳＡと連携して一九九四年から同様の事業を展開してきた。ＡＴＩＸはシングー地域の諸民族によって設立運営される団体である。ＡＴＩＸの養蜂事業では、食品衛生法の基準を満たす加工施設をコミュニティ内に整備して、食品流通に必要な連邦検査サービス（Serviço de Inspeção Federal：ＳＩＦ）と呼ばれる農牧供給省の認証を取得。また有機認証も得て、独自ブランド「シングー先住民蜂蜜」（Mel dos Índios do Xingu）の名称で市販につなげる支援を行っている。さらにＡＴＩＸは二〇一五年に農牧供給省から有機認証機関に認定され、先住民自身の手で認証付与を行えるようになった。

また同年には、ＩＳＡや森林農業製品管理認証研究所（Instituto de Manejo e Certificação Florestal e Agrícola：ＩＭＡＦＬＯＲＡ）などのＮＧＯが連携して、森林環境で生み出される持続可能な農産品の振興を目的とするトレーサビリティ制度「ブラジル起源」（Origens Brasil）が発足した。これは商品に記されたＱＲコードにスマートフォンをかざすだけで生産地や生産者を詳しく知ることができるシステムで、ＡＴＩＸの蜂蜜製品もこの制度の認証を受けている。ＡＴＩＸは蜂蜜製品のほかにも、中シングー地域でキセジェ民族が生産するピキという果実の種の食用オイルの商品開発を手がけており、これらの商品は、サンパウロ市営ピニェイロス市場のアマゾン熱帯林特産品コーナーや、大手スーパーマーケットチェーン、ポンデアスカルの大都市圏の店舗で販売されている。エコ、エシカル（倫理的な）、エスニック（民族の）の要素を備えた商品への市民の関心の高まりから、商品は常に品薄な状態である。

ＲＦＪの養蜂事業でも、ＡＴＩＸ、ＩＳＡなどと連携して、上シングー地域の蜂蜜を同様の流通ルートに乗せる計画である。ＳＩＦ認証を得る条件を整備中の現状では、蜂蜜はコミュニティの訪問客に直販する程度にとどまっているが、それでも売り上げの一部を蓄えて井戸掘削の費用に当てるなど、コミュニティの貴重な収入源となっている。

乾季（四月〜九月）の六月、先住民養蜂士に案内されて蜜源植物の観察に歩いた時のことである。あちこちでマモニャドマトという名の灌木の花が大量に蜜を噴いていた。この木は焼き畑後に再生した明るい二次林の林縁に多く生えてくる樹種である。先住民の農耕活動が生み出した新たな自然環境が、蜂蜜という人間に有用な産物を与えてくれる。そこに日本の里山に共通する自然と人間の調和の姿を見る思いがした。サペと呼ばれるイネ科の植物を利用するシングー地域独特の総茅葺の家屋文化についても同様である。日本の山村に茅葺の家がまだあった時代、集落周辺に必ず見られた茅場のように、焼き畑後にサペが自然に群生してきた場所を大切に守っているのだと教えてくれた。

人間にとって自然は過酷な存在であり、それに働きかけることで人類は生き延びてきた。破壊しない程度に自然環境にほどよく手を加え、その恵みをいただく。そして自然への畏怖や感謝の念が固有の文化を生み出す。そのような人間活動の場を「里山」と定義するならば、アマゾン先住民の暮らしの場も同じである。先住民の尊厳ある自立は、自然と調和する持続可能な開発のなかにこそ見出せると言えよう。

アマゾンを脅かす乾燥化の進行と森林火災

先住民の存続を左右する持続可能な開発には森の存在が不可欠である。そして同時に、土地への権利を持つ先住民の存在が、かろうじてアマゾンの森を破壊から守ってきた。シングー川流域では先住民保護区の境界ぎりぎりまで大規模農業開発が進行し、グーグルアースで見る衛星画像には保護区の輪郭をくっきりと描いて、そこだけに緑が残されている。乾季の終わりの二〇一六年九月、筆者はシングー先住民公園と境界を接する面積約一万ヘクタールの大農場を訪問した。雨季のはじめの大豆の播種までは畑には何もない時期で、赤茶色の大地が地平線の彼方まで広がり、乾いた熱風が土埃を舞い上げていた。シングー川流域は痩せた砂質がちの土壌で、森が失われた場所は乾季には大地も大気も乾き切り、まるで砂漠にいるような錯覚をおぼえるほどである。二〇〇二〜二〇一〇年に行われた観測調査によれば、シングー先住民公園の外側では公園内と比べて四〜六度も平均気温が高かったという（IPAM [2015]）。

燃えるシングー先住民公園の森、2016年（筆者撮影）

周囲の環境変化は残された森にも乾燥化をもたらし、近年は森林火災が多発している。とりわけ二〇一六年の乾季は、その前の雨季の少雨の影響もあって、特にシングー先住民公園では深刻な事態となった。八月はじめに公園内各所で発生した火災が二か月近く燃え続け、焼失総面積は公園面積の一五％に当たる三一〇〇平方キロメートルに達した（IBAMAウェブサイト）。これは東京都の面積の一・五倍に相当する広さである。ちょうど同時期に公園内に滞在していた筆者は、ヤワラピチのコミュニティ近くで発した森林火災が、一か月かけて一〇キロメートル離れたカマユラのコミュニティまでじわじわと迫り来るのを見た。気温が下がる夜間には冷気と共に下りてくる煙が一帯を厚く覆って、呼吸するのも困難なほどであった。薬草の遣い手として森の植物を知り尽くし、RFJの養蜂事業にも従事するヤワラピチのトゥヌリ（Tunuly Yawalapiti）は、「二〇一〇年代に入った頃から気候の変化を明らかに感じるようになった。ここ数年の森の乾燥化や火災の多発、川の水位の低下は、これまでの五四年の人生で経験したことがない」と筆者に語った。

森林火災の原因はさまざまである。先住民保護区内に不法侵入して野営しながら活動する密猟者や密漁者、金採掘人などの火の不始末、シングー先住民公園とカポト＝ジャリーナ先住民保護区の境界線上を通るマトグロッソ州道三二二号沿いでは、長距離トラック運転手の吸い殻の投げ捨てや野営の際の火の不始末などがある。そして最大の火災原因として先住民の伝統的な焼き畑があげられる。これまでは林床を覆う落ち葉は乾季でも十分な湿り気を帯びて、焼き畑の火は周囲の森に達すれば自然に鎮火していた。しかし乾燥化が進んだいまは、火は消えることなく森の中をどこまでも延焼し続けていく。たしかに、手に取ってぎゅっと握ってみると粉々に砕けるほど、林床の落ち葉はカリカリに乾いていた。太古から営まれてきた先住民の持続的な農耕活動が、伝統の技法のままには立ち行かない事態となっている。

アマゾンの森を破壊から守る先住民の挑戦

このような現状のなかで、カポト＝ジャリーナ先住民保護区に暮らすカヤポとジュルナ（Juruna）の要請を受けて、RFJは二〇一五年から両民族合同の消防団事業への支援を開始した。消防道具や、そのほか移動手段としてボート、船外機、バイクなどの物資援助を行うとともに、マトグロッソ州消防のロドリゲス中佐（Alessandro Mariano Rodrigues）の協力を得て両民族の若者を消防団員として養成している。アマゾンの森の中での消火作業は、可燃物となるまわりのやぶを刈り払う、シャベルで土をかける、大きなゴムベらのような道具ではたく、背負った水のうから水鉄砲方式で水をかける、といった人力頼りの方法である。消火活動に同行した筆者は、乾いた落ち葉をくすぶらせながら森の四方八方に幾筋もの火の道が進んでいくさまを目の当たりにして、いったん起きてしまった森林火災は鎮火がいかに困難かを実感した。防火の意識と技術の向上がなにより必要なことから、延焼させない焼き畑技術（焼き畑予定地の周囲の可燃物を落ち葉にいたるまですべて取り除いて幅五メートル以上の緩衝帯を設ける）を団員が習得し、彼らが核となって保護区内のすべてのコミュニティに啓発普及していく活動に力を入れている。また保護区への不法侵入防止のため、ＧＰＳを使った境界エリアの監視パトロールも実施している。

森林火災の消火活動を行う先住民消防団
カポト＝ジャリーナ先住民保護区、2016年（筆者撮影）

消防団事業の発案者であるカヤポのリーダー、メガロンは、二〇一六年八月、技術講習会に参集した団員の若者たちに、こう力強く語りかけていた。「周囲の開発のせいで乾燥化が進み、その結果、森が燃えている。それなのに森を奪った側の者たちが、森林火災は焼き畑をする先住民のせいだと非難する。そのような責任転嫁のせりふは誰にも言わせてはならない。森を守れるのは私たち森の民だけだ」。

観測衛星を使ったＩＮＰＥの火災監視システム（Programa Queimadas）によれば、二〇一六年の年間火災発生件数は、隣接するシングー先住民公園では一万八三七六件にのぼった一方、消防団が活躍するカポト＝ジャリーナ先住民保護区では八八〇件に抑え込むことができた（INPEウェブサイト）。コミュニティが一丸となった防火への取り組みの成果である。

先住民の存在がアマゾンの森を破壊から守っているという実相は、地球規模の気候変動の抑制とも深く結びついている。NGOのアマゾン環境研究所（Instituto de Pesquisa Ambiental da Amazônia：IPAM）がドイツ国際協力公社（GIZ）と行った共同研究では、アマゾンのすべての先住民保護区の森が蓄える炭素量は一三〇億トン（二酸化炭素換算で四六八億トン）であり、また二〇〇六〜二〇二〇年の間に四億三一〇〇万トンの二酸化炭素を吸収すると推計している（Observatório do Climaウェブサイト）。二〇一五年、カヤポの大長老ラオニが代表を務めるNGO、ラオニ・インスティチュート（Instituto Raoni）は赤道賞を受賞した。この賞は国連開発計画（UNDP）が設置し、地域レベルの持続可能な開発プロジェクトを成功させた団体を隔年で表彰するもので、「アマゾンの森を破壊から守れ」とラオニらが長年に渡って世界に訴えてきた活動が評価された。同年一二月にパリで開かれた気候変動枠組条約第二一回締約国会議（COP21）に開催都市と時期を合わせた受賞式では、「先住民の存在がアマゾンを破壊から守り、それは二酸化炭素の排出抑制にも大きく寄与している」というメッセージが世界に向けて発信された。これはアマゾン開発推進派が唱える常套句「わずかな先住民にこれだけの広い土地（Muita terra para pouco índio）」へのアンチテーゼにほかならない。

実はシングー先住民公園においてもブラジル環境・再生可能天然資源院（Instituto Brasileiro do Meio Ambiente e dos Recursos Naturais Renováveis：IBAMA）が消防団事業を実施している。先住民を日当払いで雇い入れて、指導のもとで消火活動に従事させるというものである。しかし、二〇一六年に同公園で火災が多発してしまった事態について筆者は、先住民自身の主体的かつ自発的な取り組みを促すエンパワーメントの不足に起因するのではないかと分析している。RFJが支援する消防団事業の団員たちは、国際社会から評価される先住民としての自負を抱きつつ、支援に頼り続けないための自立の方策を自身で描いている。消防活動の閑散期となる雨季にアマゾン固有の樹木の苗を育てて、周辺の自治体が実施する森林再生プログラムに提供し、活動資金を得ていくという計画である。森の民としての尊厳を持って、自らの生活と文化の基盤である森を主体的に守っていこうという先住民の若い世代の姿に希望を見出したい。

参考文献

南研子［二〇〇〇］『アマゾン、インディオからの伝言』ほんの木

南研子［二〇〇六］『アマゾン、森の精霊からの声』ほんの木

CIMI [2015] *Relatório Violência Contra os Povos Indígenas no Brasil 2015*.

Clement, Charles et al. [2015] *The domestication of Amazonia before European Conquest*, Proceedings of the Royal Society of London B, Volume 282, issue 1812, December.

FUNAI/IBGE [2010] *O Brasil Indígena*, Brasília.

GTS: Grupo de Trabalho da Soja [2016] *Moratória da Soja Safra 2015 / 2016*.

IBGE [2010] *Censo Demográfico 2010–Características Gerais dos Indígenas*, Resultados do Universo, Brasília.

INPE [2010] *Terra Class 2010*.

Instituto Peabiru [2013] *Abelhas Nativas da Amazônia e Populações Tradicionais*.

IPAM 2015 *Ameaça aos Direitos e ao Meioambiente PEC 215*.

ウェブサイト

APIB　https://mobilizacaonacionalindigena.wordpress.com

FPA　http://www.fpagropecuaria.org.br/integrantes

FUNAI　http://www.funai.gov.br/

IBAMA　http://www.ibama.gov.br/noticias/58-2016/191-prevfogo-controla-incendio-no-parque-indigena-do-xingu-mt

IBGE　http://biblioteca.ibge.gov.br/visualizacao/livros/liv25477_v1_br.pdfl

NPE　http://www.obt.inpe.br/prodes/prodes_1988_2016n.htm

INPE　https://prodwww-queimadas.dgi.inpe.br/bdqueimadas

ISA　https://pib.socioambiental.org/

Observatório do Clima　http://www.observatoriodoclima.eco.br/indios-protegem-30-do-carbono-da-amazonia/

Survival　http://www.survivalbrasil.org/povos/indios-brasileiros

UFMG　http://labs.icb.ufmg.br/lbem/aulas/grad/evol/humevol/extra/luzia.html

第5章

ベロモンテ水力発電所と先住民

ビヴィアニ・ロジャス
カロリナ・ピウォワルジク・レイス　　　磯部翔平＝訳

ベロモンテダム導水路建設（2015年3月）
©André Villas-Boâs / ISA

世界の熱帯雨林の多くの割合を占めるブラジルのアマゾン地域は、過去数十年間に自然資源の無秩序な収奪によってその存在が脅かされてきた。農牧畜業、鉱業、木材の違法な採取、そして水力発電所に代表されるインフラ開発計画などの経済活動により、すでに七五万平方キロメートルの森林が破壊され、その結果比類のない生物多様性が絶滅の危機に瀕し、また伝統的なコミュニティや先住民が彼らの土地から追われている。森林破壊はまた地球規模の気候変動を深刻化させている（Greenpeace Brasil [2015]）。

アマゾンにすでに存在する水力発電所の経験は、ダム建設が地域の景観、生態そして地域で生きる人びとの生活様式に劇的な影響を与えることを示している。発電所は、季節性の氾濫によって形成された沖積地の森林などで、動植物の生息環境を破壊し、水生動植物に致命的な影響をもたらしてしまう恐れがある。加えて水力発電所は、新たな道路の開通やその他のインフラの整備そして人口流入など当該地域の重大な変化の引き金となり、次いで森林伐採・破壊の増加につながる鉱業やアグリビジネスなどの収奪的な経済活動への道を開く。

パラ州アルタミラにおけるベロモンテ水力発電所の建設は、社会環境を犠牲にして進めるブラジル政府の開発主義モデル、そしてアマゾン河流域の水資源を利用した電力開発計画を象徴するプロジェクトである。

ベロモンテ発電所はコンセッション（民間企業への開発・生産権の長期的移譲）方式によって実施され

る。事業会社は北部エネルギー社（Norte Energia S/A）である。同社はブラジル電力公社（Centrais Elétricas Brasileiras：Eletrobrás）グループ、年金基金などを株主とする。発電所の建設と運営は環境ライセンス制度のもとで実行される。すなわち建設は影響を受ける九つの先住民（アララ Arara, ジュルナ Juruna, シクリン Xikrin, パラカニャ Parakaña, アラウェテ Araweté, シパヤ Xipaya, クルヤ Kuruya, アスリニ Assurini, カヤポ Kayapó）を対象とした環境基本プロジェクト（Projeto Básico Ambiental：ＰＢＡ）と環境基本計画＝先住民編（Plano Básico Ambiental-Componento Indígena：ＰＢＡ－ＣＩ）の二つの影響緩和・補償計画の実行が前提となる。先住民を対象とする緩和計画は、歴史的にシングー川流域に居住する先住民の生活様式の維持と彼らの土地の保護を目的とする。しかし、二〇一一年の発電所建設承認以降、北部エネルギー社は何度となく一方的に緩和計画を変更した。他方でブラジル政府は、監視や規制によって先住民の土地を保護する権限と義務を負っているが、その役割を十分に果たすことがなかった。

本章は、まずベロモンテ水力発電所建設の経緯を紹介し、次いで環境ライセンス制度に基づいた環境基本計画が十分に実施されず、その結果ベロモンテが先住民社会に与える影響を述べ、最後に先住民保護の必要性とオルタナティブな発電について論じる。

1　ブラジルのエネルギー・モデルとベロモンテ水力発電所

エネルギー・モデル

ブラジルにおける主要な発電手段は河川を利用した水力発電であり、このモデルは一九七〇～八〇年代から国のさまざま地域でダムを建設することによって確立された。アマゾン地域とその河川は、常々大がかりな水力発電プロジェクトにとって戦略的な地域であるとみなされ、一九八〇年代以降のエネルギーセクター計画はアマゾン地域で水力発電を拡大する必要性を指摘した。電力の主要な消費地域であるブラジル南東部の発電能力の枯渇がその理由の一つであった。一九八〇年代には現在に至るまで社会や自然環境に悪影響を与えた三つの水力発電所、すなわちツクルイ水力発電所（パラ州、一九八三年）、バルビナ（アマゾナス州、一九八九年）、そしてサムエル（ロンドニア州、一九八九年）が建設された。これら三つの発電所に共通していることは、それがもたらす影響と補償を測ることの難しさと、川岸に住む人びとや先住民が被る社会文化環境の破壊である（Junior et al. [2006]）。

ブラジルの水力発電の潜在能力は推定で二六〇ギガワットであり、その約四〇%はアマゾン河流域にある。シングー川はアマゾン河の主要な支流の一つであり、その流域面積は五〇万九〇〇〇平方キロメートルに達し、ブラジルの発電能力の約一四%がこの地域にあると推定されている（ANEEL [2002a]）。

ベロモンテ発電所計画

シングー川はアルタミラ近くでヴォルタグランデ（大きなカーブ）と呼ばれる蛇行が見られる。ヴォルタグランデは、数多くの滝が見られる南部滝ゾーンに位置し、水力発電所建設に好都合な場所であった（Ab's Sáber [1996]）。エレトロノルテ（Eletronorte 北部電力公社）はこの地域でベロモンテ水力発電所の建設を計画したのである。シングー川流域の水力発電活用に関する研究は軍政期の一九七〇年代に開始した。

ベロモンテ水力発電所の起源はエレトロノルテによるシングー川流域の水資源調査である。この調査をもとに、エレトロノルテは一九八〇年に当時「カララオー」（Kararaô）と呼ばれたアルタミラ水力発電所のフィージビリティ(実現可能性)調査を開始した。これに対して先住民は一九八九年に、後に「ベロモンテ」と命名される彼らの土地を浸水させるプロジェクトに抗議するために、第一回シングー先住民会議(Encontro dos Povos Indígenas do Xingu)を開催した。計画は先住民の抵抗によって遅れたが、一九九四年に当初より貯水域を縮小し先住民の土地の浸水を避けるよう調整し、その継続が決定された。

第一回シングー先住民会議から一二年後の二〇〇一年に、ブラジルでは降雨不足から電力危機が発生し、政府は一五の水力発電所の新設を含めた緊急政策を発表した。新設ダムのなかにはカララオーではなくベロモンテと名付けられた水力発電所も含まれた。エレトロノルテは二〇〇二年に、浸水面積を一二二五平方キロメートルから四四〇平方キロメートルと大幅に縮小し、にもかかわらず発電能力一万一一八一メガワットをもつベロモンテ水力発電所のフィージビリティ調査報告書を発表した(Junior et al. [2006]: 43)。

連邦政府にとってベロモンテは、国家の電力供給に必要不可欠であるとされた。二〇〇三年に政権に就いたルーラ労働者党政権もそれを継承し、その後二〇〇七年に打ち出された成長加速計画(Programa de Aceleração do Crescimento:PAC)でもベロモンテは主要プロジェクトの一つとなった。今後ブラジルが持続的に経済成長をとげるにはエネルギー供給の拡大が不可欠とされた。ベロモンテが生み出す電力は、全国電力相互接続システム(Sistema Interligado Nacional:SIN)を通じて、電力資源が枯渇した地域に供給される。ベロモンテを正当化するもう一つの理由は、浸水が予測される地域の人口密度は低く、社会的影響は小さいであろうというものであった(Junior et al. [2006]: 47)。

ベロモンテ水力発電所群は、ブラジル北部パラ州のシングー川のヴォルタグランデに位置する。発電所群は、ダム、貯水池、水路、パワーハウス(発電施設)から構成され、それらはアルタミラとヴィトリアドシングー市(ムニシピオ)に位置する。ベロモンテは水路式発電、すなわち水路で水を導き落差が得られたところで発電する方式で、水を蓄積する場所をもたず、貯水池はシングー川となる。つまりベロモンテのタービンの運転は、シングー川からヴォルタグランデ方向へ流れる水量に依存する。その結果水量が多い時期には多くの電力を生み出すが、流量が減少する渇水期には少ないエネルギーしか生み出さない。

連邦議会は二〇〇五年、ベロモンテ水力発電所建設の中止を求める数十年にわたる反対運動の後に、シングー川の水力発電所建設とそれがもたらす環境影響調査の実施を許可する政令第一七八五／〇五号を発行した。「政府のベロモンテでの発電所建設認可は、建設に反対する社会運動に対する明確な約束と一体になったものである。ベロモンテは将来にわたってシングー川の唯一のダムとなる。それはほかの発電所と同じような誤りをおかしてはならない。環境ライセンスの事前許可が下りる一年前の二〇〇九年に、ルーラ元大統領はアルタミラで演説し、ベロモンテが強引に建設されるべきはないと語った」(ISA [2015]: 6)。

ブラジルでは環境汚染の可能性がある事業には、環境ライセンス制度に基づき、行政による認可と環境影響調査(Estudo de Impacto Ambiental：ＥＩＡ)の提出が義務付けられている。全国あるいは地域的に重大な影響を与える可能性のある事業についてはブラジル環境・再生可能天然資源院(Instituto Brasileiro do Meio Ambiente e dos Recursos Naturais Renováveis：ＩＢＡＭＡ)が、それ以外は州政府が認可権限をもつ。ライセンスは、事業企画段階で発給される事前許可(Licença Prévia：ＬＰ)、事業設置段階で発給される設置許可(Licença Instalação：ＬＩ)、操業段階で発給される操業許可(Licença Operacional：ＬＯ)に分けられる。ベロモンテ発電所についても、ＩＢＡＭＡが環境ライセンス制度にもとづき、社会と環境への影響を緩和・補償することを条件に、政府と事業者に対して二〇一〇年に事前許可(ＬＰ第三四二／二〇一〇号)を与えた(FGV [2016])。

異なる発電能力の推計

ベロモンテ水力発電所建設に関連して議論となる問題の一つが、シングー川での新たなダム建設の必要性についてである。北部エネルギー社によれば、ベロモンテの発電能力は全体で一万一二三三メガワット、うち一万一〇〇〇メガワットが主発電所で、残りがピメンタルにある補助発電所である。タービンは現在も設置途中であり、二〇一九年に発電所はフル操業する見込みである。その時点で世界第四位の規模、そして国内では一〇〇%ブラジルの水力発電所としては最大のものとなる。

エレトロノルテによると、環境影響調査が実施された期間のベロモンテの主力発電所の安定発電量（コンスタントに生産できる電力量）は平均四六三七メガワット、補助発電所のそれは七七メガワットであった。エレトロノルテが使用した個別発電所シミュレーションモデル（Modelo de Simulação a Usinas Individualizadas：ＭＳＵＩ）により算出された安定電力量は、個々の発電所について河川の水力資源をすべて利用すると想定したものである。

これに対してカンピナス州立大学が開発した水力電気シミュレーション（Simulação da Operação Hidrelétrica：HydroSim）はまったく異なる推計を示している。このモデルはベロモンテ発電所が孤立して運転されると想定して、すなわちシングー川の上流にあるダムなどほかの事業の存在を考慮しないで安定電力量を推計している。その結果は平均でたった一一七二メガワットであった。自然流量に大きな変動があり、大規模な貯水池による流量の調整がないことが、発電量の低さの主要な要因である（Junior et al. [2006]）。

発電所の実現可能性をさまざまな次元から評価したジュニオールらの二〇〇六年の研究は、ベロモンテ上流における当初ババクアラと呼ばれたダム建設の可能性について触れ、それがシングー川の未来に対する警告であると述べた。すなわち、

「これらの調査結果はわれわれを避けることのできない結論へと導いた。すなわち個別の事業として実現可能か不可能かはともかく、ベロモンテ水力発電群は上流において数多くのダム建設に対する圧力を生み出すことになるだろう。エレトロノルテ自身が発電能力の四〇%しか利用できないと予想している。HydroSimモデルを使用したシミュレーションは二〇%以下の利用率を示している。この遊休能力は『計画された危機』を示しており、シングー川の流水を永久的に管理するためのプロジェクトを作り続けなくてはならない。〔中略〕ベロモンテ水力発電所群は単独では持続的なシナリオを描くことができない。ベロモンテが生産的で採算がとれるには、上流において大きな貯水量をもつダムをつくる必要がある。そのなかにはババクアラ地域（現在のアルタミラ）におけるダム建設も含まれる。シングー川流域での初期の発電所計画にはババクアラダムが含まれたが、それはベロモンテダムの水面の一四倍、ベロモンテが水没させる森林の約三〇倍に相当する六一四〇平方キロメートルの浸水を想定していた。〔中略〕さらにアラウェテ＝イガラペ、イピシュナ、コアティネモ、アララ、カララオー、イリリ・カショエイラセカの先住民保護区（Terras Indigenas：ＴＩｓ）、シングー国立森林公園に直接的な影響を与えると予想された。アルタミラ発電所の調査費用は二〇〇四から二〇〇七年の多年度計画にも計上された。このシナリオではシングー川流域を『環境犠牲ゾーン』に変えることが明らかである。しかし、アルタミラ水力発電所プロジェクトに関する情報が欠如しているため、今後起こる状況について明確な考察を示すことができない。現在のベロモンテダム発電所を前提とすれば、シングー川流域を『環境犠牲ゾーン』に変えるシナリオは、シングー川における新たなダムの建設を阻止する永久的な手段が取られない限り回避できない」（Junior et al. [2006]: 76－77, 傍点は筆者）。

図5−1　ベロモンテ発電所と周辺地図

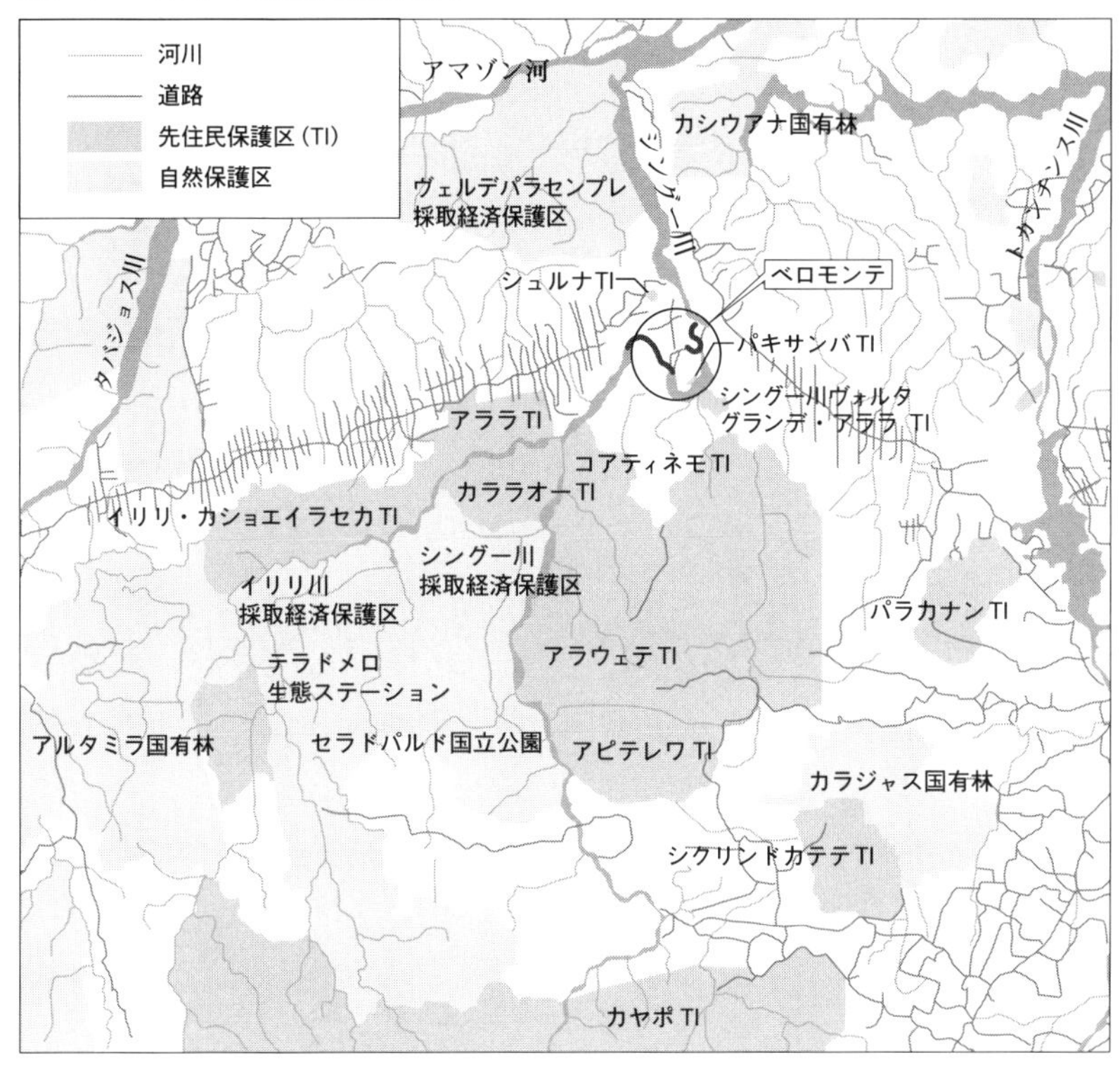

（出所）Instituto Socioambiental, março de 2010

2　先住民に対する社会的・環境的影響

ベロモンテ環境ライセンスと先住民保護責任

ベロモンテ水力発電所は、シングー川の中流の先住民保護区（ＴＩｓ）に住む先住民に長期にわたって取り返しのつかない重大な影響を与える（以下、ISA [2015], ISA [2016b] による）。彼らは歴史的に資源収奪のサイクル（ゴム、皮革、木材、金発掘など）や、一九七〇年代のアマゾン横断道路の開通による無秩序な土地占拠によって被害を受けてきた。

二〇〇九年の環境影響調査は、同地域における最も深刻な影響としてＴＩｓの周辺地域への数千人もの建設労働者の到来による人口密集と無秩序な土地占拠を挙げた。結果として、ＴＩｓ内外で活動が増加し、同地域の住民の物理的、文化的な生存を危うくする可能性が生じる（Eletrobrás [2009]）。金採掘、木材の違法採取、漁業、狩猟、道路の開通や新たな農地の開拓といった活動は、ＴＩｓの土地確定が不安定な状況や国立先住民保護財団（Fundação Nacional do Índio：ＦＵＮＡＩ）やほかの機関の監視が届かない状況で発生しやすい。

シングー川のヴォルタグランデに位置するアララやジュルナ地区の住民に対する影響はもっと大きい。シングー川の八〇％の水がシングー川ヴォルタグランデ・アララＴＩとパキサンバＴＩを流れるためである。関連するすべての調査は、その地域の環境の急激な変化を指摘し、近い将来にその地域に住む人びととの生活に暗雲が立ち込めると予想している。きわめて高いリスクが予想されるにもかかわらず、同地域から先住民を移動させる行動がとられる可能性はない。先住民に立ち退きを強要することを禁じている憲法に違反するからである。同地域の将来と存続を評価する影響モニタリング活動が実施されているのみである。その結果これらの地域は大規模な人体実験の場と化している。

ことの重大さに直面したＦＵＮＡＩは、環境ライセンス制度に基づき、事業者である北部エネルギー社と連邦政府に対して、先住民への影響を予防、最小化、管理するために、これまで公表されていないものを含めあらゆる手段を講じるよう要求した。すなわちＦＵＮＡＩは、ＩＢＡＭＡの事前許可に先立つ二〇〇九年に、技術的見解（Parecer Técnico）第二一号を発表し事業認可の条件を挙げた。その条件とは、開発地域住民に土地の権利を保証する制度、具体的にはＴＩｓの迅速な土地規制、緊急監督・監視計画（Plano de Fiscalização e Vigilância Emergencial：ＰＦＶＥ）の立案と実施、ＦＵＮＡＩの権限強化などに加えて、ＴＩｓにおける公共サービス（医療、基本衛生、教育）の質向上、そして浸水による損害の補償と緩和手段の確約その他を含むものであった。これらの条件は、ＩＢＡＭＡの二〇一〇年の事前許可や一一年の設置許可（ＬＩ第七九五／二〇一一号）にも取り入れられた。

ＦＵＮＡＩが示した条件は、発電所建設開始に伴い人口流入が予想されることを考慮すれば、直ちに実行される必要があった。連邦政府は、発電所建設がもたらすネガティブな影響の複雑性を考慮し、二〇一〇年に事業者に社会環境責任を求める新たな枠組みを作成した。環境基本計画＝先住民編（ＰＢＡ－ＣＩ）である。ＰＢＡ－ＣＩは、制度強化、対非先住民広報、ＴＩｓ管理、先住民学校教育、先住民保健、生産活動、文化遺産、インフラ、アルタミラおよびヴォルタグランデの先住民移転、環境管理の一〇のプログラムから成り、建設開始からコンセッションが切れる二〇四五年まで三五年間にわたって実施される。

こうした意欲的なプログラムにもかかわらず、発電所建設が開始して六年を経てＴＩｓの環境保全や先住民の健康など、ほとんどすべての指標が以前より悪化した。ＦＵＮＡＩによれば、二〇〇八年から一三年の五年間にベロモンテ周辺で人口の急増と土地占拠が生じた。この間にＴＩｓが位置する九市で森林破壊が一一・六％増加した。ＴＩｓ内の森林破壊はそれを上回る一六・三％の増加であった。木材の違法伐採が横行し森林劣化も進んだ。アララ、コアティネモ、イツナ＝イタタのＴＩでは狩猟や農地分割による侵入が、トリンシェイラバカジャ、パキサンバ、シングー川ヴォルタグランデ・アララＴＩでは商業的漁業を目的とした侵入が、カショエイラセカ、パキサンバ、アララ、トリンシェイラバカジャ、シパヤ、クルアヤの各ＴＩでは違法な道路建設と木材採取の増加が、そしてシパヤ、クルアヤ、アララの各ＴＩ周辺では違法な金採掘が急増した。こうした行為はイツナ＝イタタで自主的に隔絶して生活する先住民にもリスクを与えている（FUNAI, *Ofício*, No.188, 2016. 3. 16）。

ベロモンテでは、土地問題に加え、先住民の食糧安全保障が危機的状況に置かれている。社会環境研究所（ＩＳＡ）の問い合わせに対して、アルタミラの先住民特別衛生区（Distrito Sanitário Especial Indígena：ＤＳＥＩ）は二〇一三年七月に、水力発電所建設開始から「畑、狩猟や漁業といった伝統的な活動の放棄とジャンクフードが導入されたことが原因で」建設の影響下にあるＴＩｓの五歳未満の幼児の栄養失調率が大幅に上昇したと回答した。ＦＵＮＡＩの専門家は、「先住民コミュニティの食糧脆弱性に対して基本的な食料バスケットの確保」が急務であると指摘した（FUNAI, *Ofício*, No.188, 2016. 3. 16）。

しかし、発電所建設に伴う社会環境影響を予防・緩和するために強固な手段が取られたにもかかわらず、社会環境が悪化しているのはなぜであろうか。その答えは単純である。事業者と政府が予防・緩和義務を果たさなかったからである。ＩＢＡＭＡの事前許可（ＬＰ）に先立ってＦＵＮＡＩが二〇〇九年に示した対策の大部分は、現時点で満足のいく形で実行されておらず、先住民組織が定めた期限内に実行された対策は一つもなかった。その結果、予見されていた悪影響が現実のものになるだけでなく、不履行を改善しようと起こされた新たな行動が予期しない、従って賠償の対象にならない新たな損害を先住民に与えることになった。

土地保護計画

未だ実現していない主要な保護行動の一つが緊急監督・監視計画（PFVE）の実施、すなわち事業者の負担による二一か所（七つの監督ベースと一四の監視ポスト点）の土地保護単位（Unidade de Proteção Territorial）の設立と、職員の配置と一一二人の専門スタッフの雇用である。PFVEは、その名前のとおり緊急性が高いものであり、後に中長期的対策であるPBA－CIに統合されるものである。土地保護計画は予備的なものであり、二〇一一年の発電所設置とそれに伴って予想される七万四〇〇〇人もの人口流入が始まる前に、実施可能な状態でなければならなかった。しかし実際には、今日までに実施されたのはごくわずかである。他方で、現在実施段階にあるPBA－CIは、FUNAIの提案に反して、土地保護だけを目的とした活動は一件も行われていない。

土地保護計画の未実行は裁判にまで発展した。連邦地方裁判所パラ支部は二〇一四年三月に、北部エネルギー社とFUNAIに対して六〇日以内のPFVEの実施と罰金を言い渡した。これに対して北部エネルギー社は、そのPFVEの実施義務を果たすのではなく、義務の内容を再交渉する決断をし、FUNAIに対して発電所によって影響を受けたTIsの遠隔モニタリングの設置を提案した。

設置許可（LI）の条件が十分に達成されないなかで、IBAMAは二〇一五年にベロモンテ発電所に対して操業許可のライセンス（LO）を発給した。北部エネルギー社がFUNAIとの間で先住民土地保護計画の迅速な実施のための協力協定を結んだことを考慮したものであった。しかし、協定期間が半分過ぎた一年後までに実施されたのは、ブラジリアのFUNAI本部とアルタミラ支部への遠隔モニタリングセンターの設置と、TIsのモニタリングに携わる専門家と業者との契約締結のみで、協力協定の三分の一

図5−2　イツナ＝イタタにおける累積森林破壊面積

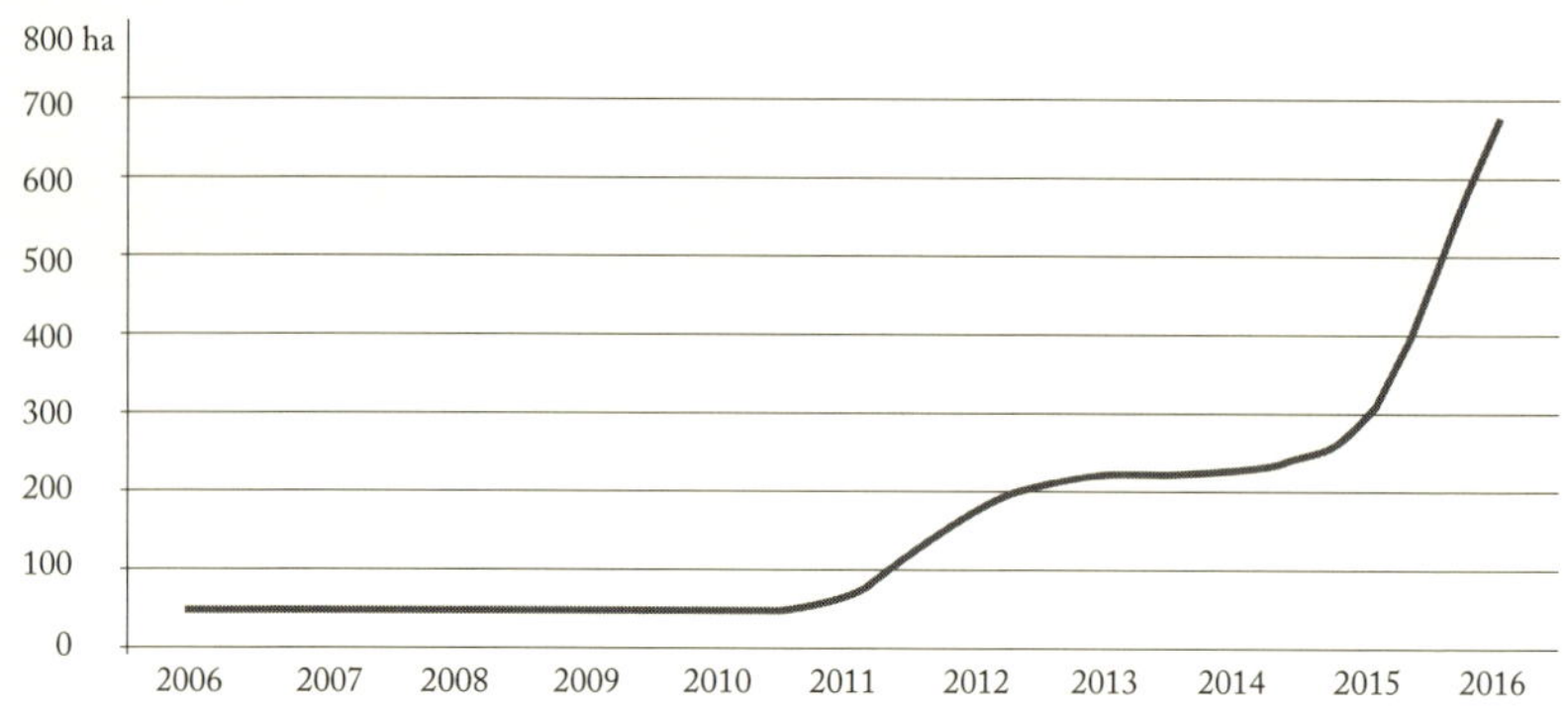

（出所）2006−2015年：PRODES, INPE, 2016
2016年：ランドサット8の画像によるISAのマッピング（2016年8月2日）

が達成されたに過ぎない。

発電所設置から五年後の二〇一六年までに、ＴＩｓに設置される一一の土地保護区のうち、六か所に監督ベースが、二か所に監視ポストが設置されたが、さらに三か所の施設が必要となる。その一つが、現在ブラジルのＴＩｓのなかで森林破壊が最も深刻なカショエイラセカＴＩの監督ベースであり、もう一つが発電所建設当初から森林破壊が際立って増加しているイツナ＝イタタＴＩの監視ポストである。他方で、建設が終わった監督ベースでは、行政的・事務的な問題からＦＵＮＡＩへの引き渡しが公式にはなされていない。そのため二〇一六年には雇用された専門家が配置されることがなかった。監督ベースや監視ポストでは、遠隔モニタリングセンターと対話をしながら行うフィールドワークが実施されなかったため、ＦＵＮＡＩのジオプロセシング（地理学的処理）のスタッフが収集した情報の多くが十分に活用されなかった。遠隔モニタリングによる情報が現場での監視行動を機動的に補助するという当初の計画が実現しなかったため、土地保護計画はその効果を発揮できなかった。

土地保護計画が実施されなかった影響を示す象徴的な例は、

発電所の主要な工事サイトであるピメンタルから七〇キロメートルに位置し、孤立して暮らす先住民保護のため土地利用が制限された地域であるイツナ＝イタタで見られる。国立宇宙研究所（ＩＮＰＥ）の法定アマゾン森林伐採衛星監視プロジェクト（Projeto de Monitoramento da Floresta Amazônica por Satélites：ＰＲＯＤＥＳ）のデータは、ＴＩｓでの森林破壊がベロモンテの建設が開始した二〇一一年以降に始まり、仮作業場の撤収を開始し多数の失業者が森林伐採などの違法行為をはたらくようになった二〇一四年から急増していることを示した（図５－２）。

ムンドルク先住民保護区の人びとによる作業場建設工事反対デモ　2013年5月　©Letícia Leite / ISA

先住民保護区での土地占拠と規制

発電所建設の条件としてＦＵＮＡＩが定めたのが、ＴＩｓにおける土地規制の完全な実施であった。具体的に言えば、操業許可発給以前に土地境界の確定（demarcação）と拡大、連邦大統領の裁可（homologação）、そして侵入者の排除を終えることであった。しかし、発電所の操業が開始される二〇一五年のＴＩｓの状況をみると、二〇〇九年と大きな変化はなかった。

土地規制について多少の進歩があったのは事実である。すなわち、多数の孤立した先住民グループが住むイツナ＝イタタＴＩでの土地利用規制宣言、パキサンバＴＩの拡大、アピテレワＴＩからの侵入者排除の開始、シングー川ヴォルタグランデ・アララＴＩの裁可である。森林破壊が深刻なカショエイラセカＴＩ、先住民の土地後退が著しいアピテレワTIでは問題の解決には至っていない。

アピテレワTIではFUNAIが一二七八人の土地占拠者を確認し（FUNAI決議第二二〇号、二〇一一年八月二九日）、占拠が悪意によるものではないとして、七〇〇万レアルの賠償金を支払いTI外に移動させた。また、アピテレワでは国家植民農地改革院（INCRA）がTIに住む三六九家族の移動を進めた。その結果、二〇一二年の森林破壊面積は前年に比べ八八・七%減少し、国立宇宙研究所（INPE）の森林火災プログラム（Programa Queimadas）によれば森焼きのホットスポットは実質ゼロになった。こうして初期には一定の成果をおさめたが、連邦政府にそのプロセスを継続・遂行する能力が欠如していたため、法廷での争いが増加し、その結果占拠者の排除が長期化し、あるいは排除そのものが実現できなかった。いったん退出した家族がTIに舞い戻る事態も生じた。そのため、INPEによれば、アピテレワでは二〇一三年に森林破壊は再び増加し、ホットスポットは二〇一三〜一四年の六〇か所から一四〜一五年の五〇三か所と一〇倍近く増加した。

アピテレワTIは一つの象徴的な事例に過ぎない。イリリ・カショエイラセカTIやヴォルタグランデ・アララTIからの侵入者の排除は終了していない。パキサンバのジュルナ民族が発電所の貯水池にアクセスするための土地の取得はほとんど実現していない。ダム建設後にはシングー川の水量は最大八〇%減少すると想定される。貯水池へのアクセスは、彼らが主食をえるための漁業を続けるうえで基本的な条件である。ジュルナの人びとがアルタミラに移動する手段をも奪う（ISA [2013]）。そもそもジュルナの人びとの貯水池へのアクセスは、二〇一〇年までに発電所の設置許可（LI）の条件であったが、実現していない。

ベロモンテにより被害をこうむるすべてのTIsと周辺地域について土地確定を進めることはLIの前提であったが、一向に進んでいない。その結果、ベロモンテによって影響を受けたTIsでは外部からの開発圧力が今後いっそう強まると予想される。アピテレワ、トリンシェイラバカジャ、カショエイラセカ、そしてイツナ＝イタタといったＩＴｓでは、違法な森林伐採と森林劣化が進んでいる。その悪化は発電所建設とともに始まり今後強まると予想される。

アルタミラのＦＵＮＡＩ本部再編

発電所の操業許可は二〇一六年の一月と八月に二度停止された。連邦地方裁判所のアルタミラ支部が、事業者と連邦政府が約束した発電所の設置および操業の条件を果たさなかったと判断したからである。これに対して連邦政府は、発電所運転のため操業許可を継続することを保証した。その根拠となったのが法的拘束力の停止（suspenção de segurança）制度である。それは連邦総弁護庁（Advocacia Geral da União：ＡＧＵ）によれば、公共の秩序と経済に重大な損害が予想される場合、法の執行を一時的に停止できるとするものである。法の効力を一時的に停止する権限は、司法の決定によって影響を受ける行政府のみに与えられている。最終的な司法判断が下されるには数年を要するので、その間発電所の操業は続けられることになる。

二〇一六年の一月に連邦地方裁判所アルタミラ支所が発電所の操業停止を命令した理由の一つは、ＦＵＮＡＩの体制が十分でなかったことであった。アルタミラにおいて発電所による先住民への影響を監視・監督する体制を強化することは、発電所建設の条件であった。この条件は事前許可にも記載されており、本来であれば許可が下りた二〇〇〇年以降すぐさま実行されるべきであったが、連邦政府と事業者は今日に至るまでその義務をまったく果たしていない。監視・監督機関のなかでＦＵＮＡＩは最も重要な組織である。連邦地方裁判所アルタミラ支所は、ＦＵＮＡＩの組織強化までの期間発電所の操業許可を停止する判決を下したが、この決定もまた停止され、ＦＵＮＡＩは自身の本部すら設置できず、また人員と予算削減を強いられている。

発電所建設が先住民に与える重大な影響を考えれば、建設以前と建設中においてＦＵＮＡＩの体制強化がなされなかったことは、とうてい説明不能であり容認できない。先住民との対話を事業者に集中させる中央集権的な方法は、ある意味でよく考えられた仕組みであり、植民地主義時代に見られる、相手を巧みに言いくるめて操る籠絡の手法であった（Rojas [2014]）。発電所建設から六年間に起きたことは、建設地域におけるＦＵＮＡＩの強化ではなく、その活動と先住民に対する影響への対応を困難にする組織と資金の悪化であった。アルタミラのＦＵＮＡＩは自身の施設がないままで活動することを余儀なくされ、職員数は二〇一一年の六〇人から現在では二〇人とほぼ三分の一となった。

ＦＵＮＡＩの弱体化はベロモンテだけではなくブラジル全土で見られるのが現実である。市民の社会参加と民主化を目的とした非政府組織である社会経済研究所（Instituto de Estudos Socioeconômicos：ＩＮＥＳＣ）の調査によれば、ＦＵＮＡＩは本来の三分の一の人材しかもっていない。すなわち企画・予算・運営省（Ministério do Planejamento, Orçameto e Gestão：ＭＰＯＧ）が定めた定員は五九六五人であるが、二〇一六年七月でその職にあるのは二一四二人に過ぎない。ＦＵＮＡＩの予算は二〇一一年以降削減されており、現下の政治危機によって予算をさらに減額させる可能性がある。

環境基本計画＝先住民編の不履行と緊急計画

環境ライセンスの過程で明らかになったことは、北部エネルギー社が環境ライセンス取得後に先住民に関わる義務を果たすかどうか疑念があることである。適切な義務を果たしていないとするＦＵＮＡＩの報告書に対して事業会社は、義務が政府とともに共同で負うべきものではなく専ら政府の側にあると主張し、自らの責任の正当性に疑義を示した。こうした責任の転嫁は、発電所周辺の土地規制やＴＩｓの保護だけでなく、先住民の健康と教育に関する義務についても起こっている。

先に述べたように環境基本計画＝先住民編（ＰＢＡ－ＣＩ）は二〇〇〇年にＦＵＮＡＩによって作成された。ＰＢＡ－ＣＩは本来であれば、発電所の設置認可が下りた二〇一一年一月までに署名され実行に移されるべきであった。しかし、アルタミラの北部エネルギー社のオフィスを二日間占領するなどの先住民の抗議運動が発生し、連邦検察庁（ＭＰＦ）が介入し同社に義務遂行を命令するといった事態が起こり、事業者との間で合意に至り契約が結ばれたのは二〇一三年八月であった。すなわち建設がピークのときを含め三六か月間、先住民に対する影響緩和手段やＴＩｓの保護が実行されないことになった。

そこで発電所建設が始まる前に、先住民への影響を緩和するため二四か月に限った緊急計画（Plano Emergencial）が作成された。しかし、それはベロモンテが引き起こした先住民の籠絡と社会構造崩壊のより邪悪な過程となった（Rojas [2014]）。人類学者ヴィヴェイロス・デ・カストロ（Eduardo Viveiros de Castro）の言葉を借りれば、緊急計画が引き起こしたのは「影響緩和策が引き起こした古典的で危険極まりない影響であった」（*Folha de São Paulo*, 2013.12.16）。この計画は各集落に毎月三万レアルを二年間送金するものであった。各集落で先住民が「商品リスト」を作成し、ＦＵＮＡＩ職員を通してリストを北部エネルギー社の購買部に送るというものであった（Heurich [2013]）。

各集落にくまなく配布される三万レアルの「月給」は、それまでなかった集落の分断と、先住民の懐柔と操作の出現をもたらした。その当然な帰結は先住民と事業主の間の緊張、不信そして籠絡の横行であった。「商品リスト」は集落の社会経済的組織や自立にさまざまな悪影響を引き起こした。最も明確な例は持続的に食糧を生産する能力（食糧安全保障）の喪失であり、それは地域の先住民の健康と自立に深刻な結果をもたらすこととなった（Rojas [2014]）。

保健、教育、衛生などの基本インフラ分野での約束の不履行は先住民の怒りを買ったものである。こうした状況のもとで、環境影響調査（ＥＩＡ）が予想したネガティブな影響が見られ、あるいは悪化した。先住民への義務に関する事業者と政府の義務不履行の複雑な構造は、影響下にある先住民に対する緩和・賠償政策を無視した形で発電所建設を許可することになってしまった。連邦政府は、ベロモンテがその影響を受ける先住民とその他の人びとの権利を尊重する例となると約束したが、それは欺瞞であった。

北部エネルギー社によれば、同社は先住民のために三億二五〇〇万レアルを支出した（*Informe Norte Energia*, No.37, 27 de julho de 2016）。しかし、支出は体系的なものではなく、その多くは物資の提供のために使われた（二〇一五年三月までで五七八の船用エンジン、三二二のボートとモーターボート、二一〇万リットルのガソリンなど）。そのような物資提供は、事業者と先住民の間で受け入れ難い恩顧主義的な関係のなかで、先住民の籠絡に使われ、先住民内部での紛争を増加させた。他方で、この五年の間に、先住民の健康や土地保全への影響を予防し軽減するための行動は極めて少ないものであった。

エスノサイド

連邦検察庁（ＭＰＦ）は、操業許可が発給されてから二週間後の二〇一五年一二月に連邦地方裁判所アルタミラ支所で公的民事訴訟を起こし、そのなかで九つの先住民の伝統、言語、習慣、社会組織の破壊や土地保護政策の不在を挙げ、発電所が少数民族を排除するエスノサイドすなわち国家統合や民族主義の名による少数民族の排除あるいはジェノサイド（大量殺戮）だと申し立てた。訴訟はＰＢＡ－ＣＩに関する組織横断的な外部委員会設立を含む緊急の一六の請求から成るが、一年後司法は何らの判断を下さず、ついには裁判権をベレンの連邦地方裁判所に移してしまった。その結果予備的な差止命令が大幅に遅れるのは必至となった。

当初は中期シングープログラム（Programa Médio Xingu：ＰＭＸ）として構想され承認されたＰＢＡ－ＣＩは、北部エネルギー社によって一方的で数多くの不規則や違法性を伴って実行されてきた。加えて北部エネルギー社は、先に述べたように、恩顧主義的な手法によって集落に物資を配る先住民緊急計画を実施し、ＴＩｓを分断した。連邦検察庁の行政訴訟が示した結論の一つは、ベロモンテ発電所が先住民固有の文化、習慣などに敬意を払わず、彼らの生活様式を絶滅の危機に追いやり、適切な対応をせずに予見された変化を加速したことである。

先住民に関わる条件の達成状況

ベロモンテに課せられた先住民に関わる条件は、大がかりなインフラ事業が環境ライセンスの範囲を越えて解決すべき多くの課題をもち、いかに政府に大きな試練を与えるかを示す代表例である。そして、ベロモンテのＰＢＡ－ＣＩは、先住民への影響緩和措置がその規則、監視、管理において、必要な制度的構造が不足していることを示している。

ＦＵＮＡＩが前もって定めた条件の実施を拒否するために政府が持ち出したのは、先住民に対する義務をほかの政府機関に移すために、先住民に関わる機関つまりＦＵＮＡＩの権限に異論を述べることであった。一例を挙げれば、今日に至るまで企画・予算・運営省（ＭＰＯＧ）は、事前許可（ＬＰ）に先立ってＦＵＮＡＩが定め政府が責任を負う影響緩和措置に対応し調整するための作業グループを、成長加速計画（ＰＡＣ）管理庁に設置することを拒否している。

ＦＵＮＡＩが定めた緩和措置のフォローと監視に関しても、解決されるべき制度的欠点がある。現実には誰もそれらの措置を監視しておらず、実行されていないからといってＦＵＮＡＩには事業者に制裁を加える権限がなく（その権限は排他的にＩＢＡＭＡに与えられている）、またほかの政府組織に行政的、政治的に緩和措置実施義務を果たすよう影響力を行使することもできない。重要な義務の遂行は連邦検察庁によって法的に実行されるしかない。

政府が先住民に対する影響緩和措置を履行していない状況を見ると、透明性をもった手続きと、独立した社会的な統治のための制度的スペース（場）が必要であることは明らかである。ベロモンテのケースでは、ＰＢＡ－ＣＩ実施をフォローするため先住民が継続的に情報を入手し参加するためのプログラムは作成されたが、その自治的な運営は行われていない。

シングー川ヴォルタグランデの先住民

ベロモンテ水力発電所が先住民に与える影響のなかで最も深刻なのは、まだ測りしれないものがあるが、シングー川がその流れを変えるヴォルタグランデで起こるものである。

シングー川左岸の幅約一〇〇キロメートルにわたるカーブは、ヴォルタグランデ・アララとパキサンバの人びとの土地を浸水させ、川に生活を依存する岸部に住む数百家族に被害を与える。すでにこの地域と住民たちは、発電所建設工事開始直後から激しい変化に晒されており、特に二〇一五年一一月にダムによって水が堰き止められると住民たちの生活は大きく変化することになった。

ヴォルタグランデはベロモンテ水力発電所の影響を直接受ける位置にあり、水門によって川の流れが止まってしまう。シングー川から最大八〇％の流水が取り入れられ、長さ約二〇キロの人工水路を通じて人工湖に運ばれる。人口湖の末端にはベロモンテの主発電所があり、発電に利用された水は再びシングー川へと流れる。人口水路によって、かつてシングー川を蛇行して流れていた水は、約一〇〇キロメートルにわたってヴォルタグランデを流れない。その結果、流域の水循環と地域の生態系に不均衡をもたらす。

発電所建設の影響調査はわずか数年間のみ実施される予定である。他方で集落において実施されるべきである社会インフラ政策はほぼ実施されておらず、また生産強化のプロジェクトや、川の流れが変わる前にあった安定的な食糧供給を回復するためのプロジェクトは実施されていない。住民との間で緩和・賠償措置が議論されることなく、地域では変化が起きており、そのスピードは今後加速することが予想される。

こうしたなかでベロモンテ水力発電所の第一回の試験的な発電実施後、北部エネルギー社は、魚の大量死の責任を問われることになった。漁業はジュルナの人びとの主要な生業であり、栄養の五五％を魚から得ている。彼らは漁業エリアに近づくことの困難さや不可能さに懸念を示している。社会環境研究所（ISA）の「ベロモンテ発電所漁業影響調査」によると、発電所建設開始後に工事現場の照明、爆発物の使用、ケーソン（仮防水システム）の設置、水路の沈泥などにより、主要な漁場が消えたり狭くなったりした。二〇一五年一一月のダム完成により新たな影響が見られるようになった。すなわち流量の減少とともに、アルタミラなどで多くの漁民が漁場を失い、その結果先住民保護区での漁場をめぐる争いが増加した（ISA [2015a]）。漁業は川の満ち引きや流れと密接に関連している。パクーやマトリンシャンといった魚は浸水エリアの果実から栄養を摂っているが、川の流れが変化するとそのような環境はなくなってしまう。

対話の欠如――参加空間の機能不全

発電所設置許可の条件二・二二項は、北部エネルギー社に対し川を閉鎖する一年前に、試験期間中の影響のモニタリング、緩和措置、補償について、先住民や川辺に住む住民と対話することを義務付けている。しかし、現時点では事業者は許可発給機関であるＩＢＡＭＡへの情報提供で終わっており、先住民と川辺住民のコミュニティはモニタリングや緩和・補償措置の決定プロセスから排除されている。北部エネルギー社よるヴォルタグランデの環境・社会的影響モニタリング調査は、影響を被るコミュニティとの対話を含んでおらず、その結果設置認可過程において、住民への影響に関する認識を反映し、住民の効果的な参加を保証する場が存在していない。一例として水質モニタリングを挙げれば、モニタリングは北部エネルギー社が委託した別の会社がサンプルを収集し、より全体的な分析のためとして地域外の実験室へと送られる。いくつかの先住民は委託業者と共に情報収集に参加しているが、結果へのアクセスは許可されておらず、今日に至るまでモニタリングの結論に関する対話はなされていない。

シングー川での水量の減少は、共同で水位を観察する計画を実施することにつながった。計画は、企業の側での定期的な流量減少とその影響についての調査に加えて、先住民自身の知覚力や方法によってモニタリングすることを目指している。ＦＵＮＡＩは文書第一二六号（二〇一一年）で、先住民委員会の設立と水量を管理しモニタリングを決定したが、それは観測方法、ＴＩｓでの優先的な観測の実施、観測人材の訓練、コミュニティの広範な参加を含むものであった。この文書は二〇一一年の発電所設置認可の条件第二・二二項でも確認された。

これを受けて二〇一二年に流量監視先住民委員会（Comitê Indígena de Monitoramento da Vazão Reduzida：ＣＶＲ）が設立された。しかし、ＣＶＲは三か月ごとに開催されることになっているが、長期にわたって開催されていない。ＣＶＲは、先住民健康地区協議会（Conselho Distrital de Saúde Indígena：ＣＯＮＤＩＳＩ）と共に、ＰＢＡ－ＣＩの実施過程において議論の場、提言や要求案作成の場を提供するものであるが、公的機関が仲介機能を果たしていないために、現実には参加の場としては十分に機能していない。その結果先住民と事業者の対話が一方的なものになり、定期的な開催が実現できていない。ジェツリオ・ヴァルガス財団（ＦＧＶ）の分析によれば、

「先住民管理委員会（Comitê Gestor Indígena：ＣＧＩ）もＣＶＲのような社会参加の場としては効力を発揮するには至らなかった。ＣＶＲ設立が遅れたために、先住民はＰＢＡ－ＣＩの実施計画に影響力を行使することができず、その結果ＦＵＮＡＩや他団体によれば、緩和措置の適正な実施ができないという結果になった。ＣＶＲやそのサブ委員会の集会の記録は、先住民たちが流量が減少した河川のモニタリングプログラム情報へのアクセスができないことに不満をもらしていると、記されている。ＦＵＮＡＩは、操業認可のフィージビリティに関する意見表明で、『先住民との議論や共同作業に流量減少のモニタリングのシステムの存在を確認することはできず〔中略〕効果も確認できない』（FUNAI, *Informação Técnica*, No.223/2015: 41）との評価を下している」（FGV [2016]: 185）。

ヴォルタグランデにおける金採掘——ベロサン

ベロモンテのほかに金の採掘プロジェクトがヴォルタグランデ地域に脅威を与える可能性がある。最大規模の露天掘りの金鉱山がベロモンテに開かれれば、それはシングー地域の状況を悪化させることにつながる。こうしたプロジェクトが検討されていることは、アマゾンでの水力発電所建設が鉱業など生成されたエネルギーを利用する新たな事業実施への扉を開いたことを意味している。

カナダの企業ベロサン（Belo Sun Mining Corp.）は、二〇〇八年からヴォルタグランデで鉱物資源調査を

図5−3　シングー川ヴォルタグランデ ―― ベロサン・プロジェクト位置

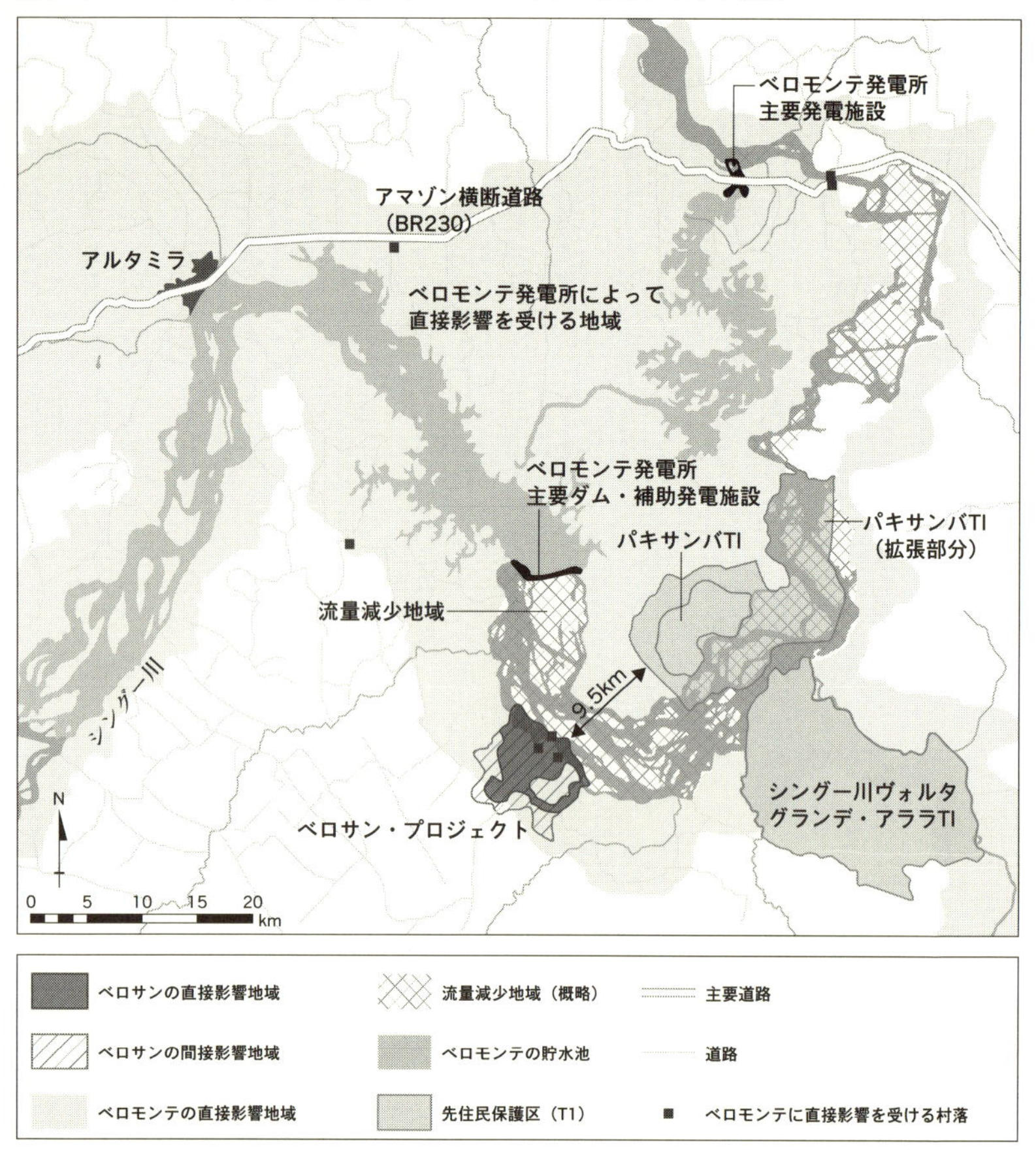

（出所）EIA/RIMA Belo Monte, EIA/RIMA Belo Sun, IBGE, FUNAI

行っている。まだ鉱山開発の段階ではないが、ベロサンはすでにパラ州環境局から事前許可（LP）を取得している。鉱山は、かつてガリンペイロ（金採掘人）が集結したレッサカ村近くのセナドールジョゼポルフィリオ市にあり、農場、漁業、金採掘や手工芸といった活動で暮らしている三〇〇世帯ほどのコミュニティがある。プロジェクト実施が決定した場合、三〇〇世帯は移動を余儀なくされる。

プロジェクト予定地は、ベロモンテ発電所によってすでに大きな変化が生じたシングー川ヴォルタグランデのパキサンバTIから九・五キロメートル、アララTIから一三・七キロメートルの位置にある。二〇一四年に連邦裁判所（ブラジリア）は、ベロサン社が先住民への影響調査報告を提出するまでのあいだ事前許可（PI）を停止したが、その後決定は覆された。先住民たちは、かつてベロモンテにおいて事前の意見聴取や情報提供の権利が尊重されなかった経験から、ベロサン社の鉱山事業について意見を聞くよう求めている。他方で、ベロサンのプロジェクトでは、環境影響調査（EIA）・環境影響報告書（Relatório de Impacto Ambiental：RIMA）に、これまでの調査では考慮されなかったベロモンテとの影響との相互作用についても調査がなされることになった。なおRIMAは平易な文章と図表などを使った一般向けの報告書である。

3　事前の意見聴取・情報提供・参加の欠如

事前の意見聴取・情報提供

先住民の排他的土地使用権は、ブラジルの一九八八年憲法と、一九八九年にジュネーブで採択されブラジルが二〇〇四年に批准した先住民に関するＩＬＯ条約一六九号によって認められている権利である。ＩＬＯ条約一六九号（原住民及び種族民条約）の第六条第一項は、この条約の適用に当たり、政府が、(a)関係する人びとに直接影響するおそれのある法的または行政的措置を行う場合に、常に適切な手続、特にその代表的団体を通じて、これらの人びとと協議する、(b)関係する人びとが、少なくともその他のセクターの住民と同じ程度に、影響を与える政策や計画に責任を有する行政機関およびほかの機関に意思決定のすべての段階において、自由に参加することができる手段を確立する義務を負うとしている。

こうして関係する人びとが意見の聴取を受ける権利は、ブラジルの規制システムに制度化されているが、多くの大規模事業ではその権利は踏みにじられてきた。エネルギーの潜在力に注目したアマゾン地域における水力発電所でも、住民への相談や協議をせずに建設地が繰り返し決定されてきた。

政府は、ベロモンテ発電所建設を強権的なやり方で決定すると、シングー地域において影響を被る先住民との、自由意思に基づく事前の意見聴取・情報提供（Consulta Livre, Prévia e Informada：ＣＰＬＩ）に反対姿勢をとった。同様なことはブラジルのほかの地域でも起きている。二〇一一年に国家エネルギー政策委員会（Conselho Nacional de Política Energética：ＣＮＰＥ）はサンルイスドタパジョスを含むタパジョス流域の四大水力発電所を「公共利益のための戦略的プロジェクト」に指定する決定をしたが、ＣＬＰＩのプロセスは何一つ実施されていない。その結果四つのうち三つのダムはムンドルクＴＩの広大な地域と河岸周辺を浸水させることになる（Greenpeace Brasil [2015]: 38）。

米州地域の人権の遵守・保護を目的とする米州人権委員会（Inter-American Commission on Human Rights）は二〇一一年に、ベロモンテ発電所建設において住民の意見が聴取されておらず、影響調査へのアクセスができないことを問題視して、また先住民の生命を保護するため、ブラジル政府に対して警告を行った。これに対してブラジル政府は、事業を継続するとともに、人権委員会に対する資金拠出を一時停止するという対抗措置をとった。

二〇一六年三月、国連人権理事会によって任命され人権侵害状況の調査や監視をする国連特別報告者のヴィクトリア・タウリ＝コルプス（Victoria Tauli-Corpuz）は、ブラジルにおける先住民の権利侵害と彼らが直面する困難を確認するためにアルタミラで調査を行った。カショエイラセカＴＩとアピテレワＴＩにおける森林の盗伐や魚の乱獲、ＦＵＮＡＩの弱体化、シングー川ヴァルタグランデの変化について、先住民の非難を聴取するのが目的であった。調査を踏まえてタウリ＝コルプスは次の二点を進言した。第一に、先住民の代表者と協力し、先住民の自主決定の権利を尊重して、先住民世界会議でのブラジルの約束に従い、先住民の権利に関する国連宣言を実行するため国家行動計画を策定すること、第二に先住民の権利に影響を及ぼす可能性がある立法・行政プロジェクト、措置、政策に関して先住民との対話をもうける義務を国家に課すことである。対話は、自由意思に基づき、事前に取り決められ、必要となる情報を踏まえた合意を得るために実施され、ＩＬＯ一六九号条約、先住民の権利に関する国連宣言、先住民の権利に関する米州機構の宣言案にあるように、それぞれの民族の特異性を考慮した形で行われなければならない。開発プロジェクトの場合、意見聴取は、事業者から独立し参加型形式で実施される社会・環境への影響や人権に関する調査を、情報として提供する必要がある、とした。

環境ライセンスの認可にあたっては、事業によって影響を受ける人びとが意見を述べ聴取される権利は、建設実施決定以前だけではなく認可のさまざまな場面で遵守されなければならない。ベロモンテのケースでも、認可発給以前および以後に先住民はその声が経常的に聴取されるべきであった。

先住民の参加

意見聴取のほかに、先住民が参加する場を用意することもまた重要である。発電所の環境ライセンスは、先住民がFUNAIや事業者とともに、影響緩和や補償措置をまとめた環境基本計画＝先住民編（PBA－CI）で規定されているプログラムについて、その進捗状況を把握し必要な決定に参加するための場を設定する必要性を認めていた。

先住民の適切な参加を求める声は二〇〇九年に実施された公聴会にてすでに存在していた。同じ年FUNAIは、技術的意見書（Parecer Técnico）第二一号で熟議の性格をもった住民参加の場を設立するよう進言した。ベロモンテの設置認可では、条件二・二〇で先住民管理委員会（Comitê Gestor Indígena：CGI）の設立を予定していた。委員会は、FUNAIの通知第一二六号に沿ったものであり、ベロモンテ水力発電所の補償プログラムに関する行動を議論するための場であった。二〇一二年一〇月にはCGIの設立集会が開催され、その後PBA－CIプログラムの実行を議論し、その問題を把握し解決策を提案することになった。しかし、こうした先住民参加の場はさまざまな困難に直面することになった。なぜなら集会は、先住民の言語ではなくポルトガル語で行われ（ポルトガル語を話すのはごく少数であった）、また専門用語が先住民たちにとって理解するのが非常に難しいものだったからである。

ベロモンテのような複雑な環境ライセンスの過程において、効果的で適切で永続的な参加は、先住民の権利を保証し、情報へのアクセスを容易にし、そして先住民の参加によるPBA－CIの実施を可能とするうえで基本的なものであった。

しかし、環境ライセンスの過程は上述のようにさまざまな歪曲を含むものであった。そのため、発電所設置当初からベロモンテによって被害を受ける先住民による建設作業地や企業本部の占拠が相次ぎ、先住民と企業の緊迫とした関係が浮き彫りになった。あらゆる条件やＴＩｓ保護の不履行、意見聴取や対話そして永続的な参加の場の欠如を前に、先住民たちによる作業所とオフィスの占拠は、事業者に対する圧力や取引の手段と化した。参加と対話のための制度的な場が機能しないなかで、迅速に企業と合意に至る唯一の手段が占拠となった。

多くのプログラムや措置に関する協定は、占拠を終わらすための「現場の合意」で終始し、先住民の権利は私的な交渉の場で決定される単なるバーゲニングの対象となった。先住民の生活様式を保障するうえで重要な多くの条件は、発電所許可プロセスにおける行政によるものではなく、訴訟や先住民の占拠という手段でようやく実施されるものとなった。

オルタナティブな電力開発に向けて

ベロモンテはさまざまな矛盾や権利の侵害を抱える発電所である。ダムにより影響を被る先住民は、影響緩和や補償措置が実行されないなかで、生活に大きな変化を経験している。緩和・補償措置の大部分は、環境ライセンスに関わり、事業者である北部エネルギー社と対等に渡り合える交渉力を有する機関は存在するにもかかわらず、残念ながら今日まで満足に実施されていない。

ベロモンテのＰＢＡ－ＣＩの実施期間は三五年間であるため、緩和・補償を求める闘いは長期間にわたると予想される。こうしたなかで被害の緩和や完全な補償措置の進捗を自立性をもってフォローし、監視し、取り立てるための参加の場を強化することが必要となる。情報へのアクセスは闘争の重要な手段であり、効果的な参画の手段である。連邦政府と企業には影響を被る先住民がアクセス可能な形でリアルタイムに情報を提供する義務がある。

ベロモンテは河川や川岸に住む人びと、そしてアマゾン地域の先住民を犠牲にして発電するモデルの究極である。それは「きれいで安い」水力電気という議論を基礎としているが、真実は権利の侵害者のための汚い電気である。ベロモンテ発電所とは異なる、森林に住む人びとの権利を尊重し公正に発電する新たな方法を見出すことは可能であり、また現実にさまざまな試みがすでになされている。

社会・環境的な意味で包摂的な発電モデルの構築は、筆者が属する社会環境研究所(ISA)やその他のブラジルの市民社会組織の任務である。こうした包摂的な発電モデルの例として、二〇一六年三月に鉱山エネルギー省(MME)は、ロライマ州のラポーザセラドスル先住民保護区(TI Raposa Serra do Sol)の二つのコミュニティで住民一〇〇〇人規模の風力・太陽光発電所を建設することを発表した。それに先立ってISAは、二〇一二年からロライマ州先住民協議会(Conselho Indígena de Roraima：CIR)、マランニョン連邦大学(UFMA)と共同で、同地域のコミュニティにおける風力発電の可能性について調査している。このプロジェクトは、ブラジルで夜明けの寒く湿った風を意味する「クルヴィアナ(Cruviana)」と名付けられたが、先住民コミュニティでの太陽・風力発電というアイデアは、社会・環境的にネガティブな影響をもたらし、先住民にとって神聖な地域を破壊してしまう恐れがある水力発電プロジェクトのオルタナティブとして誕生した。

最後に、ベロモンテの事例は、アマゾン地域で計画されている発電所その他のインフラ建設において二度と同じような失敗を繰り返さないと、省みるための象徴的な存在である。社会・環境責務に関する計画の欠如や民主主義制度の軽視は、ブラジルのアマゾン地域における持続可能な開発プロジェクトに反するものである。

参考文献

Ab’ Sáber, Aziz Nacib [1996] *A Amazônia: do discurso à práxis,* São Paulo: Editora da Universidade de São Paulo.

ANEEL: Agência Nacional de Energia Elétrica [2002] *Atlas de Energia Elétrica do Brasil,*1º ed., Brasília: ANEEL.

Centrais Elétricas Brasileiras S.A. [2009] *Aproveitamento Hidrelétrico (AHE) Belo Monte: Estudo de Impacto Ambiental (EIA)*, v. 35, Estudos Etnoecológicos, 2009

FUNAI: Fundação Nacional do Índio [2011] Resolução nº 220, Brasília, 29 de agosto.

FUNAI Diretoria de Proteção Territorial [2016] Ofício nº 188, Brasília, 16 de março.

FGV: Fundação Getúlio Vargas [2016] *Indicadores Belo Monte: um diálogo entre condicionantes do licenciamento ambiental e o desenvolvimento local*, São Paulo.

Greenpeace Brasil [2015] *Hidrelétricas na Amazônia-Um mau negócio para o Brasil e para o mundo*, São Paulo.

Heurich, Guilherme Orlandin [2013] “Os Araweté e o Plano Emergencial,” In: Povos Indígenas do Brasil: Araweté, Instituto Socioambiental. Disponível em: http://pib.socioambiental.org/pt/povo/arawete

ISA: Instituto Socioambiental [2013] *De Olho em Belo Monte: 2013, no pico da contradição*, São Paulo.

ISA [2015a] *Atlas dos impactos da UHE Belo Monte sobre a pesca*, São Paulo.

ISA [2015b] *Dossiê Belo Monte: Não há condições para a Licença de Operação*, São Paulo: novembro.

ISA [2016a] “Ocupa Funai’ promove manifestações em várias regiões do país,” disponível em https://www.socioambiental.org/pt-br/noticias-socioambientais/ocupa-funai-promove-manifestacoes-em-varias-regioes-do-pais

ISA [2016b] “Belo Monte, o que fizeram de nós?,” setembro de 2016, disponível em https://medium.com/@socioambiental/belo-monte-o-que-fizeram-de-n%C3%B3s-37c4c90b4805#.qyryacvkk.

ISA [2016c] "Belo Monte, um legado de violações," novembro, disponível em: https://medium.com/@socioambiental/belo-monte-um-legado-de-viola%C3%A7%C3%B5es-43ea35c973b8#.m5xrj49sd

Junior, W., J. Reido, e N. Leitão [2006] *Custos e benefícios do complexo hidrelétrico Belo Monte: uma abordagem econômico-ambiental*, Minas Gerais: Conservation Strategy Fund, março.

Rojas, Biviany [2014] "Belo Monte: enquanto não houver soluções, as ocupações seguem," disponível em https://www.socioambiental.org/pt-br/blog/blog-do-xingu/belo-monte-enquanto-nao-houver-solucoes-as-ocupacoes-devem-continuar

第6章

土地への闘い

社会的再生手段としての土地なし農民運動

石丸香苗

土地なし農民の集落での役員決定式
（筆者撮影）

森のなかへ延びる小道を進んでいくと集落が開ける。道はしっかりと整備されて電柱が立ち並び、木柵や生け垣で整えられ区画分けされた土地の奥には、木造二階建てやレンガ造りの家が建つ。どこかの家を訪れれば、家族はテレビを見て、キッチンには水道が、家の裏では洗濯機が回る。それぞれの区画の後ろに森があること以外、この土地なし農民の集落も普通にある農村の集落の姿と変わりない。ただ違うことといえば、一〇年前までは鬱蒼とした森林でしかなったここを、彼らが集団で占拠し、切り開き、生産し、暮らしを立てるという闘いの過程を経てきたことだ。

1　土地なし農民運動とは

土地なし農民の定義

はじめに、土地なし農民運動をこの章でどのように定義するかの議論が必要であろう。ブラジルの「土地なし農民運動」と言うと、その単語の直訳に近く、ラテンアメリカ最大規模の社会運動である土地なし農村労働者運動（Movimento dos Trabalhadores Rurais Sem Terra：ＭＳＴ）が一般的によく知られている。そのた

表6−1　ブラジル北部における土地なし農民運動にかかわる運動母体・組織・機関の一覧

州	運動母体・組織・機関
アマパ	Central Única dos Trabalhadores（CUT）中央統一労働組合／Comissão Pastoral da Terra（CPT）土地司牧委員会／Sindicato dos Trabalhadores Rurais do Amapá（SINTRA）アマパ労働者組合
アマゾナス	Federação dos Trabalhadores Agrícolas（FETAGRI）農業労働者連盟／Amazonas Comissão Pastoral da Terra（CPT）アマゾナス土地司牧委員会／Grupo de Trabalho Amazonense（GTA）アマゾナスワーキンググループ／Comissão Indigenista Missionária（CIMI）先住民宣教師委員会
パラ	Movimento dos Trabalhadores Rurais Sem Terra（MST）土地なし農村労働者運動／Federação dos Trabalhadores na Agricultura（FETAG）農業従事者連盟／Central das Associações de Trabalhadores Rurais de Marabá，Redenção，Itupiranga e Conceição do Araguaia；Conselho dos Trab. Rurais de Conceição do Araguaia（CATRUMCA）マラバ農業労働者団体／Conselho Nacional dos Seringueiros（CNS）セリンゲイロ全国協議会／Pará Comissão Pastoral da Terra（CPT）パラ土地司牧委員会／Movimento de Luta pela Terra（MLT）土地闘争運動／Federação das Associações dos Produtores dos Estados do Pará e Amapá（FAERPA）パラ・アマパ州生産者連盟／Movimento dos Trabalhadores Rurais Brasileiros（MTRB）ブラジル農村労働者運動／Movimento Brasileiro Sem Terra（MBST）ブラジル土地なし運動
アクレ	Movimento dos Trabalhadores Rurais Sem Terra（MST）土地なし農村労働者運動／Centro dos Trabalhadores da Amazônia（CTA）アマゾニア労働者センター／Comissão Pastoral da Terra（CPT）土地司牧委員会／Conselho Nacional dos Seringueiros（CNS）セリンゲイロ全国協議会／Acre Sindicato dos Trabalhadores do Servidor Público Federal（SINDSEP）アクレ連邦公共事業労働者組合／Sindicato dos Trabalhadores da Educação（SINTEAC）教育労働者組合／Sindicato dos Pequenos Agricultores e Assalariados（SINPASA）小農・賃金労働者組合／Federação da Agricultura do Estado do Acre（FAEAC）アクレ州農業連盟／Federação dos Trab. na Agricultura do Estado do Acre（FETACRE）アクレ州農業労働者連盟／União das Nações Indígenas do Acre e Sul da Amazônia（UNI）アクレ・南部アマゾニア先住民連合
ロンドニア	Movimento dos Trabalhadores Rurais Sem Terra（MST）土地なし農村労働者運動／Rondônia Movimento Camponês Corumbiara（MCC）ロンドニアコルンビアラ農民運動／Comissão Pastoral da Terra（CPT）土地司牧委員会
トカンチンス	Movimento dos Trabalhadores Rurais Sem Terra（MST）土地なし農村労働者運動／Movimento Sindical dos Trabalhadores Rurais（MSTR）農村労働者組合運動

（出所）Mitidiero [2004] より筆者作成

め、土地なし農民運動イコールMSTによる活動と思われがちであるが、実際にはそれ以外のプロセスやMST以外の組織の関与によって発生する土地の占拠活動も多く存在している（表6－1）。

この活動の原理として、一九八八年憲法内にある農地改革への言及がある。一八四条の一文には「社会的機能を果たしていない土地を、農地改革の目的で社会的利益のために補償金によって接収することができる」としており、一八五条二項には「法は生産性を有する所有地への配慮を保証し、その社会的機能が果たせるに資する規則を確立する」とある。つまり、土地が誰かの所有地であっても、社会的機能を果たすような利用がなされていないと判断される場合、農地改革の一環としてよりふさわしい利用を行う者へ政府が接収と譲渡を保証することが明記されているのだ。

土地なし農民運動はこの条項に則って、公共の福祉に利用すべきであるにもかかわらず不当な状況に置かれている土地で生産を行い、不適切な土地利用を行う所有者に代わって占有権を主張する仕組みである。土地なし農民運動を行うコミュニティは、まず国家植民農業改革院（Instituto Nacional de Colonização e Reforma Agrária：INCRA）に申請を行う。それに応じてINCRAや、その傘下にあるパラ土地院（ITERPA）、アマゾナス土地院（ITEAM）のような各州の農地改革を管轄する機関が、土地の権利文書、所有者の税金納付状況、土地なし農民運動による生産状況などに関する厳格な、そして長い審査を行う。結果、土地なし農民運動のグループが所有者よりもより適切に土地を利用していると判断された場合、政府がその土地を買い上げて土地なし農民のコミュニティに譲渡を行うことになる。

ブラジル本国では、MSTの活動以外によっても土地の占拠と農業生産活動を行う人びとは、広範に「センテーラ（sem 無い、terra 土地）」と呼ばれている。このセンテーラの概念は都市部と農村部でもやや異なっている。都市部では、他人・公共の土地や、使用されなくなった建物に侵入し占拠する、センテートゥ（sem teto 屋根無し）と呼ばれる人びとが存在し、これらの人びとが占拠する土地は、農業生産をするに十分な面積・環境などの条件を満たさない。このように都市部ではセンテートゥは農業生産を生計の手段にしない人びと、センテーラは土地を農業生産に利用する人びと、と概念的に大別されているようである。一方、北部の農村部では、農業生産を行う人びとも、占拠のみを行い農業生産を行わない人びとも、土地の占拠を行う人びとはひとくくりにセンテーラと呼ばれている。これを鑑みると、センテーラと呼ばれるかどうかは、生産の有無というよりは生産可能な環境下にあるかどうかに関わっていると考えられる。

本章では、農地改革を目的として土地占拠を行い、家族農業を基本に農業生産活動を行う、MSTを含んだすべてのコミュニティによる活動を「土地なし農民運動」として扱う。本章でもMSTについて事例として扱うが、MSTそのものについては、ライトら［二〇一六］、近藤［二〇〇九］などの著作や組織によるホームページ（http://www.mst.org.br/）でMSTの主義や歴史、活動内容や組織形態についてその詳細を知ることができる。

土地なし農民運動の発生する背景

「土地は財産を増やす投資のためにあるのではない。われわれの使命は、土地を人間が良く生きるために使うことである」とMSTのパラ州カバナ（Cabana）地区の生産部門の一員であるアンドレ（André）は言う（二〇一六年の聞き取り調査による）。土地なし農民運動は、ただの不法占拠ではなく、大土地所有制の不条理な資本・資源配分を未だに引きずる社会を農民が能動的に変え、生産を行おうとする人びとに必要な、土地の適切な配分を実現しようとする農地改革運動である。

土地なし農民運動が生まれる背景として、植民地時代の土地分配制度からの脱却に失敗した社会構造が存在する。一六世紀にポルトガル王室から、国土を一五に分けたカピタニアと呼ばれる領土の管理権限を受けたポルトガルの有力貴族たちは、農牧業を営むキリスト教徒に分配すべき土地を、その権力によって一族で独占した。この土地配分の集中を招いた原因であるカピタニア制が廃止された後も、土地の取得は購入によってのみ行う姿勢が表明されたため、解放された黒人奴隷や一般市民の多くは土地へアクセスすることができず、大農園の小作人や貧農として生きることになる。土地は一部の大農園主らによって握られ、大多数の人びとが労働者として大農園主らの支配下におかれる構造が形成された。土地の配分様式はそのまま富の配分様式となり、支配階級と労働者階級は明確に続いてきた。二〇世紀半ばに南部で起こった工業化の好景気においても、賃金労働者市場はヨーロッパからの新規移民によって独占され、教育を受ける機会を得なかった北東部などから南部都市に流入してきた農業労働者たちは、景気の悪化とともに失業したり、都市インフォーマルセクターなどに留まることになった。都市での生活においては現金収入が無いことは致命的である。住居を確保し、生命を維持していくための食料を賄うために、都市では現金が必要になる。土地を占拠して農業生産を行うことは、住む場所と食糧の問題解決への糸口となる。現に、現在の土地なし農民運動に参加する人びとには、元々農村部で小作農や農業労働者として働いてきた人びとだけではなく、都市労働者市場からの脱落者が多く含まれている。

無論、現在の大規模な土地所有者らの一部はポルトガル貴族から海外資本や企業などにとって代わり、二〇世紀前半の大恐慌に際する大土地所有地の分譲や、政府の家族農業支援政策によって小農の存在も大きくなってきたものの、未だに土地配分様式は一握りの大規模所有者と小規模農家という歪んだ二極構造が維持されている（佐野［二〇一三］）。また、このごく僅かの資本家らによって占められる耕作可能な土地の多くは利用されずに放棄されていると言われており、この現象の理由の一つとしてアマゾン開発に伴って行われた税制優遇措置が挙げられる。政府は一九六六年にアマゾン開発を行う企業に対して、アマゾン開発推進の手段として優遇プログラム投資を含め五〇％までの所得税控除を施行したほか、そのほか優遇金利や関税の免除などの恩典が得られた（西澤ら［二〇〇五］）。企業は土地を購入し、放牧などを名目にしておけばそれらの優遇措置を受けることができたため、実際には利用されていない土地が増加することとなった。

冒頭のアンドレの言葉は、ＭＳＴのスローガン「農地改革・土地のための闘い・ソーシャリズム」の三つのうちの一つ「土地のための闘い」のとおり、本来生産をして国民の生活を助けるべきが、投資のための財産として不当な状態におかれている土地を奪還し、適切な利用によって本来の土地の役目を甦らせるという意味合いを持つ。この土地なし農民運動は、国外では「民衆主導による農地改革と格差是正」として評価を受ける一方、ブラジル国内での中上流層からの世論は厳しい。使用されていない土地を占拠して生産を行うことで、法に則った権利を主張するこの運動は、土地の所有者である中流階級以上の層からは、所有財産の侵害にあたるものとして怒りと排除の対象となってきた。パラ州南部で一九九六年四月に起こった軍警察による一斉射撃で一九名の死者を出した「エルドラド・ドス・カラジャスでの大虐殺」を代表に、土地所有者（側につく軍警察や私的警備員などが実行者となる）と占拠者の間の衝突はこの二〇年の間も絶え間なく続いてきている（Rocha［2009］）。

アカンパメントからアセンタメントへの過程

土地なし農民運動、つまりセンテーラらによる占拠は、どのような過程を経て発生するのだろうか。占拠を開始するにあたって、まず、どこの土地がふさわしいかという情報が存在しなくてはならない。市ごとにあるシンジカート（農業労働者組合のようなもの）やMSTなどの組織には、土地の所有権が曖昧であったり銀行の負債があったり納税が滞っている土地、政府に接収され補償金をほしがっている所有者の土地など、不安定な土地や土地所有者に関する情報が集まってくる仕組みができあがっている。このような組織は政治と強く結びついており、特に二〇〇三年に労働者階級からの初めての大統領としてルーラが政権を取り、二〇一六年にルセフ大統領の罷免で政権交代を余儀なくされた労働者党（Partido dos Trabalhadores：PT）政権は農地改革の推進をかかげていたため、土地なし農民運動は活性化していくこととなった。これら組織がその情報を基に、占拠を行うポテンシャルのある人たち数人に声をかけ、その人びとが中心となり、家族や知人など自律的な農業生産に意欲を持つ人を活動に誘っていく。話し合いなどで意思を確認する過程を経て、土地の占有権獲得を目指して農業生産の活動を行うことに合意した人びとがコミュニティ構成員として登録し、いよいよ目的の土地に入り占拠を開始する。

占拠自体は大きく分けると、区画割をせずコミュニティで一緒に生産を行うアカンパメント（acampamento 幕営）と呼ばれるステージと、その後の土地配分が行われ、個別に家族農として生産を行うアセンタメント（assentamento 入植）と呼ばれるステージの二つの段階から成る。まず、木材を柱にビニールカバーの屋根をふいただけの簡易な小屋が世帯分建てられる。これは「屋根を持つ居住設備は法的な手続きと警察の執行によってのみ撤去できる」という法をもとに、占拠活動が見つかる前に最低限の住宅としての条件を揃えるためのものである。このアカンパメントの段階では、コミュニティ全世帯が一か所に集まって居住する。コミュニティの参加の条件として、財産として土地を得ることだけを目的とする人びとを排除するために、占拠する土地に家族の構成員の少なくとも誰か一人が住むことが条件となる。このアカンパメントの段階で、住民の総意を反映する場としてのアソシアソン（associação 協会）が結成され、土地獲得に向けて一致団結したプロセスが始まる。このときにコミュニティに独自の名前が付けられることが多いようである。

アカンパメントの生活環境は厳しく、森林や放棄耕作地などのライフラインを欠いた環境下での生活を覚悟しなくてはならない。簡易建築の家は雨風を防げるような構造になく、アマゾン特有の滝のような雨はビニール屋根では防ぐことができない。雨が降れば家の床である地面はぬかるみ、夜の冷気を遮るような壁もなく、特に朝方は熱帯とはいえ冷えこむ。洋服も体も食器も泉の水を使って洗う。トイレもなければ水道もない環境である。アカンパメントは最低一年から数年継続するが、その間にアカンパメントの生活に耐えることができずに、参加者数は徐々に減少していく。アカンパメントの間は全員で生産に携わるが、土地に定着可能かどうかが不安定なため、アマゾン地方の主要作物である果樹の植栽は行わず、キャッサバなどの短期作物の栽培のみを行うケースが多い。食糧の不足は、ＩＮＣＲＡに登録すると支給される国家配給公社（Conab）や活動を支援する組織による米・砂糖・フェジョン（豆）や石鹸などのセスタバジカ（cesta básica 生活必需品バスケットの意）の配給によって確保する。

土地から退去させられない見込みがついてくれば、アカンパメントを卒業して、いよいよアセンタメントへと呼称が変わる。アセンタメントは測量によって区画割を行い、各世帯がそれぞれ同じ面積の敷地を所有する。水源に近い場所は水利用が便利な反面、法律によって定められている水源林保護のため指定区域（Áreas de Preservação Permanente）は伐採をすることができない。それぞれどの場所を取るかは土地利用および選択における個人の嗜好と、親族・友人関係に近い位置を選択するなど、話し合いを行って決定する。区画分けされた土地はそれぞれの世帯の管理によって、自由に生産を行うことができるが、農地のために森林伐採を行う場合は、法定アマゾンでは占有する土地の八〇％を保存しなくてはならないことが森林法で決められている。これらの環境に関する法律を順守しているかは、ＩＮＣＲＡや州の土地改革機関によって審査対象となるが、実際には土地利用を監視する組織である環境庁（Secretario da Meio Ambiente：ＳＥＭＡ）が認可を出せば、割り当てられた面積の五〇％までの伐採が認められているケースが多いようである。

審査で農地改革の活動として占有が認められるには、伐採面積の制限のほかにもさまざまなルールを守らなくてはならない。財産としての土地の獲得のみを目的とする人びとを排除するために、アセンタメントの世帯はアセンタメント以外の場所に家屋を所持していてはならない。また、金銭によって土地を得る手段がない人たちのための農地改革という趣旨に基づき、アセンタメントの世帯は現金収入が決められた最低賃金以上あってはいけないことになっている。伐採面積の規定と同様に、この制限もＩＮＣＲＡでは最低賃金の倍以内、パラ州のＩＴＥＰＲＡでは最低賃金の三倍以内、と基準が異なっている。ほかにも各世帯が農業生産を行っているかどうかが審査対象になっており、それぞれの世帯の裁量にゆだねられている農業生産について申請が必要となる。アソシアソンはリーダーや役員を中心に、話し合いや確認を重ね、活動に参加する人びとを束ねる。さまざまな審査と、ブラジルらしい複雑な手続きを経て、土地の占有権を認められるまでには長い年月が必要となる。この長く不安定なプロセスを弱気になり諦めずに乗り切るためには、協力してともに闘う仲間が必要であり、コミュニティとしての結束がおのずから必要になる。

2　パラ州サンタバルバラ市周辺の土地なし農民運動の事例

サンタバルバラ市付近にみられる土地なし農民運動

ここから具体例として、パラ州サンタバルバラ（Santa Bárbara）市（ムニシピオ）の土地なし農民運動について述べていこう。サンタバルバラ市はベレン大都市圏（Região Metropolitana de Belém）の七つの市の一つに含まれる、一九九一年にベネヴィデス（Benevides）市から独立した面積二七九平方キロメートルの比較的新しい市であり、州都ベレンから約四五キロメートル、バスで一時間半ほどの距離に位置する。大きな企業は製材所が一か所と、隣接するベネヴィデス市にナトゥーラ化粧品会社の製造工場があるのみで、大規模な雇用の機会は少なく、アマゾン河の支流アラシー川を利用する漁民と小農以外は、ベレンや隣接する市での就労や、市内のインフォーマルセクターとしての労働が多い。一人当たりGDPはブラジル地理統計院（IBGE）の二〇一二年度センサスでは四一八六レアル、日本円にして約一五万円程度であり、ベレン大都市圏の七つの市のなかでも群を抜いて低い。例えば、隣接するベネヴィデス市は一万六五八二レアル、次点で低いサンタイザベル市でさえ六五九五レアルでサンタバルバラ市のほぼ一・五倍である。市の中心にはベレンの人びとの週末の避暑地であるモスケイロ島へアクセスするパラ州道三九一号（PA391）が通っているため、週末になると車に乗った避暑客を相手に、果物やエビなどの産物を売るインフォーマルセクターの人びとが道端に出現し、現金収入の機会の乏しい非賃金労働者の現金獲得の機会となっている。

サンタバルバラ市は、ベレン大都市圏のなかでは森林の残存する割合が高いほか、牧場や砂利採取の後に放置された土地など、所有者の目が届きにくい状況下にある土地が多い。つまり、占拠を行うに適当な条件の土地が多い上に、現金収入の機会のあるベレンへのアクセスも良く、日常品の購入や生産物を販売するマーケットも点在するという条件が揃っている。筆者が確認するだけで、この一〇年でサンタバルバラ市の中に成立した占拠地は、占有権の既得・申請中・前段階合わせて七つにのぼり、その総面積は少なく見積もって一〇平方キロメートルになる。七つのうち四つが占拠のみで生産を行わない占拠形態、二つが農業生産を伴うもの、一つはアカンパメントの段階であった。

二〇一五年の一二月には、PA391沿いのモシュケイロ島に近い低地に占拠コミュニティが入ったが、数か月で退出を余儀なくされ、占拠コミュニティが旗を挙げていたポールには所有者によって買い手募集の広告が出されていた。このように、占拠を試みてもごく初期に失敗する場合を含めると、各地において占拠は高い頻度で発生していることが推測される。

PA391沿いにあった土地なし農民が入ったばかりの土地（筆者撮影）

サンタバルバラ市付近のMSTによる活動

本章第一節で示したように、土地なし農民運動においてMSTは唯一の活動支援母体ではない。しかし同時に、土地なし農民運動について、MSTの活動を抜きにして語ることはできない。それはパラ州においても同様である。MSTはパラ州におけるその活動地域を大きくマラバとカラジャス、アラゴイア、カバナの四地域に分けている。ベレンに近いパラ州の北東部はカバナ地区に分類され、二〇一六年現在、アセンタメントとアカンパメント合わせて六つのMSTのコミュニティが存在している。六つのアセンタメントのうち一つがサンタバルバラ市にあり、アカンパメントの一つがベネヴィデスとサンタバルバラ市との境界にほど近い場所に存在している。

前出のアンドレによると、パラ州におけるMSTの活動は、かつては南にブラジリアへとつながる国道一〇号（BR010）沿いに占拠を行うことが多かった。しかし、前述のカラジャスの事件以来は安全性を考慮して、公衆の目が届きやすい州都により近い場所に、占拠面積を小さく設定する傾向にあるという。例えば一九九九年にカバナ地区に作られたアセンタメントでは、一世帯当たりの土地の割り当てはわずか四ヘクタールである。森林法によって土地の五〇％の森林の保存義務があるため、実際の世帯当たりの使用可能面積はわずか二ヘクタールである。この面積は、世帯が自給作物で生計を立てていくのに最低限の面積でしかないという。

二〇一五年末にベネヴィデス市とサンタバルバラ市の境界にできたMSTのアカンパメントは、PA391沿いの入り口にMSTのマークとコミュニティ名の入った大きな看板を掲げている。この入り口を進んでいくと、針金が張り巡らされた囲いに門番が常時待機する通関所があり、居住者以外が通行してなかに入るには、事前にMSTの関係者を通してアポイントを取らなくてはならない。これは外部者の侵入による情報漏えいや、襲撃の危険性を防ぐためだという。土地の区画割はされていないため、現在の作物は住民が共同で行っているキャッサバ栽培のみで、ファリーニャ（キャッサバから出来た加工品で、北部地方の主食の一つ）が唯一の消費可能な農業生産物であり、定期的にセスタバジカの配達を受け取っていた。

一方、MSTのアセンタメントはデンデヤシの会社が所有していた土地に占拠が認められ、各世帯に土地が分配されている。もともとデンデヤシの植栽地であったため、分配された土地のほぼすべてが利用可能であるという利点を持つ。そのため生産高も高く、積極的に農業生産物で現金収入を得ていた。モシュケイロ島へ向かうPA391とコミュニティに接する州道四八一号（PA481）の合流地点付近の賑わいのある場所に、農産物販売のための常設のバラック店舗を建て農産物の直接販売を行ったり、休日にはPA391沿いに路上マーケットを出して、ベレンからモシュケイロ島へ避暑に行く裕福な人びとに向け、都市部では入手困難な時季の新鮮な果物や手作りの加工品の販売を行っている。

MSTは占拠コミュニティのなかで役割分担を行うなど全員参加を旨とし、それぞれの部門で協議して自分たちで重要事項や規律を決めるなど、秀でた組織形態を展開していることで知られる。サンタバルバラ市付近の二つの占拠地のコミュニティの観察においても、計画性に優れ統制がとれているという印象を受けた。

3　アセンタメント——エスペディト・リベイロの事例

エスペディト・リベイロの発展のあゆみ

本節では、同じくサンタバルバラ市に存在するある一つの占拠コミュニティについて記述することで、土地なし農民運動に参加する人びとの姿を描きたい。

農地改革の活動で大地主に殺されたある活動家の名前を冠したアセンタメント・エスペディト・リベイロ（Assentamento dos Trabalhadores rurais Expedito Ribeiro）は、活動母体がMSTによらない土地なし農民運動を行うコミュニティである。このコミュニティがPA391から北に広がる森林であった現在の地に入りアカンパメントを開始したのは、二〇〇五年のことであった。最初のアカンパメントの時点では、共同の水場や台所を中心として一世帯当たりに割り当てられたのはわずか三平方メートルであり、その三平方メートルのなかに参加者各々がプラスチックシート屋根の小屋を作り、集団になって暮らしていたという。当初一五〇世帯が参加していたコミュニティは、約一年間の厳しいアカンパメント生活終了時には五二世帯に減少していた。その五二世帯によって、広大な森を大ナタで切り開いたあとに火をつけて少しずつ作物を植え、家を築いて鶏を飼い、一つずつ生活基盤を整えることで「アセンタメント・エスペディト・リベイロ」が生まれた。

初代会長がコミュニティを出て行った後、二代目の会長としてINCRAとの手続きや土地所有者との裁判に挑んできたミランダ（Miranda）は、このコミュニティの功労者である。初期には市のシンジカート（労働組合）や農業労働者連合組合（FETEAGRI）が支援をしてくれていたが、その後は会長を中心に自分たちのコミュニティで結成したアソシアソンのみで、土地に関する手続きや裁判を行わなければならなかった。INCRAの審査を考慮して、多量の木材が必要になる販売用炭の生産を禁じる規則を作ったり、活発な農業活動を示すことができるよう外部の支援機関と積極的に接触して農業プロジェクトを導入したのもミランダ会長の時代であった。

アセンタメント移行後4年目のある家の様子
（筆者撮影）

また、アセンタメント移行後六年目の二〇一二年には、市会議員選挙に向けたインフラ整備の恩恵でアセンタメント内に電気をひくことに成功し、これによってアセンタメント内の各家庭の生産性は劇的に向上した。世帯で使用する日常の水はその都度すべて手動の井戸で補充しなくてはならなかったが、電動ポンプの導入によって家庭内では常に水が供給可能になった。すべての世帯が夜に灯りをつけることができ、テレビを見ることができるようになった。木の根を避けながら自転車で通った窪みだらけの森の細い小道も、市役所によって大きく拡張されてローラーで押されたきれいな道になり、今では隣接する集落にある自然の泉を利用したプールへ行く客の車が走り抜ける。

農業生産物はどこの世帯も果樹と短期作物などの混合栽培が主であり、何の作物をどう植えるかのマネジメントは各世帯に任されている。果樹はバナナなどの非木本作物以外のほとんどが結実まで三年以上の年月を要するため、初期はキャッサバを加工したファリーニャやパパイヤ、バナナ、パイナップル以外の食物を得ることはできなかった。そのため、都市労働者出身で作物の収穫時期や結実までの年数に関する知識が希薄な住民らのなかには、市場価値の高い作物を集中的に植栽したため結実まで数年間キャッサバ以外の収穫がない者や、多くの種を植栽し過ぎたために、市場価値の高い作物の結実期になっても販売するだけの余剰が生まれない世帯などが生じた（Ishimaru et al. [2014]）。現金収入は主に低所得者向け条件付き現金給付であるボルサ・ファミリアや、世帯の一部による外部への賃金労働によって獲得されていたが、アセンタメントに移行してからも農業生産による収益が低い世帯は、より現金収入が獲得できる環境へと転出していくケースが見られた。

しかし、農業に対する技術支援は、ＮＧＯのアマゾン森林友の協会（Asflora）によるアグロフォレストリーの指導や全国農村職業訓練サービス（Serviço Nacional de Aprendizagem Rural：ＳＥＮＡＲ）による講習など公的・私的機関から継続的に得られており、アセンタメント移行後一〇年が経過した現在、土地の利用を自給作物の供給から販売作物の生産という役割に移行しつつある世帯も多く出てきている。世帯によっては、トメアス研修で学んだアグロフォレストリーを上手に試みる者、現在価値が高まっているアサイやパルミット（ヤシの若芽）の集中栽培へと転換した者などがいる。サンタバルバラの中心部にできたカカオ加工工場からはカカオの買い上げが始まっており、アソシアソン全体でプロジェクトとして生産しているほか、各世帯でも栽培本数の増加が始まっている。また、電力の供給により滴定灌漑設備の導入が可能になったため、外部支援機関の援助を受け多くの世帯で野菜の栽培が行われるようになったほか、豚や魚の養殖を行い現金収入につなげようとする世帯も増えてきている。現在、確実に自給作物の消費量は向上してきており、従来からのキャッサバの加工品やバナナに加えて野菜や鶏や卵、アサイを始めとしたさまざまな果樹作物が世帯で消費されているのを目にするようになった。

栽培したレタスと育てた鶏での昼食
（筆者撮影）

しかし占拠から一〇年が経過して、かつて森であったこの地が繁栄しつつある一方、集落内の安全性は低下した。コミュニティ外部の不審者による家屋侵入と暴行事件、さらには麻薬犯罪に関連する殺人事件が発生するなど、土地占拠に関わる危険性とは異なった治安の問題が生じている。

コミュニティの役割の移り変わり

アセンタメントの景観や生活様式が様変わりしていくと同時に、コミュニティが果たす役割も変化してきた。ミランダが会長であった時代には、すべての世帯から一人以上が参加し週に一度はアソシアソンの会合が開かれ、カリスマ的な力強さを持つミランダのもと、コミュニティ内の必要事項の議論やＩＮＴＥＲＰＡとの交渉状況の報告と団結の誓いなど、コミュニティとしての占拠活動そのものに関する事項が話し合われていた。ミランダが会長を辞して三年が経過した現在、アソシアソンの会合は月に一度程度に減少してアセンタメントの全世帯が集まる機会は稀になった。会合だけではなく、以前は数世帯でイガラペー（igarapé 泉）や井戸を共同利用していたが、現在は井戸を個人所有する世帯が増え、共同で加工していたファリーニャの製造頻度も減少した。そのため、アセンタメント内を歩いても人に出会う頻度は少なくなった。

だが、住民の結びつきが希薄になったわけではない。週に一度の会合に替って、集会所ではコミュニティの健康相談担当者による健康相談やパラ連邦大学（ＵＦＰＡ）医学部学生らによる健康診断、ＳＥＮＡＲによる職業訓練セミナー、女性グループの工芸品講習など、住民の福利厚生に関わる機能が多様化・発展している。アソシアソンの集会所にはワクチン接種や月に一度の回診に使用できる簡易診療所が併設されており、住民の常時の体調不良に対応できるような薬剤も常備されて住民のなかの保健担当者への相談によって適切な薬が分けられる。

教育の重視はコミュニティが継続して重点的に取り組んできた事項の一つである。ここで言う教育は子どもたちだけのものではない。むしろそれは大人たちへのものである。入植後六年目時点で調査に回答した成人住民四六名のうち、子どものときに小学校（Ensino Fundamental）未修了であった割合は七八％、通学歴が四年以下の割合は六〇％であり、非識字率は一六％で四〇代後半以降で特に高かった。ブラジルの学校は三部制で午前・午後・夜間の部がある。アセンタメント移行後、成人住民の四〇％がそれぞれの就学状況に合わせて夜間の小学校・中学校（Ensino Media）へ通いだした。小学校を修了し字が読めるようになった高齢者や、中学校修了を手にした者もいる。例えば、農業や漁業の知識も豊富でバイクや電化製品の修理も自ら行うことができる偉大なフランシスコは自分の名前を書くことができなかったが、今は年金受給手続きにサインをすることができて、年金支給の開始を待っている。

土地を手にすることへの闘いがひと段落ついてアソシアソンの活動が落ち着いた今も、エスペディト・リベイロは住民のより良い生活のために発展の努力を継続している。現在、市役所との交渉が進んでおり、二〇〇七年にはコミュニティ内に保健所の出張所と小学校が配置され、前述のMSTのアセンタメントを含む近隣のコミュニティの健康と教育の中心となる予定である。

土地なし農民運動に参加する人びとの姿

ところで、土地なし農民運動に参加する住民はどのような人びとであろうか。この活動は社会運動としての顔を強く持ち、いわゆる活動家たちの関与する印象が強いが、実際に占拠に参加する一人ひとりの素顔を知る機会は少ないだろう。最後に、インタビューで印象に残ったある女性の人生を紹介したい（聞き取り調査、二〇一六年九月）。

エスペディト・リベイロの女性フランシスカ（Francisca）は五六歳、顔つきからも先住民の血を色濃く引く混血（Parda）であることが伺える。フランシスカが生まれたのは、ベレンから約二一〇キロメートルのカピタンポッソという水に恵まれた美しい町で、三歳で両親が離婚し母親と五人の兄弟とともにベレンに移ってからは、家計を支えるために小学校を一年で辞めて七歳で子守として働きだした。

「自分と同じくらいの子どもたちがまだ遊んでいるのを見る気持ちを想像できるかしら。自分もまだ子どもだったのに、赤ちゃんを背にして子どもの面倒を見なくてはならなかった」。

フランシスカと同様に、兄弟たちもタマネギを入れる紙袋を作る仕事など、子どもながらに家計を支えなくてはならなかった。五人いた兄弟のうち、二人の姉妹は、母親と前後して彼女が二〇代のうちに若くして亡くなってしまった。彼女はアセンタメントで珍しい、結婚歴がたった一度の女性で、少し遅めの二五歳で結婚した夫のヴァウミールはフランシスカより二つ年下の白人系の背の高い穏やかな男性である。アセンタメントから約五キロのパウダルコのPA391からPA481への分かれ目にあるバラック商店街の一角に鍵屋を構える彼も、同じように小学校を三年生で辞めなくてはならなかったため、非識字者であった。結婚してからのフランシスカは家政婦をしながら、二六歳で産んだ息子と亡くなった妹が残して引き取った娘を育ててきた。アセンタメントでは引き取った娘が一五歳で産んだ孫のニコラスを引き取って三人で暮らしていたが、一五歳になった孫は、今は母親とともにベレンで暮らし、ヴァルミールと同じ良い鍵職人として働いている。

「当時近所に住んでいた友人がここの占拠活動に参加すると言うので、その友人を頼りに試しに四日間アカンパメントで過ごしてみたの。そうしたら、環境も良いし静かだしとても気に入ったので、このコミュニティに参加することに決めて、ベレンの家を引き払って夫とともにやってきたわ」

ここに来るまでは夫婦ともに一度も農業経験が無かったため、慣れない作業は大変だったが、自分で土地を持ち自然のなかで労働することが気に入っているという。フランシスカはいつも明るく優しいが、片手を隠すようなしぐさを最近するようになったのは、昨年末にファリーニャ（粉）づくりの際に、キャッサバ粉砕機に巻き込まれて片手の指さきを無くしてしまったことに関係しているのかもしれない。フランシスカの毎日は忙しい。日が昇ると同時に起きだして家事に取り掛かり、夫を送り出した後の午前中はプロジェクトのカカオ栽培の手入れに参加したり、近所の人たちと共同で草刈りや裏の森の開拓へ行き、昼前に家に戻って昼ご飯を作る。職業訓練の講習やアセンタメントの会合、病気になった親戚の面倒を見るためにベレンやほかの町まで出ていくこともある。午後は息をつく間もわずかに、鶏の世話や収穫した作物の処理を行う。夕方になればアセンタメント内の教会へ行くが、以前は夜間学校に約八年間通っていた。

「子どものときに私は学びたかったが学ぶことができなかった。でもここに来てからは自分のために学ぼうと思ったの。SENARの職業訓練講習に行っても二番目に年寄りだし、読むのも遅ければ書くのも下手、若い人に比べてさえも知識も無いけれども、今、私は学んでいる！　私は子どものときは兄妹母親のため、結婚してからは夫や子どもたちのため、ずっと他人のために生きてきた。でもここに来てから私は自分のために生きたいと思ったの。これからは私のための人生を送るのよ！」

中流層以上の人びとから見て占拠を行う人びとは、確かに所有財産を脅かす危険な存在に映るだろう。しかし、そこに希望を見出して土地へ入る人びとの心はむしろ穏やかで、自らの人生の再生を前に常に前向きである。彼ら一人ひとりの生活を目にして感じるのは、彼らの人生に向き合う姿、その力強さへの尊敬の念である。

4　土地なし農民運動によって手にするもの

ビニール屋根で雨風をしのぎ、手を鉈の豆に痛めて森を伐開し、長い複雑な交渉と裁判を経て彼らが勝ち取るのはひと区画の土地の大きさだけではない。自分の農地を手にし、何を植えるかを決め、コミュニティに参加して自分たちの未来を決定し、新しいことを学ぶ。そこにあるのは自分で人生をコントロールしていく力の獲得である。MSTが挙げるスローガンの一つ Luta pela terra（土地への闘い）は、土地を正しく利用し土地の存在意義を取り戻す土地のための闘いという意味合いを持つ。だがやはり、この土地なし農民運動は「土地へ」捧げる闘いであると同時に、社会の富へのアクセスから排除されてきた人びとが、自らの手で人生の舵を取る手段としての「土地へ」のアクセスを勝ち取るための闘いである。

同じ農業労働であっても、雇用農業労働者の賃金は、社会階層間移動の自由度が低いブラジルの社会では低く抑えられているため、子どもへ良い教育の機会を与える、車を購入し安全で自由に移動をするなど、中流層以上が持つ良い暮らしへと上がっていく希望を持つことが難しい。労働内容も収穫や植え付け、下草狩りなどの部分的な単純労働に留まるため、全体的な農業経営につながる知識は身に着き難い。自らが采配し決定権を持つ土地を得ることは、各人が知識を得て、思考し、労働した個人の前向きな努力の結果である生産によって生活を改善していく機会を得る、貧困のサイクルへの小さな突破口を意味する。

国際連合食糧農業機関（FAO）が二〇一四年に「国際家族農業年」として掲げたように、世界的人口増に対して飢餓のリスクを低減させ、特に現金収入獲得の機会に乏しい農村域での食料の安全保障を確保するには、労働対価の支払いや販売などによる金銭の動きが発生せずに食糧確保が可能な、家族農業が大きな鍵となってくる。同時に、企業によるインテンシブな単一作物生産に比較して、粗放的で多様性の高い家族農業という利用形態は、土地や水資源利用においてより負荷が少ない。低所得者層が持続的で安全な食物確保を可能にするためには、貨幣経済を介する脆弱な食物アクセスへの依存をできるだけ少なくする必要がある。労働力に応じた自足可能な食糧生産を行えば、経済状況の悪化に翻弄されずに生存基盤を確保することができる。

しかし一方、現金収入を得る機会が増加するタイプの農業に多くの魅力が伴うことは否めない。現金収入は、これまで多くの機会を得なかった人びとに、労働力の節約、より快適で安全な生活、良い教育の機会を提示する。アマゾン上空を飛ぶと、河畔以外にも不自然にアサイヤシに置き換わった森の様子が見える。同様に、近年の世界的なカカオ不足を受けて、買い付け人が田舎町のアセンタメントまでを回り、契約生産を持ちかけている。アマゾン下流の河畔住民、田舎町のアセンタメントまでが確実にグローバル経済に影響されている。

理想的には、生産物などの販売収入や家族の一員による外部賃金労働、必要最低限の現金を確保する社会保障が確保できれば、家族農業で自給作物を生産する負荷の少ない持続的な土地利用が可能であるだろう。しかし今、第二世代・第三世代が中心となった将来の土地なし農民コミュニティの姿を予測することは難しい。一九九〇年代からの基礎教育の普及拡大による識字率向上は、それまで教育を制限要因に締め出されてきた中流層への社会階層の移動を可能にした。また、携帯電話やスマートフォンなどの多様な情報入手手段の発達は、彼らに多様な社会上昇手段選択の機会を与えている。第一世代にとって、唯一の自力による社会上昇の機会であった土地なし農民運動は、他の選択肢が手に入る新しい世代にとってはどう映るのか。また、流通が拡大した現代の社会環境下の大きな現金へのアクセスの機会を前にして、第二世代・第三世代はどこまで資本主義社会とバランスを取り、どのような選択を行っていくのだろうか。

参考文献

近藤エジソン謙二［二〇〇九］「ブラジルの土地所有問題とその解決策としての土地無し農民運動（ＭＳＴ）の意義」住田育法監修、萩原八郎、田所清克、山崎圭一編『ブラジルの都市問題 ―― 貧困と格差を超えて』春風社佐野聖香［二〇一三］「ブラジルの土地所有構造と土地制度――家族農業支援と外国による農地買占めの現状」北野浩一編『ラテンアメリカの土地制度とアグリビジネス調査研究報告書』アジア経済研究所

西澤利栄、小池洋一、本郷豊、山田祐彰［二〇〇五］『アマゾン――保全と開発』朝倉書店

アンガス・ライト、ウェンディー・ウォルフォード［二〇一六］『大地を受け継ぐ――土地なし農民運動と新しいブラジルをめざす苦闘』山本正三訳、二宮書店

Alston, Lee J, Gary D. Libecap and Bernardo Mueller [1999] *Titles, Conflict, and Land Use: The Development of Property Rights and Land Reform on the Brazilian Amazon Frontier*, United States of America: The University of Michigan Press.

Alston, Lee J., Gary D. Libecap and Bernardo Mueller [2000] "Land reform policies, the sources of violent conflict, and implications for deforestation in the Brazilian Amazon," *Journal of Environmental Economics and Management*, 39(2) 162–188.

Ishimaru, Kanae., Shigeyo Kobayashi and Sayaka Yoshikawa [2014] "Impact of agricultural production on the livelihood of landless peasants settled in the lower Amazon," *Tropics*, 23(2) 63–71.

Mitidiero, Marco A. [2010] "A Luta pela terra no campo brasileiro: uma análise de dados (1990/2001)" *Revista Cadernos do Logepa*, 3(2) 36–52.

Morais, M. e C. Keause, C. Lima eds. [2016] *Caracterização e tipologia de assentamentos precários-Estudos de caso brasileiros*, Brasília: Instituto de Pesquisa Econômica Aplicada.

Rocha, A. C. O. [2009] "O Movimento dos Trabalhadores Rurais Sem Terra no Pará: da luta posseira à construção de um bloco histórico camponês (1984–2009)," *Monografia (Especialização em Movimentos Sociais)*, Belém: Universidade do Estado do Pará.

第7章

ソーシャルデザイン

地域文化の回復

鈴木美和子

ブラジルの製品賞を受賞したAMOPREABの100%天然ゴムの靴のひとつ
©Flavia Amadeu

ブラジルでは、NGOや協同組合などと連携しながら、社会問題解決のために活動するデザイナーが数多く存在する。なかでも特に、先住民コミュニティや貧困コミュニティと連携しながら工芸製品を開発するデザイナーが増えている。デザイン活動と結びついた工芸活動は、一九八〇年代後半から国中で展開され、工芸分野全体の活性化に貢献してきた。ブラジル地理統計院（IBGE）によると、ブラジルの工芸市場は年間五〇〇億レアル（約一一三億ドル）以上を生み出し、八五〇万人近くがこの仕事に携わっている。その約八割が女性であり、工芸分野の経済的インパクトは、GDPの約三％に達する。デザイナーたちにとって工芸活動は、大量生産型のデザイン活動にはない魅力を持つものであるが、近年注目されているのは社会問題の解決・緩和に貢献するその働きである。社会問題を抱えている人びとは、収入を得られる手段が限られているため、地域に存在する自然資源や文化資源を活用できる工芸活動が、最も身近な経済活動となっている。その工芸活動にデザインの力を組み込むことで、収入を得られる工芸製品が生まれ、それが地域を潤すようになっている。デザイン活動の連携による工芸の活性化は、収入や仕事を生み出すだけでなく、伝統工芸や地域文化の伝承・発展、環境保全、創造活動の推進、観光産業の発展、文化的アイデンティティの回復、社会包摂などにもつながっている。

このような新しい潮流は、アマゾン地域でも、持続可能な発展につながるオルタナティブとして注目されており、行政機関、NGOなどでは、デザイン活動を工芸振興プログラムに導入するようになっている。本章では、アマゾンで展開されているデザインと工芸の交流による取り組みについて取り上げ、それが、地域のオルタナティブな発展に向けどのような役割を果たしているかを探っていく。

1 ソーシャルデザインと工芸の交流

デザインと工芸

ここでいうデザインとは、産業革命以降の大量生産を前提としたモダンデザインのことで、「近代産業社会の所産で、生活のための必要ないろいろなものを作るにあたって、物の材料や構造や機能はもとより、美しさや調和を考えて、一つの物の形態あるいは形式へとまとめあげる総合的な計画・設計のことを言う」(『現代デザイン事典』平凡社、二〇一三年)。デザイン活動は、輸出振興、大量消費の推進、商品の差異化・高付加価値化などの役割を担いながら、経済成長のツールとして機能してきた。デザイン活動が深く関わってきた大量生産・消費型の経済システムは、物質的豊かさはもたらしたものの、貧困、失業、格差、環境破壊、社会的排除など、さまざまな問題や矛盾も生み出した。これらの問題を克服するための持続可能な発展のあり方が模索されるなか、経済成長ツールとしてのデザイン活動のオルタナティブとして、社会や環境を重視したデザイン活動が世界中で登場するようになった。生態系を重視し、環境負荷の軽減を目指したエコデザイン、環境だけでなく、社会的経済的側面からも持続可能な社会を目指すサスティナブルデザイン、社会問題の解決や社会福祉、社会包摂などを目指すソーシャルデザイン、といったデザイン活動である。

一方工芸活動は、近代以降その多くの部分が、大量生産を前提にしたデザイン活動に取って代わられるようになった。工芸の種類は、伝統工芸から現代工芸、趣味性や美術性を求める高価な美術工芸品から、実用一辺倒の安価な工芸品まで幅広く存在する。道具やある程度の機械は使用するが、工業製品とは違って、手仕事での活動が中心であり、何らかの文化的価値をもつものであるということが一般的認識と言えるだろう。日本では、一部の伝統工芸が、文化的にも経済的にも高価値を維持しているが、途上国などでは、工業製品よりも価値の低いものと見なされる傾向がある。しかし近年、グローバル化の進展により、伝統工芸やハンドメイド製品が注目されるようになっており、デザイン界でも新しい潮流として捉えられるようになった。例えば、世界の工業デザイン賞を代表するドイツのiF賞の製品が展示されるハノーバーフェアでも、ハンドメイドのコーナーが設けられるようになっている。

ブラジルの新しい潮流

一九九五年の開発商工省による国家デザイン政策「ブラジル・デザイン・プログラム（Programa Brasileiro do Design：PBD）」は、経済自由化のなかで、ブラジル製品の国際競争力を高めるために創設された。PBDでは、海外のデザイン賞応募への支援、各種コンペティションの実施、製品見本市への海外ジャーナリストの招待などが取り組まれ、短期間にさまざまな成果を生み出してきた。国際的にまず注目されたのがファッション分野で、ブラジル輸出振興庁（APEX）の支援もあり、デザイナーズファッションの輸出が拡大されていった。また、ブラジル社会から発想したユニークな椅子の作品で有名なカンパーナ兄弟（Humbert Campana / Fernando Campana）など、スターデザイナーの存在によっては国際的認知度が高まった。デザイン学科設置大学も一〇〇以上、国内各地域に設置されており、研究活動や地域との連携も活発である。

国内では、ブラジルデザインの発展とともに、伝統工芸への注目とその活用が拡大している。ブラジルの伝統工芸は、先住民工芸や宗主国ポルトガル由来の手工芸などが含まれる。特にファッション分野では、伝統的手工芸の活用がブラジルファッションの独自性にもなっている。コミュニティでのワークショップの開催や連携活動で有名なファッションデザイナーのフラガ（Ronaldo Fraga）をはじめとして、先住民文化に敬意を持って接し、その文化に触発された作品を作るデザイナーも多い。

工芸は、多くのデザイナーにとって創造性の源泉となるだけではなく、社会問題を解決するためのファクターとしても注目されている。そのためブラジルでは、ソーシャルデザインの実践の多くが工芸活動と結びついている。英国の公的な国際文化交流機関ブリティッシュカウンシルの「デザイン社会的企業家賞」を受賞したディビ（Paula Dib）や、マッケンジー長老派大学の工業デザイン科により始められた貧困コミュニティのための「ポシブルデザイン（Design Possível）」の事業などはその代表で、ブラジルでは、ソーシャルデザイン自体への関心が高い。例えば二〇一四年のブラジルデザイン研究開発大会（Congresso Brasileiro de Pesquisa e Desenvolvimento em Design：P&D DESIGN）でも、ソーシャルデザインは一一ある発表カテゴリーの一つとなっており、ほかのカテゴリーの関係する発表も含めると、約八分の一がデザインの社会的役割や社会問題解決のテーマに取り組んでいる。

この背景には、深刻な社会問題を抱えるブラジル特有の事情や、それを解決しようとする非営利セクターの取り組みや社会運動活発化の影響も存在する。このような環境のなかで、社会変革やオルタナティブな発展を目指したソーシャルデザインの必要性を感じているデザイナーも多い。これらの活動は連帯経済の実践とも関わっていて、それを推進するＮＧＯやさまざまな機関の工芸プログラムなどが、デザイン分野を連帯経済の実践に仲介する役目を果たしている。社会的経済とも呼ばれる連帯経済は、自主、民主、協同、持続性などを原理とし、底辺にいる人びとが協力して雇用収入創出や生活水準の改善を目指すもので、NGO、社会的企業、協同組合、財団などの非営利セクターがその役割を担っている。国民経済全体のなかでは活動領域が限られているが、ルーラ政権以降、政府も連帯経済を積極的に推進してきた。連帯経済の実践では、元手がかからず身近な資源が活用できる工芸活動が、目的達成の重要な手段となってきた。デザイナーたちを巻き込んだ工芸活動は、次に見ていくようにアマゾン各地で展開されている。

2 アマゾン地域におけるソーシャルデザインの展開

ソーシャルデザインによる工芸活動への関与は、多くの場合、製品開発や品質向上プロジェクトとしてワークショップ形式で実施される。テキスタイルデザイナーのインブロイジ（Renato Imbroisi）はこの先駆けとして、約三〇年にわたり二三州一四〇のプロジェクト（二〇一一年時点）を実施してきた。タンザニアや日本などの海外や、工芸以外の分野も巻き込んだ活動もしている。彼が手がけたアマゾン地域のプロジェクトの一つに、二〇〇三年と二〇一〇年にアマゾン河支流のリオネグロ川高地のサンガブリエル・ダ・カショエーラ（São Gabriel da Cachoeira）とイアウアレテ（Iauarete）で行ったヤシ繊維工芸製品の開発がある。ショルダーバッグやネックレス、カゴなどが新製品として開発されただけでなく、地域で忘れられていた植物を染料として工芸制作に活用させる道も開いた。

アマゾンの伝統工芸は、ベレンのシリオ大祭（Círio de Nazaré）のときに使われるバルサ材に似た木材ミリチで作られた装飾品（brinquedos de Miriti）から、マラジョ（Marajó）焼のような陶芸、天然ゴムによる工芸品、種子を利用したアクセサリー、ヤシ繊維で編まれたカゴまで多彩である。先住民による伝統工芸も多い。ここでは、アマゾン地域のアクレ州、アマゾナス州、パラ州から、それぞれ異なる種類の工芸を取り上げ、より注目度が高いと考えられるソーシャルデザインの三つの事例を見ていく。

リオブランコ（アクレ州）――ゴム樹液採取労働者による天然ゴム工芸製品の開発

ブラジリアに住むアマデウ（Flavia Amadeu）は、二〇〇四年からセミアーティファクトラバーシート（Folha Semi-Artefato：FSA）と呼ばれる手法により、アマゾン地域で作られたカラーラバーシートを使ったスタイリッシュなアクセサリーや靴などをデザインし、生産、販売している。これらの製品は二〇一〇年のブラジルデザインビエンナーレに展示されるなど、評価も得ている。FSAを開発したブラジリア大学（UnB）の化学ラボでは、二〇〇〇年代初頭から、「アマゾンのゴム生産と工芸生産のためのテクノロジー（Tecnologia para Produção de Borracha e Artefatos na Amazônia：TECBOR）」プロジェクトを展開し、この方法の普及とその活用の推進に努めてきた。FSAは、レザーや布地のようにカラーシートとしてゴムが加工されるので、工芸品やデザイン製品の製造に適している。混合する色料も自然素材から家屋用塗料まで使用することができ、高品質のため素材価格としても高い。環境面でも電力を使わず、少しの水を必要とするだけでゴミも出ない、クリーン生産を実現するものとなっている。アマデウは、このプロジェクトとの長期的な連携のなかで、デザインコンサルタントとして、地域コミュニティをベースとした工芸とデザインの相互交流の実践を続けている。また、自らの実践をベースに、地域工芸によるソーシャルイノベーションや工芸とデザインの共生をテーマとした研究も行っており、英国やブラジルなどでその取り組みや研究成果が発表されている。デザイン活動も、研究も、アマゾンの社会的・環境的持続可能性をサポートすることが目的である。

二〇一一年、アマデウは、アクレ州都リオブランコのゴム樹液採取労働者のゴム工芸職人のアラウージョ（José de Araújo）のもとを訪ね、デザインと工芸の交流を始めた。ボリビアとペルーの国境に近いアッシスブラジル（Assis Brasil）村の住民アラウージョは、ゴムの木から樹液を採取することを子どもの頃父から学んだ。アラウージョは、熱帯雨林を守るため、アッシスブラジル・シコ・メンデス採取保護区居住生産者協会（AMOPREAB）の代表も務めている。FSAによる加工は、容易かつ安全で、多様な製品開発が可能であった。以前使われていた方法は、毒性を含む成分を扱うことから健康上の問題もあった。

アマデウは、アラウージョを中心とするコミュニティメンバーと一緒にFSAの方法でラバーシートを作り、靴やアクセサリーを作った。アラウージョは、この時すでに習得していたFSAの方法をほかの人にも教えながら靴を生産していたが、その仕上げ方とデザインに問題があった。アマデウは、仕上げの方法を改善するとともに、新しい市場に参入するためのデザインの仕方をアドバイスした。また、ラバーシートを簡単にカットすることができる道具も用意するとともに、お互いのアイデアやテクニックを生かすことのできる新製品の提案をした。メンバーの一人は、「多くの人が私たちを訪ねその仕事を見たがり、質問をした。しかし、彼らは興味を持っただけだ。あなたはここで一緒に仕事をし、新しいアイデアや解決策をもたらしてくれたから好きだよ」（Amadeu [2012]: 3）とアマデウに話した。彼らにとってアマデウは、適正価格でラバーシートを購入するクライアントでもある。彼女はそれで彼女自身のオーガニックアクセサリーなどの製品を生産販売している。その活動も、世界自然保護基金（WWF）と連携したキャンペーンの一環である。

ワークショップでのアマデウと工芸職人との対話のなかから、工芸職人、ゴム樹液採取労働者、地方政府のメンバーを含んだ会合が実現した。ゴム生産における問題を議論するなかで、予期しない建設的な意見も出た。そこでは、工芸品生産が彼らのコミュニティ、文化、グループを再強化し存続させるための重要な要素であると再確認されるとともに、スキルや技術の向上、デザインなど、協会や行政がどのように工芸職人たちをサポートできるかが話し合われた。

AMOPREABが生み出した新しい製品（扉の写真参照）は、二〇一二年のアットホーム・ブラジル製品ミュージアム（A CASA Museu do Objeto Brasileiro：A CASA）の「ブラジルの製品（Objeto de Brasil）」賞の集団生産カテゴリーで一位を獲得した。アマデウが応募手続きをとっていたのだ。A CASAはブラジルの工芸とデザインの向上を目的としたNGOであるが、コンクールや展覧会の開催だけでなく、書籍の出版やセミナー、講演会などを通して、工芸とデザインの交流にも重要な役割を果たしてきた。テープ状にカットされたラバーシートの面白さを生かし、自由自在に色彩が組み合わされた靴の数々は、そのデザイン性も評価された。この受賞作の靴は、アマデウのウェブサイトのオンラインショップのほか、オランダの会社を通してヨーロッパでも販売されている。二〇一五年には、ミラノのデザインウィークで講演も行っている。アラウージョはほかのコミュニティでも生産技術を教えており、ゴム工芸の技術移転や生産が広がっている。アラウージョによると、以前と比べて収入は一〇倍以上になっている（二〇一六年五月一日インタビュー）。今では、「ゴム博士」としてリオブランコ中で有名になっている。アマデウは、「私にとって彼は、ゴム樹液採取労働者であり、デザイナー、工芸職人、また先生でもある」と言う。実は、彼女がアラウージョに初めて会ったとき、彼は靴の生産で生計を立てていくことが難しく、もうやめてしまおうと思っていたところだった。アラウージョはそのときのことを振り返り、「あなたとの出会いは、私に仕事を続けていく強さを与えてくれた。人生の困難な時期にいて、諦めることを考えていた。あなたは新しいアイデアを与えてくれたが、それが私に、自分の創造性を生かした新しい製品を作らせ、製品を改善させるようにしたのだ」(Aamadeu [2016]: 239)と、アマデウに自分の気持ちを伝えている。今では彼とすっかり親しくなり、頻繁に電話をするようになった。アマデウは、「彼らのクリエイティブな工芸活動は、近代的なゴム産業との競争に脅かされているゴム樹液採取コミュニティの仕事に、オルタナティブな機会をもたらした」と言う(二〇一六年四月一二日インタビュー)。

かつて経済的衰退と環境の荒廃に直面していた地域のゴム樹液採取労働者の家族たちは、森林伐採への参加やお金の入る仕事を見つけるため、森から市街地周辺へと移り住むことを余儀なくされた。アラウージョは、「この工芸活動を通して、自分の創造性を発揮できることがとても嬉しい」「まだまだ研修が必要で、もっといろいろな勉強をしていきたい」「この環境を保存していくことが、私の夢」と述べている(二〇一六年五月一日インタビュー)。

アマデウは二〇一二年、二〇一三年に、フェイジョ(Feijó)のクラリーニョ(Curralinho)やパルケ・ダス・シガナス(Parque das Ciganas)、二〇一六年のシャプリ(Xapuri)など、アクレ州全土を対象に、ブラジルWWFや英国WWF、熱帯雨林レスキューキャンペーンなどをパートナーとしながら、同様の活動を続けている。また二〇一六年には、パラ州のタパジョス国立森林(Floresta Nacional do Tapajós)にあるジャマラクア(Jamaraquá)というゴム樹液採取コミュニティやサンタレン(Santarém)で、ワークショップや連携活動を行っている。サンタレンでは、工芸生産にデザインの導入を進めるプロジェクトを行っている民間団体のアマゾン市民統合州研究所(INEA)などをパートナーとして活動している。さらに、デザイナーやアーティストの仲間たちと「オープンドアーズ」というイベントをブラジリアで開催し、ジャマラクアやサンタレンの工芸職人のゴム工芸を展示・販売する取り組みも行っている。

リオネグロ（アマゾナス州）――ヤシ繊維工芸の新製品開発

プロダクトデザイナーのマトス（Sérgio Matos）のコンサルタントによる、ブラジル零細小企業支援サービス（SEBRAE）のアマゾン工芸「ブラジル・オリジナル（Brasil Orginal）」プロジェクトは、二〇一六年、トップ21ブラジルデザイン賞のサスティナビリティ部門の受賞候補に選ばれた。リオネグロ高地のバルセロス（Barcelos）やサンガブリエル・ダ・カショエーラの伝統工芸の価値を高め、地域の持続可能な発展に寄与したからだ。オリジナリティの高いデザイン家具を中心に制作しているマトス自身、二〇一一年には、PBDの取り組みとして有名で、海外アワードへの参加支援を受けられるブラジル・デザイン・エクセランス賞をはじめとして、国内の複数の賞を受賞したほか、二〇一二年のドイツのiF賞受賞、二〇一四年のイタリアのイベントへの招待など、高い評価を受けている。マトスは、シングー川流域の先住民保護区に隣接したマトグロッソ州の田舎町に生まれ育ったため、もともと先住民文化に興味をもっていたという。現在住んでいるペルナンブコ州カンピーナグランデでブラジルらしいデザインを目指すなかでアマゾンに出合い、現在ではアマゾンの文化や自然に触発された作品を作るようになっている。

マトスは、地域の文化について聞き取りのほかさまざまな調査をした後、この二つの村でワークショップを始めた。アマゾン地域で馴染みのある植物の葉の形などをそのままデザインに生かした新しいコレクションのコンセプトを説明した。同じようなものが多く作られているため競争にさらされ安価に販売されているアクセサリー製品から、伝統技術を使い地域文化を生かしながらも、インテリアグッズなどの大きな製品へとシフトさせるアイデアを示したのだ。これらの村では、五〇レアル程度の小さい製品を作ってきた。研修の後は、大胆なコンセプトやデザインで、一個六〇〇レアル以上もするような大きな製品や装飾的な製品を作るようになった。ほかのコミュニティの製品開発の報告のビデオを見せたことも、職人たちへのインセンティブとなった。大きな製品の生産にどのように順応していったのか、その製品の販売によってどのように収入が上がったかについての職人の声が紹介されていたからだ。新しい製品の完成予想図が紹介され、生産方法や管理方法などが皆で議論された。また、生産に必要な素材のリストも示された。マトスは、「文化の豊かさ、伝統、精神性を重視し、彼らが習慣としてきたテクニックや素材を維持することを第一に考えた」(Galvão [2015]: 114) と述べている。伝統技術で編み込んだ、しかし洗練されたデザインのカゴ、果物入れ、照明器具などの製品モデルが完成すると、マトスはカタログ、宣伝用に製品の写真を撮影し、その後の展開のための準備を行った。

新製品は、新聞や雑誌で紹介されるようになった。高い文化的価値を持つ「アマゾンの宝」として装飾・建築雑誌『カサ・クラウディア(*Casa Claudia*)』などに紹介され、注目を集めた。また、サンパウロの装飾フェア「パラレラ・ギフト(Paralela Gift)」で展示・販売された。SEBRAE(マナウス)のコーディネーターのシモーエス(Lilian Simões)によると、四日間で四〇〇個の製品を販売し、約一二万レアルの収入があった。製品の平均価格も、以前の三倍近くまで上がった。展示の間、五〇以上の会社が取引の意欲を示したという。彼女は、グループの結束が進んだことも含め、この取り組みにポジティブなインパクトを感じた。「プロジェクトの前は、彼らはブラジル最低賃金(約八八〇レアル)さえ受け取っていなかった。でも、現在は最低賃金の二倍以上の収入がある。しかも、職人たちの意見は、収入以上に尊厳をもたらしたということで最高であった」と言う(二〇一六年八月一六日メール・インタビュー)。

マトスが村にやって来たとき、タリアナ民族の若者ディアス(Antonio Dias)は「アマゾンを衰弱させるような長い乾燥に直面している私たちは、彼の知識が必要だ。この仕事で生き長らえよう」(Galvão [2015]: 114)と友人や両親を誘った。以前工芸は補完的な収入の仕事であったが、今は主要な収入源になっている。若い頃からずっと工芸で生活しているサンガブリエル・ダ・カショエーラの住民でバレ民族出身のダ・シルバ（Gilda da Silva）は、サンパウロでのフェアデビューの日々を振り返る。「国によって価値があると認められた私たちのアートを見ると、誇りを感じる。これは歴史的な瞬間」「女性たちは、原料の選定から価格表まで、生産プロセスをすべて決定できる自立性を持つようになった」「今は、五〇レアル以上する新しいアイテムを考案しようという気になります」と彼女は語っている（Galvão [2015]: 118–119）。地域にあるミュージアムの展示会に招待されるようにもなり、リオ・オリンピック開催に合わせたＳＥＢＲＡＥのブラジル工芸資料センター（Centro Sebrae de Referência do Artesanato Brasileiro：ＣＲＡＢ）の展覧会でも紹介された。

展覧会にも出品された自分の作品を持つバルセロスの工芸職人（Sérgio Matos 氏撮影）

マトスは、アマゾナス州西端のベンジャミンコンスタント（Benjamin Constant）、テフェ（Tefé）、マナウスのコミュニティなどでも、引き続きコンサルタントを行っている。アマゾンで得たものは大きく、「文化、伝統、生活など、彼らに学ぶことは多い」「コミュニティに行くと、私が彼らの弟子にもなるので、物々交換になる」と語っている（二〇一七年二月二四日メール・インタビュー）。

サンタレン（パラ州）のひょうたん工芸

二〇一〇年〜二〇一一年、パラ州サンタレンにあるアリタペラ（Aritapera）の五つのコミュニティで構成される「サンタレン川辺の工芸職人協会」（Associação das Artesãs Ribeirinhas de Santarém：ＡＳＡＲＩＳＡＮ）に対して、連邦政府観光省と、ブラジル全土で工芸職人コミュニティを支援するサンパウロのNGOのアルテソル（Artesanato Solidário：ArteSol）が連携して、「ひょうたん工芸」プロジェクトを実施した。アルテソルはすでに二〇〇二年〜二〇〇三年、二〇〇九年〜二〇一〇年に、フォルクローレ・大衆文化センター（CNFCP）、SEBRAEなどと連携し、同協会でプロジェクトを実施している。二〇〇三年には、アルテソルの支援によりASARISANが発足し、集団ブランドのアイラ（Aira）が創設された。プロジェクトは、連帯経済の原理をベースにしつつも、市場参入のための条件の向上を目指すもので、コミュニティベースのオルタナティブな観光開発モデルの構築が模索された。このプロジェクトにおけるデザインの役割は、地域観光の発展に資する新しい製品の開発で、ソーシャルデザイン分野のプロジェクトを手がけている会社ストラート（Straat）がコンサルタントを担当した。ストラートは、アルテソルの技術コンサルタントとしても活動していたシルヴィア・ササオカ（Silvia Sasaoka）が経営しており、オランダ人デザイナーのバン（Lonny Van R.）と、サンパウロ大学のデザイン学生カスパレビシス（Eduardo C. Kasparevicis F.）を現地に派遣した。バンは学生の頃からストラートのプロジェクトに参加しており、木工職人との連携など、ブラジル内でも活動している。

サンタレンのひょうたん工芸は、球形のひょうたんを半分に割ってボウル状にした、厚み約三ミリの殻の部分が利用されている。クマテゼイロ（cumatezeiro）と呼ばれる木の樹皮から抽出した茶色の染料を殻に何度も塗り重ねていくと黒くなり、見た目も漆に似た効果が得られる。この黒い表面からナイフで模様を削り取ると、黒地に白い切り込み模様付きの容器ができる。ブランド名のアイラは、トゥピ（Tupi）の言葉で「切り込みをする」という意味を持っている。この容器は先住民文化を代表する伝統工芸で、古くから先住民が水を飲んだり水浴びをする際に使われていたことが知られている。切り込み模様には、民族特有の幾何学模様のパターンや、植民地化以降のヨーロッパ文化に影響を受けた花の模様などが使われている。

これらの地域では、郷土料理の一つでマンジョカ芋の澱粉を入れて作るタカカスープを飲むのに使われてきた。アリタペラからサンタレン市街地までは、アマゾン河の支流タパージョ川を船で渡るより手段はない。ほとんどの男性は漁業で生計を立てており、ひょうたん工芸は女性の手により受け継がれてきた。以前は、工芸コミュニティに不利益な仲買システムの問題などもあり、切り込み模様付きのひょうたん工芸は消えかけていた。

コンサルタントは、各生産段階での詳細な観察からスタートされた。仕上げの粗雑さが確認されたため、デザイナーは自ら模様のアイデアを描くことにより、模様の使い方と、模様を安定的に描く工夫を伝えた。また、さまざまな大きさのひょうたんがあるという観察から、容器のなかにそれより小さな容器が収納されていく、同じ模様で入れ子になった「ファミリー製品」のコレクションが提案され、工芸職人たちに積極的に受け入れられた。また、同じ高さの横線の模様が削れるようにするため、ナイフを一定の高さに固定した道具の開発が取り組まれた。この道具は、ある職人の夫である地元の大工が作ったが、この使用により、より早く、きれいに製品がつくられるようになった。現地でのすべての仕事は、工芸職人とともに話し合いながら進められた(Kasparevicis et al. [2014])。製品が展示されたり販売されたりするときには、見た目の効果も大切であるということも伝わり、彼女たち工芸職人のとは違ったデザインという専門性を理解してくれたことで、うまくいくようになったとカスパレビシスは指摘している。ウェブデザインが専門の彼であったが、プロジェクトを通して、その歴史や環境保全の問題を知り、自分のなかで「何かが変わった」という(二〇一六年六月二二日インタビュー)。

このプロジェクトの成果である新しいひょうたん工芸の製品は、二〇一二年のブラジルデザインビエンナーレでも展示された。プロジェクトでは、カタログや名刺、ASARISANのブログサイトも作られ

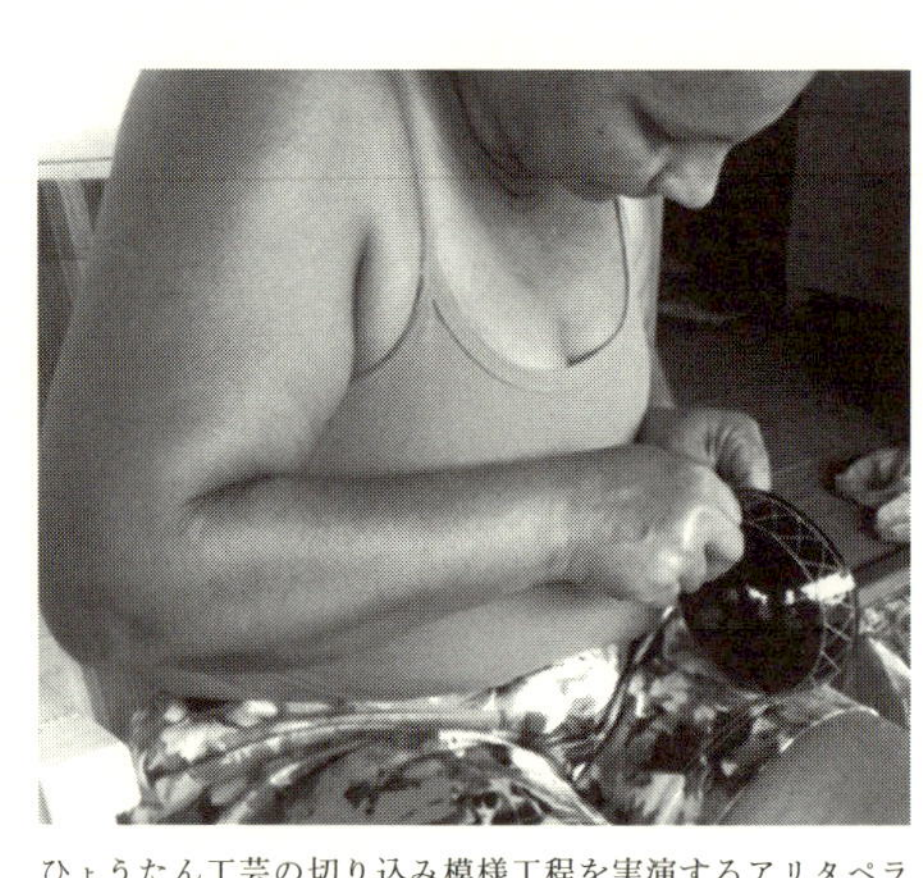
ひょうたん工芸の切り込み模様工程を実演するアリタペラの工芸職人（筆者撮影）

ている。そのブログサイトでも、「製品の販売を伸ばし、結果的にコミュニティの収入を増やす機会になった」と報告している。今では旅行者は、アリタペラのコミュニティに宿泊しながら、ひょうたん工芸のプロセスを見学することもできる。また州との契約により、サンタレンの中心街にあるクリスト・レイ工芸センターでは、アイラブランド普及のための展示販売のスペースが設けられた。「もっといろいろな試みをして、海外輸出も含め市場を拡大したい」と職人たちは希望を語っている（二〇一六年四月二三日インタビュー）。

ひょうたん工芸の職人の娘のマデュロ（Rúbia Maduro）は、西部パラ連邦大学（UFOPA）のタパージョ統合学部生物科学科で、サンタレンのひょうたん工芸の重要性について研究をした経験がある。アリタペラで生まれ、ずっと工芸活動を見てきたマデュロは、「ここでは、ひょうたん工芸が女性の地位を高めている。アリタペラの人びとにとって、ひょうたん工芸は生きるための基本的な経済的ファクターであるが、家族の収入を増やすために貢献しているだけでなく、逆境のなかでも手の届く資源であることを意味する。それはまた、自然と調和的に共生していく持続可能なオルタナティブとなっている。アマゾンの森林伐採による環境問題を改善するためにも、ひょうたんを大事にしていきたい」「今やコミュニティの財産というだけではなく、パラ州の無形文化財として知られるようになっており、さまざまな文化的イベントに参加するようにもなった」とコメントしている（Maduro [2013]：37）。

3　ソーシャルデザインによるオルタナティブ

価値化

これまで見てきたように、ソーシャルデザインの活動による変化の第一は、各工芸製品の価値の高まりである。ブラジルでは、特にこうしたプロジェクトの推進者であるＮＧＯや関係機関、デザイン関係者などが、「価値化（valorização）」と言う言葉を使い、製品価値を高めるデザインの役割を評価している。価値化により、工芸活動自体が活性化するとともに、個々の規模は小さいものの、さまざまな面で社会問題解決への効果を生み出しているのである。

まず経済的効果から見ていくと、工芸職人とコミュニティの収入の創出・増加があげられる。製品の価値化は、すべてでないとしても、新しい市場の獲得につながっている。以前は伝統工芸に興味を持たなかった人や目の肥えた消費者を引きつけるものづくりになっているからだ。特に文化的な価値が高まることで、雑誌や展示会で評価され、製品が高値で取引されるとともに販売数を増やし、結果的に収入が増加するという構図が見受けられる。魅力的な工芸品の存在は、もちろん観光産業にも貢献している。活動の幅が広いデザインの導入は、生産プロセスの改善ももたらしている。

文化的に見た場合、製品の「価値化」は、手仕事の価値や自然素材の価値、また、地域の自然や文化と結びついて発展してきた工芸活動自体の価値を高めるものとなっている。それは地域文化の「価値化」につながるもので、結果的に、伝統文化の保全を可能にしている。例えば、ヤシ繊維による工芸品は、先住民の工芸品として幅広く利用されていたが、ある種の工芸実践は、新しい促進要因がない場合は放棄されることもあった。デザインという文化的価値を高める働きにより、工芸活動自体が活性化し、伝統技術や知識が伝承されていく。また、重要なのは、地域住民の創造性の開発を伴っており、創造活動の推進や新しい地域文化の創出につながっているということだ。工芸職人もデザイン活動に刺激され、創造性を発揮していく。伝統文化の保全や地域の創造活動の活性化は、持続可能な発展に不可欠な文化的多様性を高めるものでもある。

社会的な側面では、貧困・失業・格差問題を緩和するだけでなく、先住民や川辺の住民たちの自信や誇りを回復させ、社会的排除の問題を緩和させていることがあげられる。また多くの場合、女性の地位を高めることにもつながっている。さらに、地域アイデンティティの強化や、コミュニティの結びつきがより強まる傾向も見受けられる。

環境面では、現地の自然素材の活用が推進されていることが特筆される。それはまた、生物多様性を生かした製品づくりの推進を意味する。もともと工芸は、地域の自然素材活用のなかで発展してきた。都市部では、段ボールやペットボトルの再利用などによるリサイクル工芸も多いブラジルであるが、アマゾンでの工芸活性化には、地域の豊かな自然素材の存在が大きく寄与している。アマゾン地域は世界の四分の一（三万種）の植物を所有する。特にヤシが豊富であり、アクセサリーに使われる種子だけでもさまざまな色や形、大きさのものが存在する。デザインの介入により近年大いに注目され、活用が進んでいるとデザインジャーナリストでキュレーター（展覧会企画者）でもあるボルジェス（Adélia Borges）は指摘する（Borges [2011b]: 79–92）。彼女が企画したCRABの「植物由来の工芸」展（二〇一六年）では、一九の先住民団体を含む、ブラジル全二七州にわたる工芸製品が紹介されている。これらの工芸品では、一〇〇種類以上の植物が使われている。プロジェクトでは、忘れられていた素材の活用や原料の不足に対する代替素材の提案も、デザイナーが行っている。ブラジルのデザイン専門教育ではエコデザインが浸透しており、魚の皮など動物由来の素材も含め、自然素材の持続可能な活用が重視されているのだ。工芸は手仕事が中心であるため、環境負荷も少ない。これら直接的な環境的要因に加えて、経済的社会面での間接的な貢献もあり、結果的に熱帯雨林の保全という大きな課題にも貢献していると考えられる。

デザインの効果

実は、デザイン導入の効果を計ることは、先進国や大企業でも難しい。これらのプロジェクトでも、どこからどこまでがデザインによる効果なのか、デザイン導入の効果を実証することは難しい。また、事例のようなプロジェクトは、すべて成功しているわけではないし、大量生産型の活動に比べれば、当然規模が小さい。しかし、工芸とデザインの交流が生み出す効果は、関係者のコメントや証言から十分伺い知ることができるだろう。この工芸とデザインの連携関係を長年にわたって観察してきたボルジェスは、著書『デザイン＋工芸――ブラジルの歩み』でこれらの成果や意義をまとめている。この本に取り上げられている事例の数だけでもその効果を物語るものである。彼女はこのなかで、事例のような取り組みが、ブラジルでよく使われる持続可能性の概念、つまり環境的に責任が負え、経済的に包摂的で、社会的に公正で、文化的に多様性のあるという概念と一致していると指摘している（Borges [2011b]）。

デザイナーと工芸コミュニティの交流は、デザイン界へもメリットをもたらしている。地域の伝統的知識や文化・環境への理解、連携の体験は、各デザイナーの視野を広げるとともに、ほかのデザイン活動にフィードバックされていく。また、デザイナーによる工芸的な要素の活用は、デザイナーにとっても、工芸分野にとっても、活動を活発化させる要因になっている。さらに、工芸と結びついたデザイン活動の増加は、ソーシャルデザインやエコデザイン、サスティナブルデザインの推進を意味する。つまり、工芸活動とオルタナティブなデザイン活動が、お互いの活動を活性化している関係が伺われる。デザインと工芸の結びつきは、メディアや研究を通して評価され、さらに次の連携活動を誘発していく。このような関係はアマゾン地域にとっても重要で、オルタナティブで持続可能な発展のための要素となる可能性が高いと考えられる。

デザインと工芸の交流を進める支援体制

デザイン分野と地域コミュニティや伝統工芸との連携関係の進展の背景には、さまざまなアクターや支援体制が存在する。先に紹介したテキスタイルデザイナーのインブロイジは、SEBRAEのような機関が工芸とデザインの交流を進展させたという（二〇一六年四月一九日インタビュー）。SEBRAEは零細小企業支援のための公益民間団体で、全州に支部を置き、国内六〇〇以上のサービス拠点を持っている。一九九八年から工芸プログラムを実施してきた。ボルジェスは、特に一九九九年から二〇〇二年までの期間は、ブラジルらしさの研究を推進した「ブラジルの顔（Cara Brasileira）」プロジェクトが実施されるとともに、工芸のプログラムへのデザイン分野の参加をもたらしたと指摘している。工芸プログラムの最初の一〇年には、二七〇〇か所の自治体で二二万人が研修を受けているという（Borges [2011b]: 181）。起業や協同組合の創設などの支援が行われ、工芸職人の組織化が促進された。近年は、「工芸製品トップ一〇〇」賞やCRABの創設など、ブラジル工芸の評価システム構築の取り組みを続けている。

アマゾン地域の州政府もデザイン導入の取り組みを強化している。アクレ州は、デザインの力が実際に工芸に好影響を与えていることを認識し、例えば二〇一三年には、ヨーロッパデザイン大学（IED）ブラジル校の教授たちによる「戦略的デザイン」についてのワークショップも、地元のゴム工芸職人たちに対し実施している。アマゾナス州では、観光公社（Amazonastur）のイニシアティブによる若者向けの支援で、地域のデザイナーとのワークショップも行われている。

サンタレンのひょうたん工芸にも関わったＮＧＯのアルテソルは、一七年間に一七州で九八のプロジェクトを実施している。この分野のＮＧＯの草分け的存在である。人類学者であるカルドーゾ大統領夫人により、貧困と闘うため一九九八年に開始された「連帯コミュニティ（Comunidade Solidária）」プログラムがその前身で、二〇〇二年に連帯工芸（Artesanato Solidário）を意味するアルテソルと名前を変え、工芸分野の活動を引き継いだ。工芸コミュニティへの支援では、ムンダレウ（Mundaréu）などほかにも多くのＮＧＯが存在するが、これらは特にデザインの導入を推進してきた。ムンダレウは、七〇以上の工芸生産グループに対し、製品品質の向上やフェアトレードの推進などのプログラムを提供してきた。コンサルタントにはディビやボルジェスも名を連ねている。

連邦政府の開発商工省は、「ブラジル工芸プログラム（Programa de Artesanato Brasileiro：ＰＡＢ）」を一九九五年から実施しており、各州のコーディネイト拠点を通して、職人のトレーニング、工芸製品のイベントやフェアの開催などに取り組んできた。二〇〇七年からは、ブラジル工芸登録情報システム（Sistema de Informações Cadastrais do Artesanato Brasileiro：ＳＩＣＡＢ）も導入している。二〇〇八年に創設された文化省による「伝統文化の工芸推進プログラム（Programa de Promoção do Artesanato de Tradição Cultural：ＰＲＯＭＯＡＲＴ）」は、二〇一一年までに二四州、七一自治体、一五〇コミュニティ、五八協会、六三センターで取り組まれている。農業開発省は、二〇〇五年から「ブラジルの才能（Talentos do Brasil）」プログラムを実施、家族農業局が一八の協同組合のグループを組織し、オリジナルブランドのもとで商業活動を展開してきた。ブラジルテキスタイル・アパレル産業協会(ABIT)とパートナー関係にあり、ファッション分野との連携が多い。このほか観光省、労働省、環境省、社会開発省などでも関係する取り組みが存在する。ブラジルでは、社会問題解決のため、さまざまな分野の行政機関が工芸に関係するプログラムを実施している。これら多様な工芸関係プログラムの存在も、デザインの活用を進める背景になっている。

工芸プログラムやデザイン導入プロジェクトには、収入につなげるための、流通販売の支援も含まれている。例えばインブロイジのプロジェクトの製品は、社会環境研究所(Instituto Socioambiental:ISA)によって創設されたマナウスのアマゾン・ギャラリー(Galeria Amazônica)や、ISAとの連携でサンガブリエル・ダ・カショエーラに創設されたリオネグロ先住民組織連合(Federação das Organizações Indígenas do Rio Negro:FOIRN)の直営店ワリロ(Wariró)で販売されている。ワリロは、この地域の先住民の神話に登場する男性の名前に由来する。二〇〇七年の「ブラジル連帯経済フォーラム(Fórum Brasileiro de Economia Solidária:FBES)」でも、直接消費者と出会えるシステム、公共市場の必要性やフェアの重要性など、弱者を守る連帯消費のあり方が確認された。近年は、協同組合など団体での工芸フェアへの参加なども進んでいる。ブラジルには、大小さまざまな工芸フェアが存在し、これらの取り組みを下支えしている。工芸職人にとってフェアは、自分の創造性を磨いたり、情報を交換できる場にもなっている。

課題と展望

これまで挙げた事例のようなプロジェクトは、地域のオルタナティブで持続可能な発展に寄与するものである。しかし、ボルジェスは、デザインと工芸の交流のあり方には、地域伝統文化への真の尊敬の欠如や不平等な交流といった間違いのケースも存在すると指摘している(Borges [2011a]: 9)。フォーマルな教育を受けたデザイナーやデザイン学生は、工芸職人よりも優位に立つ傾向がある。「デザイナーと職人の連携での基本は地域文化への尊敬であり、デザイナーは工芸に埋め込まれた豊かさや創造性を理解するべき」（Borges [2011b]: 137）で、「職人がサプライヤーになるとき、デザイナーやビジネス関係者は、コミュニティを安い労働力とみなしてはいけない」（Borges [2011b]: 151）とボルジュスは警告している。デザイナーが名声を得るためにこういったプロジェクトを利用している例もあるという。そのためボルジェスは、これらの問題を回避するためにも、長期的なアプローチが重要とも指摘している（二〇一六年四月一八日インタビュー）。

アマゾンでは、流通に関わる課題も大きい。二〇一一年のアマゾナス州の「アマゾナス持続可能な工芸（Programa Artesanato Sustentável do Amazonas）」プログラムで、ヨーロッパに進出した例もある。しかし、リオブランコのSEBRAEのドスサントス（Dos Santos）は、デザイン導入の成果を認めながらも、「アマゾン地域は市場が小さく、サンパウロなど大都市での販売や海外への輸出が不可欠だ。しかし、流通には費用がかかる」（二〇一六年五月二日インタビュー）と指摘する。もちろんNGOや関係機関はフェアトレードを推進してきたが、今後は連帯消費を推進していくための工夫が必要になると考えられる。

その際、キーとなるのが、伝統工芸やハンドメイド製品への人びとのイメージを高めることのできる展覧会、出版、セミナー、アワードなどであろう。例えば美術館が地域工芸をリサーチし、そのカタログを発行することで、連帯消費への興味を引き出すことができる。プロジェクトの成果はこれらのメディアを通して紹介され、伝統工芸や自然の豊かさ、ソーシャルデザインの魅力や重要性が伝えられてきた。実はブラジルでは、消費スタイルやライフスタイルの変革への動きが弱い実状がある。消費のあり方をより持続可能なものに変えていくためにも、連帯消費の取り組みが一般市民にとって魅力的なものとなることが不可欠で、ここにもデザインの力を投入する必要があるだろう。アマゾンの環境保全や住民の生活向上に関わる活動は、アマゾン地域だけで行われるのではない。天然ゴムによる工芸品でアマデウが挑戦しているように、さまざまなメディアやデザインの力を通して、ブラジル全土でアマゾンと連帯する新しい消費やライフスタイルの流れを生み出していくことが、今後重要となるはずだ。

また、市場重視のデザイン活動を持ち込んだ場合、伝統工芸はその神髄が失われてしまうのではないかという危惧も存在するだろう。しかし、関係者誰もが口にするのは、伝統を守るためにはイノベーションが必要という指摘だ。事例では、市場を考慮したデザインの導入が、むしろ伝統を守ることにつながっている。しかも取り組まれたのは社会的目的を持つソーシャルデザインであり、その結果、実現したのは社会的弱者も利益を享受できるソーシャルイノベーションである。ブラジルでは、ソーシャルイノベーションという概念はソーシャルデザインと密接に関わっており、持続可能な発展を目指す上で欠かすことのできない要素として捉えられている。ボルジェスは、デザインと工芸の融合をブラジルの独自性と評価するとともに、「国中のコミュニティでは、起業主義やソーシャルイノベーションによって注目されている取り組みが、持続可能な地域開発への新しい力をもたらしている」(Borges [2011b]: 裏表紙) と指摘している。

さらに、このソーシャルイノベーションとしての成果が、生物多様性を生かし、文化的多様性を高める文化創造活動の実現であるという観点が重要であろう。アルテソルのコーディネーターのマッソン (Josiane Masson) は、「こういったプロジェクトでは、収入の改善など経済的なインパクトが重視されがちだが、もっと文化的側面を見ていく必要がある」と言う (二〇一六四月一四日インタビュー)。デザインが組み込まれた工芸活動の変化は、コミュニティにとって、文化創造活動としての工芸を取り戻していく過程にもなっている。デザイナーとコミュニティの連携が、工芸製品だけでなく、新しい知恵や文化を生み出していく。

これらは地域に蓄積され、後には伝統となっていく。

二〇〇九年にアマゾン河口の都市ベレンで開催された「第八回世界社会フォーラム」では、アマゾン流域先住民組織連絡会（COICA）が出した宣言文の冒頭に「地球を救うカギは、アマゾン先住民の伝統的な知恵のなかにある」とうたわれている。一五世紀末にヨーロッパ人が中南米の地にやって来たとき、靴やボール、新生児のおくるみ、包帯、玩具、鞄などの天然ゴムによる工芸品が、先住民たちによってすでに作られていた。彼らは、先住民からゴムの木の樹液の使い方を教わったという。樹液の使い方の知恵は利用され、世界は恩恵を受けた。しかし、自然との共生という最も大切な先住民の知恵は生かされず、経済成長主義や消費主義が席巻する近代化のなかで、先住民たちは被害を受け、環境破壊が進んだ。アマゾン地域の伝統工芸は、先住民や川辺の人びとの知恵を代表するものである。また、事例で取り上げた取り組みは、自然との共生という先住民の知恵を今日に甦らせるものである。これらの知恵、つまり地域の伝統文化は、ソーシャルデザインとの交流によって、環境問題を克服する手段や持続可能な発展のための新たな知恵や文化も生んでいく。それは、われわれの未来を助けるオルタナティブの一つとなるはずである。

参考文献

鈴木美和子［二〇一三］『文化資本としてのデザイン活動――ラテンアメリカ諸国の新潮流』水曜社
Amadeu, Flavia [2012] “Perspectives on Participation: Evaluating cross-disciplinary tools, methods and practices,” Workshop participation and short paper presentation, DIS 2012: Designing Interactive Systems, June 11–15,

Newcastle,UK, https://openlab.ncl.ac.uk/participation/activities/dis2012/

Amadeu, Flavia [2016] "Reflecting on capabilities and interactions between designers and local producers: through the materiality of the rubber from the Amazon rainforest," http://ualresearchonline.arts.ac.uk/10296/

Borges, Adélia [2011a] "Craft, Design and Social Change" ,Conference "Brazil: the cultural contemporary," Royal College of Art, Kensington Gore, London, 21 January 2011, http://www.adeliaborges.com/wp-content/uploads/2011/04/12-0-2011-lecture-London-1.pdf

Borges, Adélia [2011b] *Design + Craft: the brazilian path*, São Paulo: Editora Terceiro Nome.

Favilla,Clara Barreto e Renata Luciana Rezende [2016] *Artesanato Brasil*,Brasília: Sebrae.

Galvão, Regina [2015] "Tesouros da Amazônia," Editora Abril S.A., *CASA CLAUDIA*, 2015 Jul.: 112 – 121

Kasparevicis, Ferreira, Eduardo Camillo e Silvia Sasaoka, [2014] "Metodologia de design em interação com o artesanato de tradição: relato de projeto envolvendo as Cuias de Santarém," 11º Congresso Brasileiro de Pesquisa e Desenvolvimento em Design, 29/9 – 2/10. Gramado, Rio Grande do Sul

Maduro, Rúbia Goreth Almeida [2013] "A Cuia Nossa De Cada Dia" , Souza Santos, Antônio Maria de, Carvalho, Luciana Gonçalves orgs., *Terra, água, mulheres & cuias: Aritapera, Santarém, Pará, Amazônia*, Santarém, UFOPA

Rocha, A. [2013] "Design Simphony," SECSIMedia, *SECONDSIGHT*, Amsterdam, https://issuu.com/andreiatrocha/docs/ss_34

第8章

フェアトレード

生産関係の変革

梅村誠エリオ

農業者協会販売支援
©Dinaldo Antonio dos Santos

フェアトレード（Fair Trade 公平貿易）は、開発途上国で作られた作物や製品を適正な価格で継続的に取引することによって、生産者の持続的な生活向上を支える仕組みであるが、ブラジルでは広い意味で使われ、また現在の経済システムを変更する制度として位置づけられている。すなわち、ブラジルでフェアトレードに相当するのは公正取引（comércio justo：ＣＪ）であるが、ブラジルの公正取引は、先進国の消費者と途上国の生産者との間の公平貿易だけではなく、生産者間の関係を含む広い経済主体の間での公正な取引を意味し、それを通じて経済、社会、環境的に持続可能な社会の構築を目指す運動であり制度である。ブラジの公正取引はまた連帯経済（economia solidária：ＥＳ）の一環として実践され、ＥＳを支援する手段となっている。アマゾンでは家族農や手工芸者など零細な生産者が多く、自給自足あるいは限られた地域市場を対象に経済活動を営んできたが、アグリビジネスや鉱業などの開発は彼らの生活基盤や文化の継承を危うくしている。アマゾンに暮らす人びとが引き続き自然の恵みを享受し、他方で生活水準を高めるには、彼らの生産物の向上や新しい生産物の創造と、それを可能にする公正取引が不可欠である。本章では、ブラジルにおける公正取引の意義を、次いでアマゾンにおける連帯経済や家族農業とそれらが抱える制約を述べ、最後に公正取引の実践事例を紹介する。

1　公正取引の発展

フェアトレードから公正取引へ

国際フェアトレードラベル機構（FLO）によれば、フェアトレードとは対話、透明性、敬意を基盤とし、より公平な条件下で国際貿易を行うことを目指す貿易パートナーシップである。特に「南」の弱い立場にある生産者や労働者に対し、より良い貿易条件を提供し、かつ彼らの権利を守ることにより、フェアトレードは持続可能な発展に貢献する。フェアトレード団体は（消費者に支持されることによって）、生産者の支援、啓発活動、および従来の国際貿易のルールと慣行を変える運動に積極的に取り組むことを約束する、としている。FLO以外に現在、ヨーロッパを中心にさまざまな団体がフェアトレードについて定義を与えているが、共通して、経済活動と社会的使命の統合が強調されている。言い換えれば、公正な価格を支払い、社会的弱者または搾取の対象とされてきた開発途上国生産者へ所得向上と生活改善を促し、社会の安定を図ることを目的としている。

フェアトレードでは近年、地球環境の悪化を背景に、環境保全への配慮が重視されるようになった。国際フェアトレード連盟（IFAT）とFLOは二〇〇九年にフェアトレード憲章（The Charter of Fair Principles）を採択したが、そのなかで生産者には再生可能な資源の効率的な利用、地元からの調達の優先、エネルギー消費削減と再生可能なエネルギー利用、有機・低農薬農業の重視などを、輸入業者など購入者には持続可能な資源を利用し環境への負荷の小さい生産物の優先、生物分解性の高い包装材料の使用、海上輸送の優先などを求めている。フェアトレードは経済と社会に加えて環境的に持続可能な社会の構築を目標としたのである。

ブラジルにおけるフェアトレードに対する認識も、FLOなどが提携機関を介して行っている第三者機関認証制度のそれと同じである。国際認証の獲得は、有機農法などの従来の認証制度と同様、設定された基準や指標を達成した後、外部機関の審査により実現する。しかし、ブラジルでFLOのフェアトレード認証基準を達成するためには一定の経営規模が必要となり、中・大規模プランテーション以外がフェアトレード認証を受けるのは困難である（平野［二〇一三］）。近年では南部ブラジルの一部の地域において、行政機関、NGO、大学などの支援を受け、フェアトレード認証を取得した事例が報告されているが、一定の資金力をもつ団体を除き、ブラジルで一般的な零細農など生産者やそのグループが認証を取得するのは難しいのが現状である。

ブラジル政府の掲げる公正取引（CJ）は、従来の国際機関の定義より広い意味合いをもつ。すなわち、先進国が途上国から原料を購入する国際取引やソーシャルビジネスに留まらず、国内市場における伝統工芸品の生産・農産物加工、先住民やアフリカ人の末裔らが伝統的暮らしを営む集落などの、連帯的価値に基づく経済活動全般に関わっている。平野によると、二〇〇〇年代以降のブラジル経済において、フェアトレード運動は重要な役割を担っているが、日本を含む、先進国の消費者運動を軸としたフェアトレードとは性質が異なる。ブラジルのフェアトレードは、先進国消費者運動への対応という枠を超え、ブラジル国内の生産関係の変革の契機の一つとして位置づけられるとしているのである（平野［二〇一三］）。

公正・連帯取引

ブラジルの公正取引は連帯経済と密接な関連で支援の対象とされ、また実行されている。ルーラ政権は二〇〇三年に、雇用・所得を創出し、社会包摂的で、公平で連帯的な開発を促進するために、労働雇用省に国家連帯経済局（Secretaria Nacional de Economia Solidária：ＳＥＮＡＥＳ）を設立した。主な活動として、ブラジル全土の連帯経済事業の支援、実態調査、情報提供が挙げられる。ＳＥＮＡＥＳは連帯経済を「連帯的かつ共同体制で行われるサービス、生産、流通、消費、財政などの経済行為」と広く定義している。つまり連帯経済は、連帯原理に基づく、生産者間の公平な取引（流通）や生産者と消費者との間の公平な取引（消費）を含んでいる。

ＳＥＮＡＥＳに次いでルーラ政権は二〇一〇年に、政令第七三五八号によって、国家公正連帯取引システム（Sistema Nacional de Comércio Justo e Solidário：ＳＣＪＳ）を設立した。ＳＣＪＳは、ブラジル政府が連帯経済を重視し、公正な社会を確立するため、ＣＪへの支援の必要性を認識していたことを示している。ＳＣＪＳの目的は、公正取引を原理とした連帯的経済活動体の実態を把握し、その発展に関わる支援政策を連邦政府で一括管理することであった。注目すべき点は、このために組織されたワーキンググループ委員に、政府機関のほか、市民団体の代表が含まれていた点である。連邦政府が市民団体と直接協議をすることで、ＣＪについてより正確に現状を把握し、適切な制度や政策を打ち出せるようになると考えられたのである。ＳＣＪＳが言う公正・連帯取引の条件は、商取引が公平・連帯・持続性・透明性をもつこと、商取引に関わるすべての参加者が生産・販売・消費において共同責任を負うこと、商取引において人種的・文化的多様性や伝統的なコミュニティの知識に敬意を払うこと、商取引において、生産物・製造法・組織についての情報へのアクセスを保証し、価格構成や製造過程について透明性を実現することである。

ブラジルではＳＣＪＳに先立つ二〇〇一年に、ブラジル倫理連帯取引連携フォーラム（Fórum de Articulação do Comércio Ético e Solidário do Brasil：FACES do Brasil ファセスドブラジル）が設立された。ファセスドブラジルは、国内外で資本主義市場とは異なるオルタナティブな販路を求める農村や都市の生産者の運動として出発したが、その後公正・連帯取引を実践あるいは支援する生産団体、消費者団体、NGO、労働組合、政府代表のなどのフォーラムとなった。その使命は公正・連帯取引を通じて包摂的、連帯的で持続可能な経済を実現することである。ファセスドブラジルは、家族農業協同組合・連帯経済連合（União Nacional de Cooperativas da Agricultura Familiar e Economia Solidária：UNICAFES）、ブラジル公正連帯取引事業協会（Associação de Empreendimentos no Comércio Justo e Solidário：ECOJUS–BRASIL）、ブラジル連帯経済フォーラム（Fórum Brasileiro de Economia Solidária：FBES）とともに、政府に対して公正取引を支援する政策と制度を提案した。それはSCJS設立につながった。

ブラジルの公平取引でもう一つ重要な組織は、カイロス倫理・責任行動研究所（Instituto Kairós- Ética e Atuação Responsável）である。二〇〇〇年に設立されたカイロス研究所は、新しい生産・流通・販売・責任消費を、教育・助言・調査・ネットワーキングなどを通じて推進し、より公正で持続的で健康な社会を建設することを目的としている。

2　連帯経済と家族農業

これまで述べたように、ブラジルでは公正取引は連帯経済の一形態として実践され、連帯経済を強化する政策手段となった。公正取引が重視され支援政策がとられたのは、現実の連帯経済が取引上の困難を抱えているからである。後述するようにアマゾンでは家族農業が連帯経済の主な基盤となっているが、家族農業もまた取引において大きな困難に直面していた。

連帯経済マッピング

ブラジル政府は連帯的経済活動の主要な担い手を連帯経済事業体（Empreendimento de Economia Solidária：EES）と総称して、「民主的な経営と利益配分を行う共同事業体」と定義している。SENAESは連邦政府機関が行ってきた連帯経済の支援活動を一括し、調整を行う目的で設立され、その活動はさまざまな公的機関や民間団体と提携し実施されている。EESに対する認識は比較的新しく、専門家の間でも、その認識は異なる。そもそも、EESは定義上、経営と構成員が分離できない事業体を指しており、必ずしもその事業体が法的な存在であるかどうかは問題ではない。言い換えれば、非正規または法人登録がされてないインフォーマルな事業体であっても、その定義に沿った事業体であればEESと認定される。ブラジルにおける非正規事業体の急激な増加は過去五〇年の急激な人口増加に遡ることができる。農村部から急激な都市部への人口移動はスラム街の拡大を引き起こし、それとともに非正規事業体も増加した。非正規事業体が増加した背景には、役所などへの登記手続きが不要のほか、構成員の意見が従来の協同組合より民主的に採用されやすい点などが考えられる。本来、協同組合は全組合員が同等の票を有するが、多くの場合、内部の有力者または経済的に優位な組合員の意見が優先される。このように、EESはさまざまな性質や背景を持っており、単純に非正規団体か正規団体かという枠組みだけで断定するのは困難である。そのため、実態を明らかにするためには継続的な調査およびEES選定基準の柔軟な適応が不可欠となる。

EESの実態を最初に明らかにしたのは、SENAESの活動のなかでも重要な国家連帯経済マッピングである。マッピングは、ブラジル全土におけるEES、およびその支援に関わる連帯経済支援育成団体（Entidade de Apoio, Assessoria e Fomento à Economia Solidária：EAS）の実態調査を基に実施された。マッピング調査で得られたデータを基に、国家連帯経済情報システム（Sistema Nacional de Informações em Economia Solidária：SIES）という名のデータバンクが設置された。

二〇〇七年の初回に次いで二〇〇九年から一三年にかけて第二回のマッピング調査が実施された。その結果、全国で一万九七〇八のEESが確認され、それらへの参加者が約一四二万人に達したことが明らかになった。EESの六〇・〇％がアソシエーション（利潤追求を目的とせず、個人の自由な意思で組織され、経済社会活動を営む民法上の団体）、次いでインフォーマルなグループ三〇・五％、協同組合八・九％、商事会社〇・六％の順である。所在地別では農村五四・八％、都市三四・八％、農村および都市一〇・四％、分野別でが生産五六・二％、消費二〇・〇％、商業一三・三％、サービス六・六％、交換二・二％、金融一・七％の順である（Gaiger et al. [2014]）。

次にアマゾンが位置する北部についてみると、三一二六のEESが確認された。うち四三・四％はパラ州にある。形態別では、六五・四％がアソシエーション、二五・六％がインフォーマルグループ、八・〇％が協同組合、〇・三％が商事会社である。所在地は五〇・一％が農村部、四〇・六％が都市部、九・三％が農村および都市部である。事業内容では生産が七七・九％と圧倒的に多く、次いでサービス七・七％、商業五・四％、消費五・三％、交換三・一％の順である（Gaiger et al. [2014]）。EES参加者は全体で三二万八二一六人で、うち女性が五四・三％と過半を占める。参加者を職業別にみると家族農家が五二％と過半を占め、次いで工芸家一八％、自営一〇％、失業者四％の順である。農業従事者を栽培作物別にみると、マンジョカ（キャッサバ）、トウモロコシ、フェイジョン豆、アサイ、バナナ、川魚の順で多い（SENAES [2013]）。

図8－1　連帯経済が直面する困難

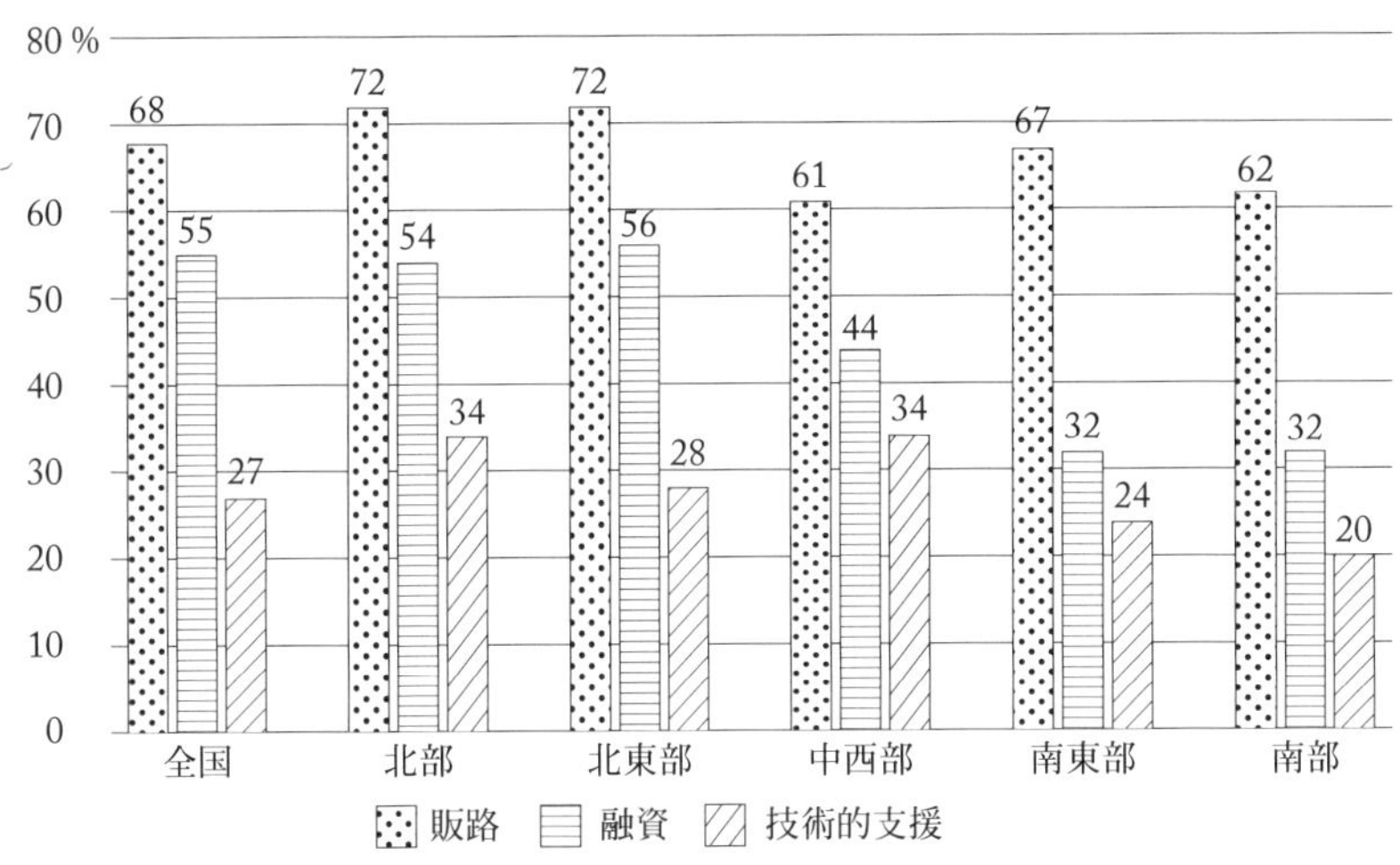

（注）2007年のマッピングに基づく。図中の数値は回答割合を百分率で示す（複数回答）。
（出所）Mendoça [2011]

販売困難に直面するアマゾンの連帯経済

マッピングはEESが抱える課題を明らかにしている。EESが直面する主な困難としては、生産物の販路、不十分な融資、技術支援の不足が挙げられているが、全地域で販路の困難を挙げるEESが最も多い。アマゾンが位置する北部では、七二％が販路の困難を、次いで五四％が融資上の困難を挙げている（図8－1）。販売の具体的問題として最も多かったのは、運転資金の不足から信用販売ができないことである。また、運転資金不足は原料調達を困難にしている。

流通問題は、農業に限らず他分野においても重要な課題である。舗装道路の欠如または現存する舗装道路の整備不良などにおけるインフラ不足は、ブラジル北部の生産活動において大きな負担であり、またはアマゾン地方紙『アマゾン日報』ではこのインフラ不足による負担を「アマゾン・コスト」と名付けている。同紙によると、アマゾンにおける道路建設コストは国内平均より二割高いとされる（*Diário da Amazônia*, 2016. 7. 30）。ブラジル北部の道路は、暑湿の気候のため定期補修が不可欠であるが、舗装整備は自治体財政を圧迫するため、選挙前に突貫的に行われることが多い。しかし、そうした緊急的な対策には限界がある。アマゾン地域では河川も重要な輸送手段であり、河川を利用した壮大な輸送網整備が計画されているが、まだ整備途上にある。

広域的な流通の整備とともに、ローカルな市場における顧客数や売買契約問題の対策として、一部地域では農作物直売所の設置が進められており、農業開発省（Ministério do Desenvolvimento Agrário：MDA、現在の社会開発農業省 Ministério do Desenvolvimento Social e Agrária：MDSA）による自治体への設立資金援助も行われている。しかし、これらの直売所は果樹、野菜など生鮮食品や小規模の加工品にとって高い効果が見込めるが、穀物や輸出作物については未だ仲介業者に大きく依存しており、販売価格は低水準のままである。

家族農業

先に見たように連帯経済はブラジル北部では農業の比重が高く、その多くが小規模な農家が参加するものである。小規模な農家のほとんどは家族農業である。ブラジルの農業というと大規模な農業がイメージされるが、数のうえでは家族農業が圧倒的に多い。ブラジルではカルドーゾ社会民主党政権のもとで家族農業を支援するため、一九九五年にプロナフと呼ばれる国家家族農業強化プログラム（Programa Nacional de Fortalecimento da Agricultura Familiar：Pronaf）が作成され、九八年には農業開発省が設立された。次いでルーラ労働者党政権のもとで二〇〇六年に家族農業政策の指針を定めた家族農業法（法律第一一三二六号）が制定された。

家族農業法制定に合わせて、二〇〇六年の「農業センサス」でははじめて家族農業が調査された。ここで言う家族農業とは、農地が国家植民農業改革院（Instituto Nacional de Colonização e Reforma Agrária：ＩＮＣＲＡ）が定めたモジュール（modulo）の四倍未満で、家族によって営まれ、所得の過半が農業であることなどを満たす農家を指す。モジュールは、連邦政府が農業ゾーニングを基に各自治体における単位面積を定めている。一般的に都市周辺のムニシピオ（基礎自治体）では面積が小さく、農業生産が盛んな地域では面積が大きく設定されている。

表8－1　ブラジル農業に占める家族農業 ── 2006年

	家族農業の割合(%)		農家あたり農地面積(ha)	
	農家数	農家面積	家族農業	非家族農業
北部	86.8	30.4	40.3	608.5
北東部	89.1	37.5	13.0	177.2
南東部	75.9	23.6	18.3	186.6
南部	84.5	31.5	15.4	182.2
中西部	68.5	9.1	43.3	944.3
全国	84.4	24.3	18.4	309.2

（出所）IBGE, *Censo Agropecuário 2006 (Agricultura Familiar)*

「農業センサス」によると、二〇〇六年でブラジル全体の農家の八四％、農地の二四％が家族農業である。家族農業の農業生産額に占める割合は三八％である。作物別に生産額をみたとき家族農業が優勢なのはマンジョカ（キャッサバ）、フェイジョン豆であり、同水準位にあるのがトウモロコシ、コメである。これに対して大豆、小麦、牧畜では低い。次に家族農業を地域別にみると、アマゾンが位置する北部では、農家数で八七％、農地面積で三四％を占める。他の地域では、小規模零細農が支配的な北東部が農家数で最も高く、反対に大規模農が多い中西部が最も低い。中西部では農地面積に占める家族農業の割合は九・一％と際立って低い（表８－１）。

家族農業支援と制約

一九九〇年代に入り、ブラジルでは政治の民主化が進むなかで、それまで政治から排除されてきた零細な農民や生産者が声をあげるようになり、それに応えて従来の農業支援策とは異なる農業支援政策が打ち出された。プロナフがそれであった。カルドーゾ政権によって作成されたプロナフは、その後ルーラ、ルセフ政権によって引き継がれた。プロナフの中心的な支援制度は融資である。メーラによると、ブラジル政府による農業融資制度の歴史は古く、一九三〇年代の工業発展期における原料や食糧生産の確保を目的とした融資制度が一つの転機であった。一九六五年には国家農業融資システムが発足し、農業近代化を目的とした融資政策が整備された。インフレの高進期であった一九七〇〜八〇年代の農業融資政策は国家による農業への補助金としての意味合いが大きかった。これらの政策はブラジル農業の近代化と発展に貢献した反面、大農場主による土地の集積や非正規労働者の拡大をもたらし、農村における貧富の差の拡大などの社会問題を引き起こした（Mera [2010]）。農地の集約化はまた農民の都市部への流入を促し、スラム街の急激な拡大や治安悪化など社会問題を深刻化させた。プロナフはこうした社会問題の解決や緩和を目的としたものでもあった。

　プロナフは農業開発省（ＭＤＡ）家族農業局（Secretaria da Agricultura Familiar：ＳＡＦ）によって管理される。プロナフの国家予算は、プログラムが始まった一九九六年から二〇一二年度には二〇倍以上に増額された。グリザによると、予算増加の背景として金融制度の簡略化、対象者・事業種の融資枠の拡大、導入自治体の増加、民間金融機関との提携、手続きの簡略化に加え、家族農業者の政治、社会的、経済的影響力の強化などがあった（Griza [2014]）。

　プロナフの対象となる農家は、粗収入の五〇％を農業と関連事業で得、その総額が三六万レアル以下の主に家族労働力を利用し、農地面積が四モジュール以下の世帯を対象とする。融資総額や金利は小農家の規模や資産などに応じて異なり、農業生産以外にも森林からの採取、加工品製造のための機材購入、有機農法の導入、さらには直接農業とは関わらないが農業所得への貢献が認められた伝統工芸品生産など、多

図8－2　全国家族農業強化プログラム（プロナフ）利用世帯の推移

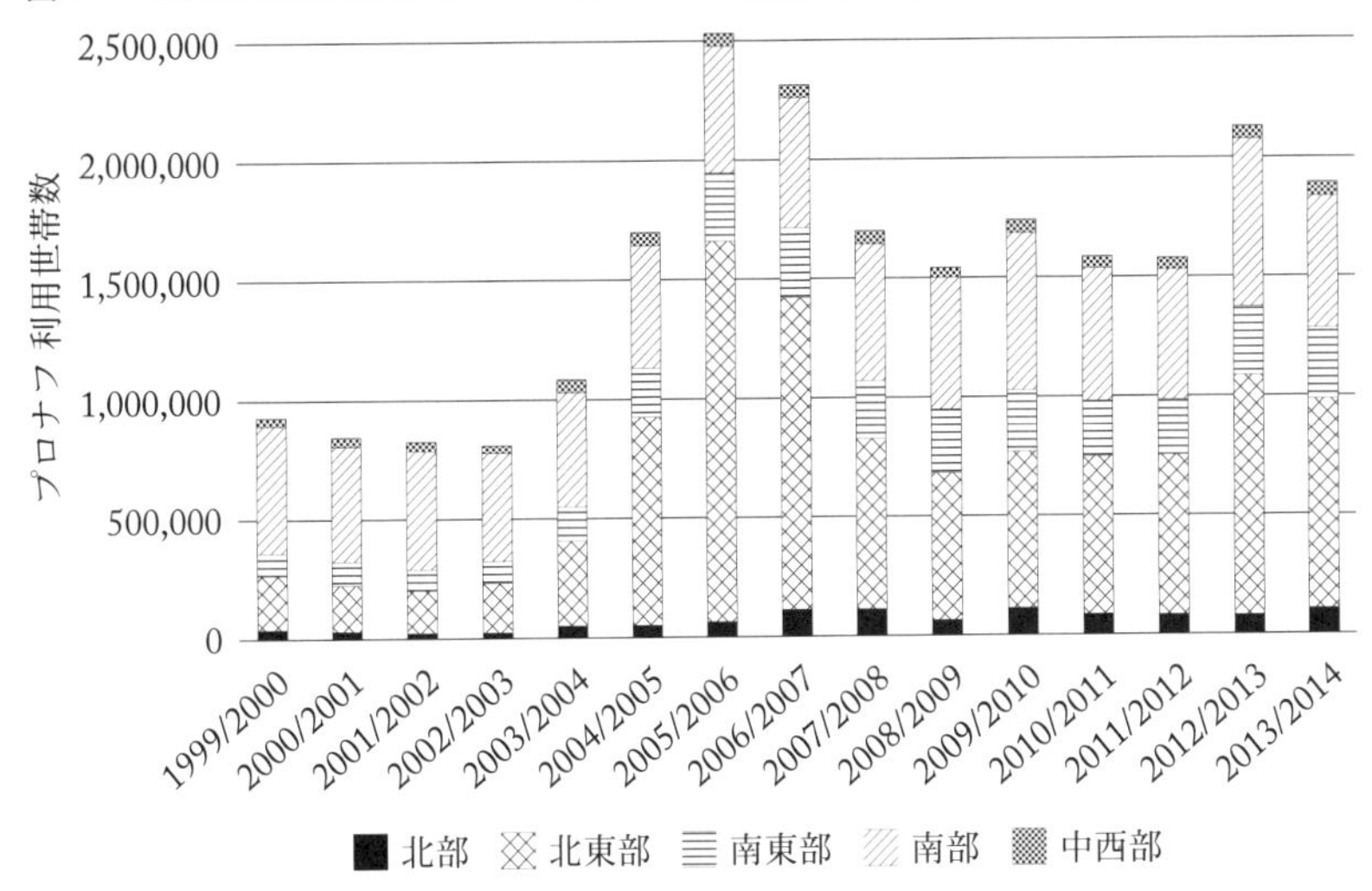

（出所）農業開発省（MDA）資料から作成

様な生産活動が融資の対象とされている。

　ＭＤＡによれば、プロナフの融資を受けている世帯数を地域別にみると、かつては独立自営の農家が多い南部が多かった。近年家族農の絶対数が多い北東部が増加している。他方で、アマゾンが位置するブラジル北部は、最近増加はしているものの少ない（図８－２）。ブラジル中央銀行（Banco Central do Brasil：ＢＣ）によって融資額をみると、融資の大半がタマネギ、大豆、コーヒーなど従来の農法で栽培される作物に、地域的には農業生産体系が整い資金力も高いブラジル南部での家族農業者に向けられてきた。これに対して、マンジョカ、フェイジョン豆など半自給的作物や熱帯果物の生産を行っている北部や北東部の零細な家族農業者への融資が少ない（Banco Central do Brasil, *Anuário Estatístico do Crédito Rural 2012*）。つまり本来融資が必要な農家に資金が届いていないのである。

　こうした問題以外に制度そのものに関わる問題もある。プロナフの融資を受けるには金融機関との手続きを始め、農地が法律上適正であるのが絶対条件である。従って、銀行からの融資を受けたことがない農業世帯においては、その仲介役として行政機関などの支援が不可欠である。国有地または私有地などを不法占拠して農業を営んでいる土地なし農民運動の場合には、より大きな障害がある。融資などの支援を受けるには、農地の適正を証明し、それを基に全国家族農業強化プログラム適正申告（Declaração Anual do Produtor Rural：DAP）を行わなければならないため、不法占拠などで不正に得た土地での営農は融資政策を始めとした支援政策の対象とされていない。国有地の不法占拠は土地権利が国会などの決議により譲渡されることもあるが、私有地では激しい軍警察との衝突により、強制退去が命じられるケースもたびたび報告されている。こうした制度上の困難はアマゾンで大きい。

家族農業者はプロナフによる融資以外にさまざまな支援政策を受けることができる。第一は生産に関わる支援である。その一つは技術支援である。家族農業者はMDA農業局に所属する農業技師による生産方法の改善、持続的な資金調達、サービスの受託、融資へのアクセスに関する指導が受けられる。次に生産保障政策として家族農業者保険（Seguro da Agricultura Familiar：SEAF）がある。プロナフなどの制度融資を受けている生産者の、リスク低減を目的とした保険である。持続的な生産を担保するため、特定の品目または地域における伝統的な作物の生産を対象に、予想される粗収益に対し最大八〇％の保障が受けられる。最後に生産補償制度がある。地域限定の生産補償制度であり、旱魃や洪水など、環境リスクが高い地域の農業者を対象とする。

第二は販売支援である。その一つが家族農業者価格保証である。農作物における最低価格保証政策は一九四三年に連邦政府により制度化されたが、それに加えて家族農業者向けの最低価格保証制度が新たに導入された。対象はプロナフ融資を受けている農家である。この制度では、市場価格が最低保証価格を下回った場合、定められた限度額までプロナフへの返済金から差し引かれる。もう一つの販売支援として食料購入政策と国家学校給食プログラムがある。各自治体において持続的な農業発展を促進するため、地方政府、教育機関、託児所などの公共施設において家族農業者の生産物を優先的に購入するものである。公共教育機関については、在籍している児童生徒数に応じて、政府から自治体へ予算が割り当てられ、その三〇%を家族農業者生産物の購入にあてることが義務付けられている。

このように生産、販売支援は多くはプロナフの融資を受けた農家に限られ、アマゾンではプロナフ融資を受けられない農家はこれらの支援からも排除される。

3　公正取引の事例

これまで述べたようにブラジルの連帯経済や家族農業は販売上の困難をかかえている。その理由の一つは価格や品質で競争力をもたないことであるが、もう一つにはインフラ整備の遅れから輸送費が高く市場情報が入手できないからである。また、たとえ販売できたとしても買い手との経済力の差から不利な条件を強いられる。他方で、市場との取引は環境破壊を伴う生産を引き起こすこともありえる。フェアトレードあるいは公正取引は、そうした市場の隘路を克服し市場取引に伴う問題を緩和し克服することを可能にする。零細な生産者が多くインフラが未整備なアマゾンでは、公正取引が重要になる。

零細農または先住民集落による自発的な取り組みは難しく、ブラジル北部における公正取引実現への支援事業の多くは国内外の諸団体により実施されている。これらの一部の取り組みはサンパウロ大学が設立した第三セクターである社会経営企業者センター（Centro de Empreendedorismo Social e Administração em Terceiro Setor：CEATS）で全国の社会事業の実態を調査するために実施された「ブラジル・プロジェクト二七（Projeto Brasil 27）」で報告されている。プロジェクト二七で報告されたブラジル北部における社会事業例のなかで注目されるのは、アクレ州都リオブランコ市（ムニピシオ）のアマゾニア社会参加型認証協会（Associação de Certificação Sociopartícipativa da Amazônia：ACSアマゾニア）やパラ州都ベレンの一〇〇%アマゾニア（100% Amazônia）である。プロジェクト二七には含まれていないが、バニワ工芸（Arte Baniwa）も公正取引の重要な事例である。

アマゾニア社会参加型認証協会

ACSアマゾニアは二〇〇三年に設立され、世界でも類を見ないブラジル有機認証制度によって参加型有機認証の審査が認められた団体である。従来の有機認証は第三機関を通じ、監査員による農地の適正審査を行った末、有機認証マークの使用およびその販売が認められるが、ブラジルではさらに二つの方法で有機作物としての販売が制度的に認められている。一つは参加型保証制度（Sistemas Participativos de Garantia：SPG）である。SPGは二〇〇七年に政令第六三二三号によって定められたブラジル有機適正評価システム（Sistema Brasileiro de Avaliação da Conformidade Orgânica：SISORG）を構成する制度である。本制度では、有機認証の審査のため、生産者グループおよびステークホルダーによって参加型適正審査機関（Organismo Participativo de Avaliação da Conformidade：OPAC）を設立し、農牧供給省（Ministério da Agricultura, Pecuária e Abastecimento：MAPA）へ登録を行うことにより、有機認証マークの使用および国内限定で販売が認められる。もう一つは有機作物の直売制度である。この制度では申請団体または協会によって社会管理機関

（Organismo de Controle Social：OCS）を設立し、申請団体所在州のオーガニック生産委員会（Comissão Estadual de Produção Orgânica：Cporg）と共に審査を行うことにより、有機生産物の販売が認められる。直売制度は、その名前が示すように生産者が消費者に直接販売することであるが、そのことによって仲介業者などを介する場合と異なり、有機作物としての付加価値が正当に評価されることになる。直販制度により、家族農業者の収入を圧迫する要因とされている仲介業者が制度的に排除され、家族農業者の収入アップが見込まれる。審査費用はOCSの負担がOPACより軽減されるため、参加型認証より低コストであるが、販売方法が制限されるほか、有機認証マークの使用が認められない。

このように、参加型有機認証制度と有機生産物直売制度は従来の機関認証と異なり、有機認証の効力が一部限定される反面、手続きおよび費用の緩和により、低コストで有機作物の販売が実現可能となり、さらに、従来の監査員による認証基準の問題指摘以外にも、問題改善の助言および技術指導行為が認められている。どの方法で認証を取得しても販売価格の差別化はされず、何れの認証も同等に扱われる。

ACSアマゾニアは参加型有機認証の事例である。ACSアマゾニアには五一名の生産者が所属しており、主にアグロエコロジー的な農業生産および森からの果樹や木の実などの採取で得た産物を、協会が主催するアグロエコロジー作物市で販売している。地元の行政機関をはじめアクレ連邦大学（Universidade Federal do Acre：UFAC）などを含む四五の団体が支援を行っている。サントスは、従来の有機認証団体と異なり、SPGによる認証を行うACSアマゾニアが技術指導を所属農家の各集落で実施することにより、農業者の育成および地域社会の安定にも貢献した、としている（Santos [2015]）。認証取得前との比較では家族農業者世帯の収益は最高で四〇〇％向上し、その主な要因として有機作物市での直売および売れ残りなどによる損失低減が挙げられている。直売では仲介業者によって定められた最低出荷量などの制限が無いため、少量であっても市場で販売することが可能であるためである。

一〇〇%アマゾニア

公正な取引の観点からもう一つ注目されるのは、パラ州ベレンのベンチャー企業である一〇〇%アマゾニアである。一〇〇%アマゾニアは二〇〇九年にベレンで設立以来、アマゾンの森林産物ベースの製品を五〇か国以上へ輸出し、北部ブラジルにおける模範的な社会企業として注目されている。創業者は海外企業によるアマゾンの搾取に批判的である世論のなか、地元企業が対処しない現状に端を発し、自らこの事業を立ち上げた。食品加工産業などと提携し、主にアマゾン産物の加工品の製造・販売を行っている。インターネット通販を通じて製品を販売することにより、地元の生産者を海外消費者とつなぎ、公平な対価を支払い、持続的な開発を保持することを目的としている。収益の多くはアサイ関連商品の販売によるが、創業者いわく「原生林などで生育したアサイヤシの方が営農生産と比べ収量が多いため、その販売は森林保護へも貢献する」としている。事業成功の秘けつとして、従来の輸出国である北米、西ヨーロッパ諸国、中国などに留まらず、ポーランド、ルーマニア、フィリピン、マレーシア、ニュージーランド、パキスタン、カタールなどの市場への参入が挙げられる。輸出規制が異なる国々への参入は、さまざまな物流関連企業との提携により可能となった。さらに一〇〇キロ未満の少量または小口販売を実現したことが成功の要因であったと考えられる。現在の顧客の多くは各国の中小企業であり、事業主との直接交渉が行いやすいことが功を奏し、各輸出地域の好みや要望を製品に細かく反映している。原生林からの採取はそれぞれの収穫時期に行われ、収量も限られているため、事業を維持するためには、顧客側もこの事実を理解することが重要であるとしている。欠品などによる問題を軽減するために、常に新たな生産者との提携、顧客の開拓そして代替製品の紹介や提供に努めている。

一〇〇%アマゾニアの事例は近代的なネット通販商法を通じ、世界へアマゾンの豊富な資源を紹介し、蔓延る森林破壊や無計画な農牧生産業の拡大などによるマイナスイメージを払拭すると共に、生産者へ従来の焼き畑農業などによる森林伐採以外に収益が得られる事実を示した。アマゾンの持続的開発を維持するため、限られた収量および一時的な欠品事情を顧客と共有し、理解を促したことは本事例における画期的な取り組みであるとともに、今後の類似事業にとって考慮すべき新たな価値観を証明したと言える。

バニワ工芸

最後はバニワ先住民の工芸での公正取引である(以下Martins [2011] ほか)。バニワ(Baniwa)は、ネグロ川の支流イサナ川流域のブラジル、コロンビア、ベネズエラにまたがる北西アマゾンに住む先住民で、ブラジル側の人口は約一万二〇〇〇人である。農業のほか台所などで使用するかご細工を営む。彼らはアヴィアメント(aviamento)と呼ばれるアマゾン特有の前貸し制度によって債務奴隷化していた。かご細工を売って日用品を手に入れたが、かご細工は不当に低い価格で売られた。こうした状況を打開すべく、バニワの工芸家たちは一九九二年にカトリック教会の支援を受けて、イサナ流域先住民組織(Organização Indígena da Bacia do Içana:OIBI)に対して中間搾取を排したオルタナティブな販売ルートの開拓を求めた。これに先立ってネグロ川流域の先住民の政治的代表組織として一九八七年にはリオネグロ先住民組織連合(Federação das Organizações Indígenas do Rio Negro:FOIRN)が設立され、社会環境研究所(Instituto Socioambiental:ISA)が先住民の権利保護のため積極的な支援活動を行った。バニワでは伝統の維持と生活水準の向上をどのように両立させるかが課題となった。

バニワのかご細工
© Pedro Martinelli / ISA

伝統的な文化や生活を維持しながら市場への接近によって所得をどのように向上させるか、その答えがかご細工の工芸化であった。最初の決定は生産物の販売をＯＩＢＩを通じて一括して行うことであった。これにより前貸しによる中間搾取を排除した。続いて地域の店舗や観光客向けにかご販売を始めた。一九九四年にはアマゾナス州都マナウスでの先住民フェアに出展したが、品質の低さから市場では受け入れられなかった。こうした経験を踏まえて一九九八年にバニワ工芸プロジェクトが発足した。このなかでＩＳＡは、ＯＩＢＩとバニワの工芸家に対する技術支援と北西ブラジルアマゾン外の市場への販売支援を担当し、ＯＩＢＩの価格その他の販売条件設定を指導した。また、ＩＳＡは国際的なドナーによるプロジェクト支援を仲介した。その後、サンパウロ州オランブラ花市やブラジルのスーパーマーケットチェーンのポンデアスカル（Pão de Açucar）でのかご販売を試みた。

マルティンスはＩＳＡがガストン（D.H. Guston）の言う境界組織（boundary organization）の役割を果たしたとする。ＩＳＡは市場（小売業者、伝統的な消費者など）とバニワの先住民コミュニティ（ＯＩＢＩ、工芸家など）の間を仲介し緊張を緩和した。すなわち、一方で市場関係者が社会正義、先住民の権利や社会・文化を理解し、それらの原理を彼らの活動に適用するよう促し、他方で先住民社会が市場のニーズに対応できるように能力を高めるよう支援した。要するに、ＩＳＡは道具としての市場と目的としての連帯を調和させ、公正取引と持続的な開発を実現する境界組織として機能した（Martins [2011]: 423）。バニワ工芸は、先住民、支援組織、消費者による公正で連帯的な取引と、それを通じる持続的な開発の事例である。

アマゾンの持続的な開発のためのフェアトレード

国際的なフェアトレード概念と異なり、ブラジルのフェアトレードは国内外を問わず、また生産者と消費者の間に限らず、すべての取引において公正を求めている。ブラジルの公正取引はまた連帯経済の一部として理解され、連帯経済支援の一つとなっている。アマゾンの生産者はほかの地域に比べて零細な農民や手工芸者の比重が高い。彼らが直面する困難は資金、技術の不足以上に販売に関わるものである。販売上の困難は価格や品質の問題に部分的に起因するが、同時に輸送手段や市場に関する情報の不足にも原因がある。また零細な規模ゆえに不利な取引条件を強いられるという問題もある。

政府による連帯経済や家族農業に対する支援はこれらの困難を緩和するが、現実には広大なアマゾンで隅々まで支援が行き渡らないという問題がある。アマゾンの連帯経済は、フォーマルな協同組合やアソシエーションだけでなく、インフォーマルなグループが存在するが、その大半は連帯経済と認定されておらず、支援の対象とならない。家族農業支援については、それが伝統的な商品作物とブラジルの先進地域の資金的余裕のある農家に偏り、アマゾンの自給的な作物やアグロフォレストリーのような非伝統的な農法に支援が及ばないという問題を抱えている。土地なし農民の場合はそもそも支援の対象にならないという問題がある。他方で、近年連帯経済に関する研究も年々増え、それらに基づいて伝統的な集落・部落（キロンボーラ Quilombola＝逃亡奴隷の共同体で暮らす人びと、リベイリーニョ Ribeirinho＝アマゾン河流域に点在する川縁集落、漁師協会など）や特定の社会層（女性、障がい者、若輩層）が新たに見直され、公共政策へ反映されたことは大きな進歩であった。

アマゾンの家族農のような小規模な農民や手工芸者による国際的なフェアトレードの実現には未だ多くの課題があるが、ブラジルでは有機認証制度のように零細な生産者に認証獲得機会を与える画期的な制度が整備されてきた。彼らの生産物の販路が国内さらに海外市場にまで広がるには、品質やデザインなどの技術指導や、市場へのアクセスを可能にする環境づくりと政策の充実が期待される。公正取引はその重要な手段である。

アマゾンにおける熱帯果樹をはじめとする多種多様な産物は、家族農業者によって営農されている中小規模の農地から生産されている。大規模単一栽培またはアマゾン森林破壊の主な原因とされている畜産業の拡大を抑制する意味でも、家族農業者または連帯経済支援を通じ、自立した生産体系およびその販売を実現することが重要である。二〇一六年の政変によるルセフ大統領の罷免に伴い、労働者党政権が進めてきた連帯経済や公正取引などの社会政策が廃止や見直される可能性がある。連帯経済や公正取引が未だ道半ばであり、多くの課題を残している現状において、政策と活動の継続が期待される。

参考文献

小池洋一［二〇一四］『社会自由主義国家——ブラジルの「第三の道」』新評論
平野研［二〇一四］「ブラジル・アルフェナスでのフェアトレードタウン運動の実態と課題」『季刊北海学園大学経済論集』第六二巻第一号

Assessoria de Comunicação Social [2013] *Políticas Públicas Para Agricultura Familiar,* Brasília.

Gaiger, Luiz Ignácio & Grupo Ecosol [2014] *A Economia solidária no Brasil: uma análise de dados nacionais*, São Leopoldo/RG: Editora Oikos.

Grisa, Catia, Valdemar João Wesz Junior e Vitor Duarte Buchweitzt [2014] "Revisitando o Pronaf: velhos questionamentos, novas interpretações," *Revista de Economia e Sociologia Rural*, vol.52, no. 2: 323–346.

Huybrechts, Benjamin e Jacques Defourny [2011] "Explorando a diversidade do comércio justo na economia social," Ciências Sociais Unisinos, 47(1): 44–55, janeiro/fevereiro.

Martins, Rafael D. Almeida [2011] "Fair Trade Practices in the Northwest Brazilian Amazon," *Brazilian Administration Review,* vol. 8, no. 4 : 412–432.

Mendoça, Haoldo [2011] "Comércio justo e economia solidária no Brasil e o papel da política pública na sua promoção," *mercado de trabalho,* no. 49, nov.

Mera, Craudia Maria Prudêncio de e Graciela Beck Didonet [2010] "Aplicação dos recursos do PRONAF pelos agricultores familiares do município de Cruz Alta (RS)," *Perscpectiva Económica*, vol. 6, no. 2: 45–58.

Projeto de Cooperação Técnica INCRA/FAO [2000] *Novo retrato da agricultura familiar o Brasil redescoberto*, Brasília.

Santos, Rosana Cavalcante e Amauri Siviero orgs. [2015] *Agroecologia no Acre*, Instituto Federal de Educação, Ciência e Tecnologia do Acre, Editora IFAC.

SENAES [2013] Boletim Informativo, Edição Especial: Divulgação dos dados preliminares do SIES.

ウェブサイト

Projeto Brasil 27　http://www.projetobrasil27.com.br/.

ACS Amazônia　http://www.acs-amazonia.org.br

100% Amazônia   http://theamazinamazon.com/

Arte Baniwa   http://www.artebaniwa.org.br/

ISA Baniwa   https://site-antigo.socioambiental.org/inst/baniwa/intro1.htm

第9章

いのちを守る知恵

都市貧困地域のコミュニティで生まれる市民教育

田村梨花

子どもたち制作のジオラマ「教育 —— 尊厳あるいのち：私たちが求めるのは教育がいつも最優先される国」（筆者撮影）

一九八五年の民政移管後、一九八八年に初の民主的憲法が作られたブラジルにおいて、すべての人びとが基本的権利を行使できる社会構築への挑戦の歴史はまだ半世紀にも満たない。しかしながらブラジルには、一九六四年から二一年間も続いた軍事政権下における抑圧的な社会状況において、貧困や差別、暴力といったさまざまな問題に対し、人びとが力を獲得するための民衆教育を実践してきた市民社会の歴史がある。その歴史において、パウロ・フレイレの『被抑圧者の教育学』にみられるような、被抑圧者としての立場に置かれている当事者が主体となる活動が実践されてきた。日々の生活に関わる問題を意識化し、コミュニティを基盤として地域の発展のあり方を考える教育活動が、都市スラム地区や農村コミュニティにおいて市民社会組織によってノンフォーマル教育として展開されてきた（田村［二〇〇九］、丸山・太田［二〇一三］）。

民政移管後の国づくりの指針を果たした数多くの法制度と同様に、子どもの権利に関する法典も民衆教育を実践する市民社会組織による意見書を中心に編纂された。一九八八年憲法を規範とし、一九九〇年には児童青少年法（Estatuto de Crianças e dos Adolescentes：ＥＣＡ）が制定され、一九八九年の国連子どもの権利条約（Convention on the Rights of the Child）も同年に批准した。一九九〇年以降、あらゆる形態の差別や不平等を撤廃し、すべての児童の権利を尊重するための枠組みが作られてきた。二〇〇〇年にはＩＬＯ一八二条

（最悪の形態の児童労働を禁止する条約）を批准するなど、労働や性産業などさまざまな形態の搾取から子どもを守るための努力が行われており（横田［二〇一四］）、労働者党政権においても基本的人権確立のための社会政策が継続して実施されてきた。カルドーゾ政権（一九九五―二〇〇二）以降導入された初等教育の普遍化、ルーラ政権（二〇〇三―二〇一〇）で本格的に導入されたボルサ・ファミリアに代表される条件付き現金給付など貧困撲滅と社会的公正を目的とする政府政策により、二〇一五年、六歳から一四歳までの就学率は九八・六％という数値を示している。

平均値における貧困指数や教育指標は改善への変化をみたが、貧困人口が相対的に多い北部、北東部における児童労働や子どもの性的搾取の事例はまだ少なくない。二〇一四年、五歳から一三歳までの年齢層で労働に従事している人口数は四一万二〇〇〇人で、そのうち七万九〇〇〇人は九歳以下である。根絶が難しい形態の児童労働として、主に女子を対象とする家事労働（第三者の家庭を含む）、「見習い」としての搾取的労働、農業部門の児童労働、観光イベントや開発事業に伴う性的搾取などがあり、アマゾン地域の社会的経済的状況はその温床となりうる環境を有している（Repórter Brasil［2013］）。パラ州では五歳から一七歳までの年齢にある約二二万人が労働状態にあり、その割合が国内最大レベルの数値であることから、州政府は二〇一六年八月に「パラ州児童労働撲滅と青年労働保護計画」を策定している。

労働による搾取や社会的暴力による被害を受けやすい子どもの状況を変化させるには、「社会的公正のための行動」への意識を涵養する市民教育（シティズンシップ教育）が教育現場において効果的に実践されることが求められる。実際に、軍事政権以降、ブラジルのＮＧＯが民衆教育において展開してきた社会教育、市民性を身につけるための教育は、こうした社会的脆弱性の高い子どもの生活を変えるために重要な役割を果たしてきた（ガドッチ［二〇〇三］、Gohn［2010］）。

本章では、アマゾン地域における子どもの人権の状況について概観するとともに、パラ州ベレン市（Município de Belém）において一九七〇年代より都市貧困層の子どもの権利を守るために活動している市民社会組織による市民教育の活動を事例として、地域社会をベースに取り組まれている子どものいのちと権利を守る教育を紹介する。

1　アマゾンにおける子どもの権利

アマゾン地域の子どもを取り巻く社会状況

二〇一二年におけるパラ連邦大学人権教育研究所の調査によれば、アマゾン地域の子どもの社会指標は概してブラジル平均を下回る数値が多い（表9－1）。

教育指標では、マトグロッソ州以外の指標は高いとはいえない。初等教育一～四年の進学率、留年率、退学率は多くの州でブラジル平均を下回る。初等教育五～八年の同指標については一～四年に比較すれば改善されているが、退学率は同様に高い数値である。学力テストから算出した教育レベルの計測指数である基礎教育開発指数（Ideb:Índice de Desenvolvimento da Educação Básica）はほとんどの州において平均に達していない。保健指標では多くの州で乳児死亡率が平均を下回る数値である。特徴としては五歳未満の低体重児の割合が高く、幼年期における栄養摂取の不足を表すものといえる。社会的リスクに関係する指標をみると、五歳～一四歳の労働率は平均して高く、ロンドニア州、アクレ州、トカンチンス州、マラニョン州は国内のワースト一〇に位置している。一〇歳～一五歳の労働率、貧困層の割合、若年妊娠数の多さもアマゾン地域の社会的脆弱性を表している。ジニ係数が平均よりも低いことは、当該地域内における格差はそれ程大きくないことを意味するが、人間開発指数および子ども開発指数の数値からはアマゾン地域における貧困の集中がみてとれる。

開発の波と子どもの権利

戦後、アマゾン地域は国家の開発計画の舞台となり、先住民、ゴム樹液採取労働者、キロンボ・コミュニティ（Território Remanescente de Comunidade Quilombola）など、この地に暮らす人びとの生活圏は長期にわたり収奪され続けてきた。先住民保護に関する法律制定もみられたが、その多くは開発に伴う政府の権利の所在を明確にするものであり、アマゾンを生活圏とする人びとの主張を優先させたものではなかった。

カラジャス鉱山開発やベロモンテ・ダム建設に代表されるアマゾン内陸部における開発事業の推進は、周辺地域の先住民の生活に深刻な影響を与える。そのような状況下では子どもの権利が優先されることは難しい。家族の大半は開発による強制移住を強いられ、自らの生活を決定する権利を奪われる。ベロモンテ・ダム建設地であるアルタミラでは開発事業優先のため教育のインフラは欠乏し、人口増加により建設現場付近に売春宿が立ち並び、人身売買や未成年の性的搾取に関連する事件も増加した（Almeida [2013]）。アルタミラにおける人権侵害の状況については複数のＮＧＯによる調査が進められている。二〇一三年シングー川付近の安宿で二〇人の女性が保護される事件が発生したが、彼女たちは四五日間で三万レアルの労働を求めてアルタミラに移住していた。一九九二年に出版されたディメンシュタイン（Gilberto Dimenstein）の『夜の少女たち（*Meninas da Noite*）』で描かれた性的奴隷労働の世界は、まだ存在しているのである。

アマゾン河流域の川岸で暮らす住民リベイリーニョ（ribeirinhos）やキロンボ・コミュニティの子ども

初等教育 5–8年留年率 2010年	初等教育 5–8年退学率 2010年	初等教育 5–8年基礎教育 開発指数 2009年	乳児 死亡率‰ 2009年	出生時 低体重児率 2009年	5歳未満 低体重児率 2009年	1歳未満 予防注射率 2009年
12.6	4.7	4.0	22.5	8.43	4.42	78.18
18.7	5.2	3.5	22.4	6.86	3.53	82.03
6.1	5.0	4.1	28.9	7.71	6.44	78.57
10.8	9.0	3.5	24.3	7.51	7.23	75.12
11.7	4.1	3.7	18.1	7.40	7.45	76.37
12.9	7.9	3.4	23.0	7.30	7.74	82.18
10.6	4.5	3.6	22.5	8.60	4.46	78.72
11.0	3.0	3.9	25.6	6.70	6.20	77.48
10.7	6.0	3.6	36.5	7.16	8.44	82.04
4.5	1.6	4.3	19.2	7.12	3.71	78.38

15–19歳 妊娠率 2003年	ジニ係数 2009年	人間開発 指数 2006年	子ども開発 指数 2004年
21.8	0.54	0.792	0.733
26.7	0.51	0.756	0.662
28.7	0.61	0.751	0.562
27.2	0.51	0.780	0.669
27.7	0.52	0.750	0.681
29.1	0.51	0.755	0.650
25.4	0.52	0.780	0.719
29.3	0.52	0.756	0.654
29.9	0.54	0.683	0.651
23.4	0.50	0.796	0.722

表9－1　法定アマゾンにおける子どもの社会指標（単位：％　乳児死亡率のみ‰）

	0–14歳 非識字率	初等教育 1–4年進級率	初等教育 1–4年留年率	初等教育 1–4年退学率	初等教育 1–4年基礎教育 開発指数	初等教育 5–8年進級率
	2010年	2010年	2010年	2010年	2009年	2010年
ブラジル	3.9	89.9	8.3	1.8	4.6	82.7
ロンドニア	2.0	87.5	10.8	1.7	4.3	76.1
アクレ	7.9	85.8	10.4	3.8	4.3	88.9
アマゾナス	8.2	81.9	13.2	4.9	3.9	80.2
ロライマ	6.0	91.9	6.7	1.4	4.3	84.2
パラ	8.1	83.4	11.6	5.0	3.6	79.2
アマパ	4.9	86.9	11.0	2.1	3.8	84.9
トカンチンス	3.6	91.4	7.7	0.9	4.5	86.0
マラニャン	9.5	89.3	8.0	2.7	3.9	83.3
マトグロッソ	2.4	95.7	3.6	0.7	4.9	93.9

	5–14歳 労働率		10–15歳 労働率	最低賃金 1/2未満 人口率	最低賃金 1/2未満 児童人口率	10–14歳 妊娠率
	2011年	ランキング	2009年	2009年	2009年	2003年
ブラジル			9.23	31.10	49.15	0.9
ロンドニア	8.94	2	16.87	31.92	49.63	1.2
アクレ	6.87	6	13.52	41.61	57.75	1.4
アマゾナス	3.58	19	7.25	44.07	59.08	1.3
ロライマ	1.18	25		40.35	53.90	1.8
パラ	4.77	14	10.37	49.27	66.20	1.4
アマパ	1.72	23	5.06	42.67	56.34	1.2
トカンチンス	8.12	3	18.07	37.65	54.62	1.6
マラニャン	5.63	8	12.51	56.31	73.90	1.5
マトグロッソ	4.46	15	11.94	26.78	41.70	1.3

（注）網掛けはブラジル平均に達していない数値。空欄はデータなし。
（出所）Damasceno et al. [2012]、IBGE [2010]、UNDPデータベースより筆者作成

は、学校や保健所などの社会インフラの不足した状況に置かれている場合が多い。先住民文化において子どもが農作業や自分の住居で家事を手伝う習慣があれば、それは家庭内労働とみなされるかも知れない。しかしながら、それが家庭以外の場所で労働行為として強制的に行われたり、子どもの発達を妨げ、自由意志が尊重されない形で行われる場合は、子どもの権利が脅かされる状況となる。また、アルタミラの例にあるように、開発という名のもとに近代社会が急速にコミュニティに接近し、市場経済の規範が伝統的社会の価値観を破壊し、必要な知識や判断力、教育を受けないまま搾取の対象となるリスクは大きい。インフォーマル経済があらゆる労働力を必要とする都市部では、子どもにとりさらにその危険性は増す。そうした社会的状況から、アマゾンにおける子どもの権利を守る運動は九〇年代以降も継続され、子どもの権利に関する政府政策の立案には必ずアドボカシーを行ってきた。

子どもの権利を守る法と政策

カルドーゾ政権以降、ブラジル政府が国連の基準に合わせるべく数々の社会政策に着手する時代が到来し、子どもの権利を守る法整備や各種政策も進展した。一九九〇年のＥＣＡの効力を高めるため、二〇〇〇年六月にナタル（Natal）で開催された全国会議の提言を基に、政府は「児童青少年への性的暴力撲滅国家計画（Plano Nacional de Enfrentamento da Violência Sexual Infanto-Juvenil）」を策定し、同年法律九九七〇条により五月一八日を「全国児童青少年の性的搾取撲滅デー」に制定した。さらに二〇一〇年には児童青少年権利審議会により国家計画の見直しがなされ、児童青少年の権利促進、権利の保護、児童青少年の主体性と参加、権利の実現のための社会統制、児童青少年の人権の国家政策管理を軸に、二〇二〇年を目標とする新たな一〇年計画が作られた。

アマゾン地域の各州に焦点を当てた政策に、ユニセフのイニシアティブにより二〇〇七年に導入された政府・NGO連携プログラム「アマゾン子どもアジェンダ（Agenda Criança Amazônia）」がある。基礎自治体行政が中心となり、法定アマゾン地域に暮らす子どもの権利の保障を目的とし、当該地域の一七歳以下の子どもの社会的状況をデータ化し、コミュニティのニーズに応じたプログラムを実施、管理、評価する社会的促進プログラムである。子どもによる参加型予算など社会参加を重視するとともに、出生届の徹底、性的搾取の撲滅、先住民の文化を尊重する教育・保健衛生プログラムの実施に向けて、二〇〇八年には法定アマゾン地域の八州の知事と協定を結んでいる。二〇一三年には「アマゾン子どもアジェンダ」の基準を満たす基礎自治体を対象に「ユニセフ認証基礎自治体マーク（Selo UNICEF Município Aprovado）」を発行する活動を開始し、子どもの権利への啓発活動を行っている。

子どもの権利と保護を確実なものとするためのこうした数々の試みの策定には、ブラジル全土に存在する子ども権利審議会が関わっている。審議会の構成員として、地域開発の担い手である住民組織、パストラル・ダ・クリアンサ（Pastoral da Criança）に代表されるカトリック人道支援組織、地域社会をベースに活動する市民社会組織など、軍事政権期からアマゾン地域における子どもの権利を守るための活動を展開してきた民衆教育組織が必ず参加している。これらの市民社会組織は、子どもの人権が蹂躙されてきた時代に、開発の犠牲となり社会的弱者の立場におかれてしまう状況に沈黙せず、子どもの権利の侵害や搾取を告発する文化を形成してきた歴史を持つ。権利を守る活動だけではなく、権利を行使する主体としての意識化の機会を子どもに与え、自らのいのちと生活を守るための教育を重要視してきた。それは、ブラジルにおける社会運動の目的である市民権の獲得と社会の不公正の構造変革を可能とするために市民社会の内部で実践されてきたノンフォーマル教育そのものである（Gohn [2010]）。

2　自分のいのちをどう守るか——NGOの教育現場から

都市貧困地域におけるノンフォーマル教育

社会的脆弱性と隣り合わせの生活を強いられている子どもにとって、どのような活動に参加することが彼らの権利を守るために重要となるかというテーマは、軍事政権下から草の根の活動を進めてきたNGOの課題でもある。ベレン市（ムニシピオ）で地域社会ベースの教育活動を展開する市民社会組織であるエマウス共和国運動（Movimento República de Emaús：MRE）を例に、公教育とは異なる空間で行われる、社会構造を批判的に捉え自らの選択を思考する機会をもつための市民教育の分析を試みる。

ベレン市の都市貧困地域の子ども・青年を対象に市民権教育・社会教育を行うMREは、路上で働く子どもの権利を守るために一九七〇年に設立されたNGOである。都市近郊の貧困地域の子どもを対象に、就学以外の時間帯を使い、芸術文化活動、職業教育、社会教育などの教育活動を実践している。MREの教育活動の特徴に、文化的表現や職業教育といった学習者が自らの関心に基づき意欲的に取り組む教育活動と、彼らの日々の生活に結びついた問題、例えば社会的公正、差別、暴力、性教育といったテーマを扱う市民教育の横断的カリキュラムの実施がある（田村［二〇〇九］）。

「社会を変革する連帯のために」というスローガンに基づき、MREはこれまでジュルナス、テラフィルメ、ベングイといったベレン市内の貧困地域をベースに教育活動を行ってきた。子どもの意思の尊重、対話的関係の重要視、社会的課題を意識化する機会の提供がMREの教育指針であり、その方法論に基づいて社会的脆弱性を持つ子どもの権利を守るための活動を展開してきた。路上生活の経験のある女子を対象とする芸術活動グループ、アルテ・デ・ヴィヴェール（Arte de Viver 生きる術）は、同世代の子どもとの会話を楽しみながら、人形のパーツを自由に組み合わせてリメイクする作業を通じて自己再生のプロセスを体感し、レジリエンスを養うワークショップを重要視する。クラスメイトやスタッフとの信頼関係が構築された後、ダンス、楽器演奏、演劇、カポエイラ、手芸など、自らの関心に基づく芸術活動に参加する。高学年向けに情報処理クラスも設置されている。

「共和国」という名を冠するMREでは、子どもの自由意志による行動が許され、教育内容に対して子ども自身が意見を述べることのできる民主的な環境が作られており、子どもは市民としての権利の行使をこの空間において約束される。その経験は、MREを一歩出たところ、例えばコミュニティ、学校、家庭、路上のような場所においてその権利が守られていない現状を実感させることにもなる。MREの活動に参加する子ども、若者は、自らの権利が尊重され、安心して生活できる空間を経験することから、その空間を社会に構築するための方法について意識し始める。

MREの活動は多岐にわたる。附属機関として一九八三年に設立された子ども権利保護センター（Centro de Defesa da Criança e do Adolescente：CEDECA）は、弁護士や社会福祉士など専門家を中心に、ベレンの観光拠点であるベール・オ・ペーゾ市場（Mercado Ver-o-Peso）で働く子どもが受ける搾取と、主に軍警察による暴力の問題に対し法的手段に基づく保護活動を展開した。CEDECAは、国際機関や行政との連携のもとパラ州の子どもの権利に関わる調査研究を行うとともに、子どもと青年の性的搾取と人身売買に対する啓発活動を実施してきた。

見えない暴力を可視化する

CEDECAは、隠された環境における子どもの人権を可視化する目的のもと、調査研究を進めてきた。

児童労働でいえば、路上における労働に対して、家事労働は数値化が難しい分野である。ＣＥＤＥＣＡはセーブ・ザ・チルドレンやユニセフの協力を得て一九九〇年代からこの問題に取り組んだ。近隣の街から就労と就学の機会を求めて都市ベレンに移り住んだ少女一六名へのインタビューを通して家事労働に従事する子どもの出身、家族構成、労働の目的、労働の内容、将来像などを分析し、家事労働の問題の深刻さを明らかにした（Lamarão et al. [2000]）。一〇代で家事と子守りを任され、報酬は現物支給も多く、全員が労働の場面で身体的・精神的暴力の被害を受けている現実を明らかにするとともに、それらの暴力は法により罰則を受けるものであり、当事者が刑事告発できることを明示する役割を果たす調査であった。

子どもが日常を過ごす場所である学校も、外部から見えにくい環境を有する存在である。ＭＲＥの活動に参加する若者のなかには異なる公立学校に通う子どもも多いことから、学校評価プロジェクトが立ち上がった。校舎のインフラなどの設備環境、授業の内容、教員の対応、学校内で一般化している暴力など、自らの日常に存在する危険性の認識を、他者の視線ではなく自分が当事者として監視、評価する。このように、ＭＲＥで行われるプロジェクトは子どもと若者に調査者としての役割を与えることで自分の生活する社会に存在する問題を意識化する機会を提供してきた。

アルタミラにおける子どもの状況も、ＣＥＤＥＣＡの重要な調査項目であった。七〇年代にはじまるアマゾン横断道路建設に伴い開発が進められてきた当地で、一九八九年から八〜一三歳の少年の連続性器切除傷害事件が起こる。当時アルタミラに警察署は一か所しか存在せず、八九年の事件発覚後の捜査が不十分であったことが九三年までの被害者数を一九人にまで増加させたとして、ＣＥＤＥＣＡはアルタミラ児童権利審議会、アルタミラ女性運動組織と連携をはかり、犯人逮捕を含む事件の報告書を二〇〇一年に出版した（CEDECA [2001]）。ＣＥＤＥＣＡの弁護士アモイは「一〇年近くもの間、多くの子どもと残された家族が残酷な事件に苦しめられているのは、当局がアルタミラの問題を軽視したことによる。公権力と社会が現実を直視し、二度とこのような事件が起きないように、社会への喚起が必要」として、子どもへの暴力事件を明らかにすることは人権の尊厳であると述べる。こうした一連の活動を通して、子ども自身が自らの権利を認識し、社会における主体性を形成し、社会変革の担い手となることがＣＥＤＥＣＡの教育活動の目的として定着する。

自分のいのちとからだを守る権利

ＣＥＤＥＣＡが二〇〇五年に開始したジェピアラ・プロジェクト（Projeto Jepiara）は、性的虐待、人身売買を撲滅することを目的とし、セクシュアリティと権利を意識化する教育活動である。ジェピアラとは、先住民言語の一つであるトゥピー・グアラニー語で「守ること」を意味する。州・市の教育局をはじめ、女性運動組織、財団などを含む一二組織により構成される管理委員会との協力のもと、ベレン市内の三地区（ベングイ、グアマ、ジュルナス）を中心に実施された。

ジェピアラに参加する子どもたちは、民衆教育の方法論にならい、講義を受ける形式ではなく、参加者相互のディスカッションと演劇という表現方法を通じて性的搾取を予防し告発する権利を学ぶ。二〇〇九年、性的虐待をテーマにした初の演劇作品として「もしこの道がぼくのものだったら（Se essa rua fosse minha）」を発表した。この上演をきっかけとして、ジェピアラは性とセクシュアリティに関する権利を意識化する手段として演劇を取り入れる方法を確立した（Maciel e dos Santos [2013]）。演劇による市民教育の方法論はアメリカの即興劇提唱者スポーリン（Viola Spolin）とブラジルのボアール（Augusto Boar）の『被抑圧者の演劇』、そしてフレイレの思想に根ざすものである。

芸術文化による表現を教育方針として活動してきたMREにとって、演劇を教育活動に取り入れる経験はCEDECA以外でも熱心に取り組まれてきた。二〇一二年、ベングイ地区の演劇クラスは「小鳥のジョアン（Pássaro João）」という児童虐待と殺害をテーマとする作品を上演した。ジョアンという名の貧しい生まれの少年が金銭を手にするために大人にそそのかされ車の盗難を繰り返すが、最後には車の持ち主に殺害されてしまうというストーリーをもつ。少年を小鳥に、犯罪組織の活動を狩猟行為に例え、音楽やダンス、地域の民俗的要素を盛り込むことで、観客への距離を近づける工夫がみられる。アマゾンの民話で知られるオオオニバスの妖精（vitória régia）、小人のクルピラ（curupira）、人魚のイアラ（Iara）などを登場人物とし、童話性を高めた作品とすることで鑑賞の際の重苦しさは取り除かれるが、貧困と暴力が若者のいのちを奪う現実社会への警鐘は舞台のなかでしっかりと表現される。

演劇によるエンパワーメント

同年、ジェピアラ・プロジェクトの参加メンバー自身が日々の生活で実感する性的暴力にテーマを据えた作品を設定することとなった。それは彼女たち自身が家庭内で、学校で、コミュニティで、社会のあらゆる場面において、この世代の若者にふりかかる可能性のある性的暴力、性的搾取のさまざまな場面について考えることを意味していた。メンバーはベレン市内でも貧困指数の高い地域で暮らしている一二歳〜一八歳までの女子約三〇名で、その多くは地域の女性運動組織の活動を通じてジェピアラに参加した子どもたちである。自分自身が被害者ではなくても、身の回りに被害を受けたという話を耳にすることの多い環境で暮らす子どもたちにとって、日常生活において現実に起きる可能性のある「いのちを脅かす危険」から、どのように自分を守ることができるか、どのようにそれを告発することが可能か、ジェピアラのワークショップはその方法について熟考する機会をもたらす。

自分の日常をふりかえることは、地域社会に存在する問題を客観視する機会も与える。「私の住む地区は、お祭りもあるしそんなに悪い場所だとは思わない」「ほかにも暴力事件の多い場所はある」「でも、整備が中途半端で自転車もバスも通れないような道もある。これって政府の責任では？　もっと警察や保健所も増やしてほしいし、投資されるべき」という批判が子どもの意見として発せられるようになる。子どもの日常において重要な位置を占めている学校についても「トイレと壁の改装を強く求める」「先生が授業を休むのは私たちにとっての損失」というように、公教育の問題が子ども自身の言葉で語られる。性的暴力をきっかけとして自分の生活圏に目を向け、どのような問題が存在するのか、何を変える必要があるのかについて考えるようになる。学校のなかに性的虐待の危険性が存在することも、子どもによる発見の一つであった。

上演の感想を分かち合う子どもたち
（筆者撮影）

ジェピアラの活動の特徴は、台本作成と上演形式、人形製作を含むすべての過程が子どもたち自身の手により行われること、そして演劇という手法により、彼ら自身の問題意識が客体化され、社会的課題となって観客側にも意識化されることにある。話し合いによって昇華された性的虐待というテーマは、子ども、若者、学校の教師、両親、警察、その他さまざまな配役を模した人形劇「美女たちと野獣たち —— よりよい未来のために（Belas e Feras: por um futuro melhor）」として上演され

人形劇のひとコマ
（Projeto Belas e Ferasパンフレットより）

た。プログラムは、NGO世界子ども基金ブラジル支部（Childhood Brasil）（本部スウェーデン）の協力を得て実施された。

役を演じる子ども自身が主体となる演劇という手法を通して、性的暴力を防止するために自らがイニシアティブを持つことができる、すなわち自分は社会に働きかけることができる存在であるという意識が醸成される。また、日常生活において起こりうる性的暴力の場面において、暴力を行う「強者」側の論理を含め、その「役」がどのような心境に置かれるかを想像することは、個人間の暴力を生じさせる原因を作り出している貧困、差別、ジェンダー間の格差など、不平等な社会構造を批判的にとらえる意識にもつながる。

自らの経験を分かち合う活動

二〇一二年から二〇一三年にかけて「美女たちと野獣たち」はベレン市や近隣のマリトゥバ（Marituba）市の公立小中学校や高校、合計八四校の約一〇〇〇人の生徒を観客として上演された。メンバー間の話し合いのなかで、自分たちの受けているような生きる権利を意識する教育、つまり市民教育を受ける機会のない公立学校の同世代の若者に対し性的暴力や人身売買の問題を伝えることは重要であること、学校そのものがそのような暴力が起こりうる現場であることが、公立学校における上演を希望した理由であった。人形劇は、六つの場面に分かれており、それぞれの幕間にディスカッション・タイムが置かれ、劇中のシーンについて観客自身が思考し議論する場が提供される。演劇という作品をメンバーと協力して創造する喜び、家庭内でも起きている可能性のある性的搾取というタブー視されるイシューを敢えて公立学校に持ち込むと、その舞台を観てディスカッションに参加した子どもたちが性的暴力とその防止について意識することになる。このように、ジェピアラの人形劇の上演は、市民教育の機会を提供する役割を果たす教育活動となっている。

社会教育の場で性的虐待と暴力の問題を扱う際、被害を受けた側の二次被害に細心の注意を払う必要がある。主題を観客と共有する方法として、演劇ではなく人形劇とすることで、演じることが再び暴力を受ける経験にならないよう配慮することができる。また、深刻で重いテーマを敢えてコミカルな人形劇として上演することは、鑑賞に際し敷居を低くすることにもつながる。CEDECAは「子どもや若者に対する性的暴力に関する情報の提供を、二次被害を引き起こすことなく、しかし具体的な問題提起と注意喚起を呼び起こす形で行うことが可能であると示すことができた」ことを一つの成果としている。

CEDECAがこれまで実施してきた性とセクシュアリティについて考える市民教育は、ほかにもさまざまな形態を持って継続されている。二〇一三年には連邦政府人権局の協力による「賢いコミュニティ(Comunidade Esperta)」プロジェクトが開始された。男女三〇名の若者グループが週二回のミーティングを行い、専門家へのインタビューや関連テーマのセミナーへの参加、学校や家庭、家庭裁判所や養護施設など公的機関への訪問を通して、地域社会の力で性的暴力を撲滅するための方法について議論するプロジェクトとなった。フェイスブックなどのSNSを用いて、少年法改正反対運動、性的虐待を通報する電話番号、全国若者連盟(Aliança Nacional dos Adolescentes)の性的暴力撲滅運動の画像や動画などをシェアし、暴力事件の防止と告発が健康的なセクシュアリティのために重要であることを体感する活動を行った。他地域で同様

セクシュアリティについて思うことを発表するワークショップ（筆者撮影）

のテーマに基づく活動に参加している若者との合同会議の開催、五月一八日の「全国児童青少年の性的搾取撲滅デー」に合わせて地域でデモンストレーション・マーチを企画し、虐待を通報する方法や機関を一覧にしたパンフレットを配布するなど、若者自身のアイデアによる活動が展開された。地域内の公立学校における特別講義の開催や、二〇一三年四月にベレンで開催された第一回ブラジル法定アマゾン青年会議（Encontro Amazônico de Adolescentes da Amazônia Legal Brasileira）への参加など、活動範囲を広げて自らの学びを情報として共有する機会を参加者自身が企画者となって実行する経験は、ジェピアラ・プロジェクトの後も引き継がれている。

二〇一四年には「トレイル・プロジェクト（Projeto Trilhas）」が開始された。「道」を意味するトレイル・プロジェクトはジェンダーおよびリプロダクティブヘルス／ライツに関する教育と、参加者の希望する職業教育を同時に受けることのできる教育活動である。メンバー三三人の女子で、セクシュアリティと権利に関する参加型学習を通して性暴力から身を守る知識を持つことと、将来の道を決定する権利を意識するという二つの目的に基づいている。ジェピアラ・プロジェクトのメンバーがチューターとしての役割を果たしているが、このことは学習者が教育者となりプログラムの継続性が保たれていることを意味する。

トレイル・プロジェクトでは、ワークショップや映像鑑賞を通じて、性とセクシュアリティをテーマとする議論がたびたび行われる。メンバーが全員女子であることも関連し、自分自身の性に関する問題は赤裸々に語られる。自身のプライベートな問題を直視することは、自身のアイデンティティ——女性、若者、娘、生徒、未来のある存在、ときには母、労働者、妻、恋人、友人——を認識し、社会的に作られた性差であるジェンダーを理解することを意味する。愛と性の違い、家族に求める価値観を議論することは、女性の権利について意識する機会をもたらす。ジェピアラで実践した演劇による表現方法が取られていないことは、活動内容を常に参加者のニーズに対応させていることの表れでもある。ただし、児童への性的暴力対策州会議への参加や、児童権利州審議会のユース委員の選任など、学習者の社会参加の機会は常に準備されている。プロジェクトの終了と共に情報処理やネイリストの資格を得ることで、インターンの道も開かれる。トレイル・プロジェクトでは公教育の現場と直接関係をもつような連携関係は見られないが、政治参加と経済活動の促進という側面から、NGOからの呼びかけ、地域、行政、民間企業との連携が進められる例といえる。

3　いのちを守る学びの場の創造

民主主義の深化と市民教育

NGOの教育は、民主化が少しずつ進むにつれ、その活動を変容させる必要性に直面する。MREのように、都市貧困地域の子どもと若者の権利を守る教育活動を展開してきたNGOの活動に参加する子どもは公立学校に通っており、路上での生活を選択する子どもの数は減少した。しかしながら、未だブラジル社会において、子どもや女性、社会的マイノリティ層を対象とする差別や暴力が深刻な問題であることは事実である。NGOの市民教育からは、そのようなリスクに近い場所で生活する人びとによる草の根の活動が、一歩ずつではあるが着実に、コミュニティにおける社会問題やその解決への意識変容を呼び起こす役割を果たしていることがわかる。一九八八年憲法発布から約三〇年を迎えようとしているブラジルの社会構築の根底には民主主義がある。問題は、それが法制度として確立しているにもかかわらず、社会的現実と乖離していることにある。四〇年にわたるMREの活動は、一九八八年憲法とともに民衆が手に入れた民主主義の手段を形骸化させず、市民自身がそのすべての権利を行使できる環境を構築することにある。

民主主義に則った制度改革により、社会の近代化は進む。アマゾンの自然環境と文化的価値のなかで生活していた子どもの居場所は、コミュニティから学校へと変化する。公教育を受けることは、子どもの権利行使の一つである。しかし、その公教育の場で、暴力を受けたり、先住民の文化的アイデンティティが否定されるなど、人権が侵害される経験をするとしたら、その居場所は民主的な空間とはいえない。子どもが自分自身の多様な生活世界を認識し、権利が守られていない状況を変えていくための力をつける場所として、NGOのノンフォーマル教育活動は機能している。ジェピアラ・グループが公立の学校を訪問し、日常に潜む性的搾取や暴力をテーマとして生徒相互が議論する機会を創造したことは、公教育の内部に民主的空間を持ち込むという貴重な役割を果たしている。市民教育の目的の一つである、市民としての権利を意識する教育、そしてその行使が可能であると認識する教育現場を作り上げているといえる。

若者が権利を行使する主役となること

MREの教育では、社会問題を意識化することとともに学習者の主体性を重要視している。ジェピアラ・グループの活動に寄り添ってきた教育学者のサントスは、ジェピアラの教育実践は性とセクシュアリティの権利への意識を高める教育効果に留まらず、方法、学習者（educando）、教育者（educador）、劇の上演、政治的形成という五つのフェーズにより、参加の権利を実感し、若者自身が主役となる実践を目的とするものであると述べる（Santos [2014]）。テーマ生成と問題提起というフレイレの方法論を経験し、若者が学習者となり、教育者との関わりから重要な視点を学び、「主役」として舞台に上がることで外部とつながり、最終的に社会的課題にどのように自分が取り組むことができるかを考える、この一連の教育実践は、社会における主体性の認識という政治的エンパワーメントをもたらす。ジェピアラの活動の経験は、「若者はまだ未熟であり、生き方を決める力はない」というステレオタイプや偏見を乗り越え、若者としての市民性を身につけるために貴重な機会を提供する。

　MREで行われる教育活動は一貫して、子どもの主体性を重要視する。貧困に起因する社会的環境を原因とし、家庭内においても幼い頃から自分の意思が尊重される機会の少ない子どもにとって、大人から受ける暴力や性的虐待に対し「自分は自分自身のもの。ほかの誰のものでもない」という意識をもつことは容易なことではない。MREの活動に参加し、同世代の子ども、若者、信頼関係を築ける大人と出会うことによって自信を身につけたとしても、いざ危険な目に遭遇した際、毅然と暴力の告発や権利を求める発言ができるだろうか。地域の子どもとともに社会を変えるための草の根の実践を続けてきたMREでは、子ども一人ひとりが何らかの主題をきっかけとして、自分を、そして人を守る能力を体得することが重要であると理解している。主題は、自分のアイデンティティに近いものであればそれだけ効果を増す。ジェピアラの活動に参加したメンバーは、自分の身の回りで性的暴力や人身売買が起きたとき、万一自分の身にその危険性が近づいたときの判断について、他者に諭された行動ではなく、自分自身の意思で行動できる術を身につける経験をしているといえる。

アマゾンで暮らす人びとを守るために

見えない暴力を可視化し、人びとの権利の守られる社会を構築するためのCEDECAの活動は、現在も活発に行われている。二〇一六年二月、「川は私たちの道、性的搾取のルートではない!」というスローガンのもと、アマゾン河流域の子どもの人身売買の現実を児童虐待通報電話「ダイヤル一〇〇番」により告発するキャンペーンをマラジョ島のブレヴェス市(Breves)で行った。このキャンペーンはベロモンテ・ダム開発によるアルタミラにおける児童の性的搾取が深刻化していること(Oliveira [2016])に対する市民社会の警鐘でもある。アマゾンを生活の地とする子どもと若者、コミュニティ住民が自らの権利を意識し、その行使のための力といのちを守る知恵を身につけるための教育活動がNGOの空間で育まれ、公教育の場やベレン市を越えて広がり、若者たちの手によって他者に伝えられ、共有される。教育現場における子ども主体の市民教育と、社会に向けた問題提起を同時に行う試みは、一歩ずつではあるが着実に人びとがこの地で暮らすために必要な社会の安心を獲得する一助となっている。

アルメイダはアマゾン地域の子どもの発達において「自由」と「グローバル・アクション」の側面が重要であるとする(Almeida [2013])。自由とは、開発の波が押し寄せる状況下において自らの生き方を決める権利を有することであり、グローバル・アクションとは、そのために必要な行動を起こすために地域を越えたオルタナティブな社会運動のうねりとつながることを意味する。「世界社会フォーラム」で体感する、地域社会ベースでの草の根の実践と、オルタナティブなグローバル・アクションとの邂逅が、アマゾン郊外の緑深いコミュニティの学校に通う子どものなかで起きている。自分が生来有しているすべての権利を認識し、自由意志に基づき行動する自信をつけることは民主主義の基本であり、その権力を実行しないことは社会構築の義務を手放すことを意味する。アマゾンで実践されているいのちを守る知恵をつける試みは、私たちが資本主義社会の生活のなかでどこかに置き忘れてしまった人間の規範となる価値観への気づきを与えてくれる存在である。

参考文献

モアシル・ガドッチ［二〇〇三］「ラテンアメリカにおける民衆教育の歴史と思想」江原裕美編『内発的発展と教育』新評論

田村梨花［二〇〇九］「ＮＧＯによる教育実践と子どものエンパワーメント」篠田武司、宇佐見耕一編『安心社会を創る――ラテン・アメリカ市民社会の挑戦に学ぶ』新評論

丸山英樹、太田美幸［二〇一三］『ノンフォーマル教育の可能性――リアルな生活に根ざす教育へ』新評論

横田香穂梨［二〇一四］「子どもの権利の『国際標準化』とブラジル――『特別に困難な状況にある子どもたち』の支援の制度化過程を中心に」『Encontros Lusófonos』第一六号

Almeida, Jaqueline [2013] "Desenvolvimento e infância na Amazônia," em Hamoy, Ana Celina Bentes orgs. *Direitos humanos de crianças e adolescentes nos dias de hoje: entre o ideal e o real*, Belém: Emaús.

CEDECA [2001] *Mobilização pela vida: Casos de violência contra meninos em Altamira*, Belém: MRE.

Damasceno, Alberto et al. [2012] *Criançário da Amazônia 2012*, Grupo de Estudos em Educação em Direitos Humanos, Belém: UFPA, GEEDH, Editora Estudos Amazônicos.

Gohn, Maria da Glória [2010] *Educação não formal e o educador social: atuação no desenvolvimento de projetos sociais*, Coleção questões da nossa época; v.1, São Paulo: Cortez.

IBGE [2010] *Síntese de indicadores sociais: uma análise das condições de vida da população brasileira 2010*, Rio de Janeiro: IBGE.

Lamarão, Maria Luiza Nobre et al. [2000] *O trabalho doméstico de meninas em Belém*, Belém: MRE.

Maciel, Cleice e Lucileny dos Santos [2013] "Jepiara em Cena: Teatro para o enfrentamento da Violência Sexual contra Crianças e Adolescentes," em Hamoy, Ana Celina Bentes orgs. *Direitos humanos de crianças e adolescentes nos dias de hoje: entre o ideal e o real*, Belém: Emaús: 241－249.

Oliveira, Assis da Costa orgs. [2016] *Trabalhadores e Trabalhadoras de Belo Monte: percepções sobre exploração sexual e prostituição*, Altamira: Comissão Municipal de Enfrentamento da Violência Sexual Contra Crianças e Adolescentes de Altamira.

Repórter Brasil [2013] *Brasil livre de trabalho infantil: contribuições para o debate aliminação das piores formas do trabalho de crianças e adolescentes*, Repórter Brasil.

Santos, Claudia Renata [2014] Direito à parrticipação e protagonismo juvenil de crianças e adolescents: discussão do processo metodológico do espetáculo "Belas e Feras por um futuro melhor" , em CEDECA, *Belas e Feras: por um futuro melhor*, Sistematização de experiência, CEDECA-Emaús.

ウェブサイト

Projeto Belas e Feras　https://www.youtube.com/watch?v=07s5wh38kjg

第10章

森を活かして森を守る

アスフローラ（Asflora）の運動

佐藤卓司

2013年12月、植樹祭にて子どもたちへの植樹指導をする筆者
（アスフローラのメンバー、Anderson Barrosが撮影）

アスフローラ（Instituto Amigos da Floresta Amazônia：Asflora）は二〇〇〇年一二月にパラ州ベレン市で発足したNGO団体である。日本語呼称を「アマゾン森林友の協会」と言う。発足以来、アマゾンの森を守るため、以下に紹介する取り組みを続けている。現在、ボランティアスタッフが五名、ほかに「アスフローラ森の劇（Teatro de Floresta da Asflora）」団員と各種行事への協力者一〇名程で活動を行っている。

アスフローラは、森づくり、環境教育活動、零細農家へのアグロフォレストリー方式の導入、そして二〇一七年に入ってから苗圃の経営と、その敷地（二〇ヘクタール）の森の管理も始めている。森づくりをし、身近な森を守ってゆこうとすると、次々に取り組みたい課題が見えてくる。できることはわずかでも、活動を継続することで、森を守る力に育てたいと願っている。

筆者はブラジルに移住して二〇一六年一〇月で四五年になった。アマゾン水域河口のパラ州都ベレン市に住み、ブラジル人の若い人たちと共にNGO活動を続けている。一九七四年から二〇〇四年までの三〇年間は、ベレン市に本社、工場があった合板などを製造するブラジル永大木材株式会社（Eidai do Brasil Madeira S.A. 以下「エイダイ・ブラジル社」とする）に勤務した。会社では、植林、森林管理、原木手当などの仕事に従事し、アマゾン各地を歩いた。アマゾンの森林から木材を集める仕事は面白く、やり甲斐もあった。小型船で何日もかけて旅し、川辺の住民と交わり、沿岸の森のなかに入って欲しい木を探したことなど、得難い経験が積めた。

木材は基本的には自然林から採集するものであったので、森林の持続可能な利用が最大の関心事であり、課題であった。仕事に就いた一九七〇年代前半は、当時の軍事政権が国家統合のためアマゾン地域（五二二万七〇〇〇平方キロメートル）を国土として一体化せねばならないと主張していた時代であった。アマゾン縦断道路を建設し、北東ブラジルの旱魃に苦しむ農民に入植地を設けるため、森林を拓くことが国策だった。それでも一九八〇年代までは、ブラジルアマゾン地域の森林伐採は全体の五％に留まっていた。その後開発が加速し、四〇年余りが経った現在、アマゾンでは森林の約二〇％が失われてしまった。さらに、数値に現れない森林の劣化も進んでいて、それに伴い生物多様性が徐々に失われている。

本章では、まずアマゾンの木材業に身を置き、森林に関わった者の視点から、ブラジルアマゾン地域の森林消失と森林の劣化が進む要因を考察し、次いでアスフローラの森を守る市民活動を紹介したい。

1　森林の消失と劣化をもたらすもの

ブラジルでは法律が整備されてもそれが順守されない傾向が強い。憲法からして行政府すら順守できないほど先進的な条項が多い。法規が現実から離れていると、行政府だけでなく国民も罪の意識を持たなくなり法律や決まりを軽視してゆくことになる。このことは環境関連法についても同じである。

土地法制の不備

アマゾンでは長く土地制度が曖昧なものであった。ゴムの自然採集で森に価値が出た一九世紀に、大まかな占有権を認める土地登記簿が作られたが、道路の通っていない奥地で、国や州から地券（測量図を伴う）を得た者は、一九八〇年代まではほとんどいなかった。一九八〇年代になると、持続可能な方法で木材を流通する規定や、森林の利用と保全を定める森林法が整備された。その森林開発認可に当たって利用された土地の権利に関わる書類は、ゴム景気の時代に作られた占有書類がほとんどで、土地が測量されておらず、所在地の記載さえあやふやなものが少なくなかった。一九九〇年代末になって、地券がなければ木材の搬出計画書は認められなくなった。なかでも川辺住民の生活の場であるヴァルゼア（氾濫原）地域については、国有地とされ、法律上土地の私有が認められていない。実際は、ヴァルゼアには代々多くの住民が住み着いていて、その土地は私有化されている。ヴァルゼアにも占有書類が多くあり、本来、本地券のある土地しか登記できないはずの不動産登記簿にも載せられてきた。森林地帯で木材、アサイの実やパルミット（ヤシの新芽）などを自然採集し、森林伐採と農耕も行ってきた。ところが、ヴァルゼアからパルミットや木材などを採取する行為は、違法なのである。

アマパ州におけるヴァルゼアからの木材搬出合法化の試みと法律の壁

アマゾン河口の北岸にあるアマパ州では、流通している木材のほとんどが違法木材となっている。役所で使う建築木材、家具、調度類も違法材から作られている。同州政府は、家具業界を育て産業化しようと、川辺住民が搬出する木材の合法化に取り組んだことがある。二〇〇四〜〇八年の五年間に実施された「アマパ州氾濫原」ＪＩＣＡ支援プロジェクトがそれである。筆者もこのプロジェクトの後期に現地森林管理専門家として参加する機会を得た。プロジェクトでは、氾濫原の住民たちが木材搬出を続けられるように森林管理計画を作成した。この計画書を認可に持ち込むため、国と州の関係機関の協力体制を作り、地元国会議員の協力も取り付けた。現場では、持続的な林業を実現するため、住民の教育訓練、森林資源の調査、出材計画書の作成を行った。各コミュニティでの度重なる集会と手続きを経て、森林の合法的な利用目的で、コミュニティによる土地利用権取得を連邦政府諸機関に申請した。しかし、官民一体になっての努力にもかかわらず、許可は下りなかった。ヴァルゼアでの木材搬出合法化は厚い法律の壁に遮られ、今も違法伐採は続いている。

森林の監督機能不全

アマゾンの環境保護が進まないもう一つの要因は、現実には順守困難な法律規制があって、違法行為に対して有効に取り締まりができないことにもある。前述のヴァルゼアでの事例のように、法律規制を守るのが困難で、その結果、監視官に見つからないようにする、見つかっても監視官も人の子、見過ごしてくれるか袖の下で何とかなるという風潮が蔓延ってしまう。木材などの林産物の搬出、森林の伐採、農牧地への転換については、法律のうえでは厳しく規制し、事前に申請、審査を行うことになっているが、実際には見過ごされていることが多い。

そのような状況のなか、法律を遵守する形で森林管理（持続可能な林業）を行う企業も見られはじめた。

パラ州コンセッション森林管理施業（Manejo Florestal）の事例

アマゾン地域の地券書類の不備が二〇〇〇年に入って広く知られるようになり（その事情は後述する

「アスフローラ立ち上げ時の情勢」の項で説明）、二〇〇六年になって、公有地（国、州）でコンセッション方式での森林資源を活用できる法律が成立した。

二〇一五年に、アルタミラ市にあるパラ州の州有林で、三〇年伐採サイクルによる森林管理施業（持続可能な林業）の認可のある森林プロジェクトの現場を訪ねたことがある。その地域はアルタミラの市街地から五五キロメートル北に位置し、面積は八万ヘクタールある。そこへ行く道路のうち三〇キロメートルは、コンセッション（州有森林の利用権）を得た日系人の木材会社が、すべて自前で大型トラックが通行可能な道路として整備維持しているものである。パラ州環境林野部門（Secretaria de Meio Ambietete e Sustentabilidade：SEMAS）の監督官が定期的に訪れ、許可された持続可能な森林管理計画の実施、労働条件などを監査している。

アルタミラ市のこのコンセッションに隣接して、面積一〇万ヘクタール、占有書類があり、手つかずであった森林地がある。コンセッションを取得した木材会社は、その隣接地を前所有者から購入し、森林管理計画に利用するために多額の費用を投じた。しかし、土地所有を規制する法律がたびたび変わっていくなかで地券取得の見込みがなくなった。地券が取れなければ州か国の公有地に帰するため、この土地は州有林となる。そこでコンセッションによって使用権を与えるよう州と交渉したが、占有書類のように何らかの土地権利を記した書類があると、その持ち主の同意がある無しにかかわらず、州はコンセッションとして利用できないとの返答だった。そうなると、所有者、管理者は不明である。手つかずのそんな森林地には、インバゾール（不法侵入者）が目ざとく入り込み始めている。遠からず、無秩序に森林破壊が進んでしまうことだろう。

このアルタミラ市のコンセッションを得た木材会社は、出材した木材運搬のために三〇キロメートルの道路（公道）を自前で改修している。道が良くなり、道路沿いの開拓農民からは感謝されている。しかし、市場へのアクセスが楽になり、農民の活動は以前より活発になっている。アルタミラ市街地からコンセッションに到着するまで、州有環境保全森林が広がっているのだが、道路沿いに住む農民たちの数も増えているようで、保全森林地に入り込み、焼き畑と牧草地を広げている。州環境森林部門の監督官はこの道路をいつも通るので、その森林破壊を目の当たりにしているはずである。しかし、自らの任務はコンセッションの監査であるとして、何らの行動も起こしていない。農民らとの争いを避けなければ、身の安全が保てないし、彼らには罰金も通用しないからだろう。一方で森林の持続管理を厳しく監督し、他方で貴重な森林喪失に目をつぶってしまう。ここでも、森を守ることのできない取り締まり行政の限界を感じる。

森を活かして、森を守れ

アマゾン自然林の経済価値を高めることは、森林の維持に寄与する。そのための原則は、森林の天然更新が図れる持続可能な森林管理にある。ところが、アマゾン自然林は多様な樹種から成り立っているだけに、商業的に価値が高い樹種と量は少ない。遠隔地で搬出費用が嵩む上に出材量が少ないため、コスト高で出材と森林管理経費を賄うことに四苦八苦しているのが、合法的出材を行っている事業者の現実である。このままだと、法律通りに森林管理を行うことが成り立たなくなって、その森林の維持が難しくなるのではと危惧している。アマゾンの合法木材のコスト負担を消費者からも考えてほしい。

木材だけがアマゾン森林からの生産物ではない。アマゾンの森林にはシャネルの五番に使われているパウ・ローザ（葉、幹、根から香料を抽出）、クマルの種子（香料、香りの持続力増強剤）、ブラジリアンナッツ（木の実）、その他各種の種子、樹脂、樹皮、葉からの石鹸、化粧品、医薬原料となるものが多数ある。

自然採集のための森林として、その地域の住民が利用できる保護林は無くてはならない。消費文明に侵されず、その地を愛し自然採集で生活を続ける住民は、森林保全の担い手である。彼らがその地域で生活を続けられるように、またその生活維持に必要な森林面積が確保されるように祈ってやまない。

森の劣化と生物多様性の減少

合板製造の主原料として、アマゾン流域湿地帯に豊富に自生しているウクウーバ（学名 Virola surinamensis）という樹に長くお世話になった。アマゾン河の豊富な養分が入り込む浸水林中で良く生育し、その木質は軽軟で加工しやすく、美しい木材が取れる。反面、木材は黴菌や虫に侵されやすいため、六〇年ほど前には、住民からはカヌーも作れないとして見向きもされなかった。増水期に適正な伐採方法を取れば更新は容易であり、持続可能な利用を可能とする。合板材としてよく知られるようになって、用途も広がっていった。現地で小型動力の円鋸製材を行い、箒の柄にまで使われだすと、細い木までとことん使い果たしてしまった。

アマゾン下流域の浸水林地帯では、ウクウーバ以外にアンジローバ、アサクー、ムイラチンガ、マカカウーバなど採りすぎで、筆者が知っていた四〇年前と比べて現在では個体数が激減した。その結果あまり利用されなかった樹種のプラクウーバなどが優勢になり、森の構成樹種が減っているところが多いようだ。台地（terra firme）の森でも、商業価値の高い樹種が激減していたりする。

日本でも馴染みのあるアサイヤシは、二〇年前までは飲料としては地域消費しかなかった。それが、ブラジルの南部、米国、欧州、日本と域外での消費が増え、価格も高止まりしている。アマゾン下流域の川辺住民がアサイの実を収穫することで、収入が向上した。その結果、カヌーには動力をつけ、発電機で衛星TVを視て、ポンプで水を揚げて、いちいち川に下りないでも水が使えるなど、彼らの生活は著しく向上した。アサイは金になるため、もっとアサイヤシを増やそうと入念に手入れをする。そこでアサイ以外の木々やヤシを切り払い、川辺まできれいに除草してしまうケースが多くみられる。このような人為的な森林の変化（劣化）が、どのような環境への影響を及ぼし、アサイそのものの収量にも影響を及ぼすのかについては、まだ研究されていない。

多様な植相と動物相で成り立っているアマゾンの熱帯雨林の質的な劣化には、より注意を向ける必要がある。

2　環境NGOアスフローラ

アスフローラ立ち上げ時の情勢——アマゾン地域の木材企業の受難

二〇〇〇年には、アマゾン熱帯林を守るためにブラジル政府も、それまでのスケープゴートのような木材の取り締まりだけでは、アマゾン地区の森林維持ができないことを認めざるを得なくなった。従来、ブラジルの有力者、かつ国会議員の多くが大土地所有者で、ファゼンデイロと呼ばれる農牧場主である。それまでの木材規制を主とした取り締まりは、彼らファゼンデイロが森林破壊を続けていることへの注意を逸らすために都合の良いものでもあった。

そのきっかけを作ったのは、一九九九年に政治的野心を持つ連邦環境部門パラ州管轄行政官が、アマゾンで行われてきた慣行的土地所有の違法性を指摘し、違法木材の摘発を派手に行ったことだった。この役人は、裏では木材企業から多額な賄賂を集めていた。筆者の勤務する合板、ドア類を製造するエイダイ・ブラジル社は、彼によって有名な環境団体まで利用されて、マスコミからの批判を受ける事態になった。損得を考えるなら裏取引をすることが一般的慣行だったが、アマゾンの森林の持続に準じた仕事をしてきたと自負していた社員には納得がいかなかった。会社側は、恐喝の事実があることを表に出すことにした。この恐喝者は、アマゾン地区では違法伐採、違法土地占拠が行われていることを次々とマスコミに告発し、当時、正義の味方として大衆の人気を集め、全国的な知名度を上げていた。それがわれわれの告発によって、一転して刑事被告となってしまうことになった。

しかしこれを機に、アマゾンでの土地所有のほとんどが違法占拠とされうる実態が国会で問題とされることになった。森林管理プロジェクトの承認はほとんど停止し、自然林からの持続可能な木材搬出も、遂行が極めて困難となっていった。

アスフローラの立ち上げ

当時エイダイ・ブラジル社の社員は、企業活動を通じて社会と環境への貢献をしていると自負している者が多かった。そして社内から自分たちのNGOを立ち上げようとの機運が沸き、二〇〇〇年一二月、アスフローラが誕生した。当初は、ベレン市内にあるパラ州工業連盟ビル内に事務所を構え、専任者として英国で社会学博士号を取ったベトロン（Jimena Felipe Beltrão 現エミリオゲルジ博物館 Museu Emilio Goerdi 勤務）を招いた。会社の資金援助によるNGO活動が始まった。アスフローラの立ち上げから三年間は、会社近辺地区の貧しい家庭の子たちが多く通う学校と提携した環境教育活動、薬物依存回復施設での菜園つくり、従業員の子弟や親類を招いての環境教育と職場見学、多くの生徒、学生たちを招いて植林地と工場の見学などを行った。そして、一九九二年からエイダイ・ブラジル社が行ってきた植樹祭にアスフローラも加わった。

二〇〇四年から会社は一層のリストラに入ることとなり、アスフローラへの助成を継続する意思を失った。そこで、木材業界組織のパラ州輸出木材工業協会（Associação das Indústrias Exportadoras de Madeira do Estado do Pará：AIMEX）に働きかけ、AIMEXが運営する種苗センターにアスフローラの活動の本拠地を移すようにした。アスフローラの活動はエイダイ・ブラジル社植林部門で働くエーデル技師が最大の理解者だった。彼は給料が下がることを承知で会社を辞め、AIMEX種苗センターの責任者となった。これでアスフローラの活動を継続することが可能になった。エーデルは二〇〇八年まで五年間アスフローラの会長を務め、その後筆者が会長を引き継いでいる。

活動資金は主に日本からの助成を得ている。これまで助成金をいただいた主な団体は、イオン環境財団、三菱商事、NPO地球と未来の環境基金、緑の募金、地球環境日本基金、NPOネットワーク「地球村」などである。

アマゾン地域の企業のほとんどは、残念ながら環境社会貢献活動に関心が薄く、寄付に消極的と感じる。企業が社会、環境活動を積極化させれば、従業員のモラル向上と地域社会の支持を得られ、強い会社になる近道となるだろう。

最近、アスフローラのスタッフたちは地元団体との交流、広報活動に力を入れ、もっと地域社会の理解を得ようと努めている。アマゾン地域内の企業、金融機関などには税制上の特典を得たり、資源の活用などができたりする代わり、地域社会に貢献（利益の一部還元）をすることが法規で定められている。州と連邦政府も、行政サービスの及ばない分野でのNGOの活動を重視し、予算を計上している。アスフローラのような小さなNGOに対しても、一五年間の地道な実績があるので、公的資金源に影響力を持つ人たちとつながりを持つ人たちから、プロジェクトを提案すれば資金が出せるとの話があった。二度ほど環境教育のプロジェクトを作成し申請を試みたが、紹介者の手数料（名目はコンサルタント料）を全支給額の四割とか五割と言われ、断念した。ブラジルの不当なリベート体質に与してしまうと、本来のNGO活動から離れて、団体員の利益を優先することになりそうだからである。

二〇〇四年度以降、法定アマゾン地域の年間森林喪失の面積は、それ以前より大幅に減少傾向に転じてはいる。二〇〇一年以降は森林法により、アマゾン地域では八割を森林として残し、二割のみが農牧地への転換が認められるということになった。しかし、ブラジルでは牧畜、大豆、トウモロコシの増産、サトウキビやアブラヤシからとれる燃料用アルコール、バイオディーゼル油の増産などが期待されており、残されたアマゾン森林地帯を農牧地に転換する圧力は弱まってはいない。森林の喪失と劣化は継続することだろう。世界最大の熱帯雨林＝私たち生存に関わる多様なDNAを保全した生命の宝庫を守るには、政府の規制だけでは不十分である。非政府団体、農民、学校、教会、企業、市民が、たゆまず森林保全に対する意識向上を図り、人と環境の調和を模索していく市民運動が欠かせないのではなかろうか。

環境教育プログラム

アスフローラでは、地元（ベネヴィデス、マリツーバ、アナニンデウア、サンタバルバラ、サンタイザベルの各市）の子どもたち、基礎教育課程（日本の小学校）の児童を主な対象にした環境教育プログラムを持っている。二〇〇五年から現在まで毎年、年間六〇〇人以上の児童、生徒、教職員、父兄が参加している。アスフローラ環境十戒のレクチャー、苗圃の見学、そして森の小道を歩きながら観客と役者が一体になって演じられる「アスフローラ森の劇」などを半日（三〜四時間）で行う。

「アスフローラ森の劇」オウムと行き会う場面［右］と終演後の参加者との記念撮影［左］（筆者撮影）

「アスフローラ森の劇」は人気があり、観客は森をつくる植物相、動物相、持続可能な森の利用、植林のことなどを素早く理解してしまう。子どもたちだけではなく、時折地元のお年寄りグループも参加し、童心に帰って楽しんでいる。

「アスフローラ森の劇」は、通常四〇人までのグループを森の小道に誘い、そこで八シーンを体験してもらい、五〇分程度で出口にたどり着く。森の小道に誘うのは、突然どこからともなく現れるドエンジ（Duende）という緑の三角帽子と緑の服を着た森の住人である。それから自然の母（Mãe Natureza）、クルピーラ（Curupira）が登場する。クルピーラはブラジルの民話に出てくる森の守り神で、赤い髪をして足は前後が逆についている。クルピーラの登場時には、観客は悲鳴を上げるほどビックリする。しばらくすると言い争う声が聞こえてくるので、一同そちらに向かう。樵が細い木を斧で切り倒そうとし、傍にある大きな老木が声を上げて制している場面と行き会う。クルピーラと自然の母が樵に声をかけるが、「なんだ、カーニバルの季節でもあるまいし、変な恰好をしたよそ者は俺様の土地に来るな！」と怒鳴り返される。でもクルピーラであることを告げられると、樵も驚き、おとなしくなる。クルピーラは、森に入ってくる狩人を迷わせて森から出られなくする魔物と恐れられる存在なのだ。老木に言い分があると自然の母からも言われ、そんな細い木を切っても樵も損をすると諭されてしまう。老木は、「そろそろ引退し、人びとの傍で家具や家の造作に姿を変えて第二の人生を過ごそうと考えている、私を利用しなさい」と言ってくれる。「そうか、合点」と今度はその老木に斧を入れようとするが、そこでクルピーラに再度阻止される。自然の母から、ただ木を切っていくだけではいけない、マネージョ・フローレスタル（持続可能な森林管理）という言葉を聞かされ、森を維持し、木も植え育ててゆくべきことを教えられる。巨大なオウムも樹上から子どもたちと会話を交わす。鳥たちが種を撒いて森を作っていること、森は植物と動物から成り立ち、食物連鎖のことも話してくれる。そして子どもたちに、「パチンコ遊びで私たち（鳥）を狙わないでね」とお願いする。

ゴミが散らかっている場所にも出くわす。みんなでそのゴミを袋に拾い集めると、その先には酔っ払いが小川のほとりで高鼾、小川（セロファンの舞台）にはゴミが浮かび、魚はSOSの旗を掲げている。小川の畔には焚火が燻っている。クルピーラが焚火に水を掛けて、酔っ払いに怒鳴るが目を覚まさない。そこで水を酔っ払いの顔にかけると、驚いて起き上がる。そこから酔っ払いとクルピーラ、自然の母、子どもたちとのやり取りが始まる。子どもたち自身が酔っ払いと言い争うことによって、森でやってはいけないことの数々を教えてゆく。「アスフローラ森の劇」は、観客が劇中に入り込んでしまうのが面白い。その後、観客は道に落ちている（置いておいた）木の種を拾い、大きなビニール袋の苗ポットに蒔いてみんなでエネルギー波を送ると、木の芽（赤ちゃん）が生まれてくる一場がある。さらにブラジル北部の民話で有名なマチンタペレーラ（Matinta Perera 森に住む、黒い服をまとい鳥に変身する魔女）の住処にも行き着く。黒装束の若い小母さんマチンタペレーラはタバコが好きだ。フクロウになって死人の出る家の屋根で鳴くと怖がられてもいる。折からトイレで唸っていたが、その理由は小川の水が汚されていたからだと言う。でも、みんなで上流の酔っ払いを諭してきたのでもう小川の水は大丈夫だよと自然の母が伝える。マチンタペレーラは、住まいから薬草まで森の恵みを得て生活ができ、ここは町より良いところだと話をしてくれる。最後はインディオの祈祷師が現れ、「この森で得たことを、帰ったら友だちに伝えよ」と、厳かに言い渡される。

この森の劇は学生、主婦、農業者、サービス業従事者などの素人メンバーによって演じられている。はじめは演劇経験者が担ったが、すぐに演劇をしたことのないアスフローラ会員（学生）たちに引き継がれた。この一二年間にずいぶんと役者が代わってきたが、いつも観客と一体になって盛り上げているのは変わっていない。「アスフローラ森の劇」は、時折、催事会場、学園祭などに乞われて出演する。独立記念日になると学校や市役所から招かれ、市中を行進する列にも入っている。植樹祭では、森の劇のメンバーによって植樹方法の説明をし、植樹を共にし、植樹祭を盛り上げている。

森を守ることは、とても難しい。植え育て、すばらしい森になっても、あっという間に消えてしまう。森を守るためには、森を知って、森を活かす術を子どものときから吸収しておかないといけないだろう。アスフローラの環境教育を通して、楽しみつつ森を守ろうという気持ちが子どもたちに育っていくことを願っている。いつか、どこかで森が危うくなったとき、森の破壊を食い止めようとする人の輪ができる夢を見ながら。

植樹と森づくり

アスフローラの植樹活動は、もともとそこにあった森の復元を目指している。苗木は、できるだけ多く

［左］2005年3月植樹祭時（植樹マンの右が宮脇昭）→［右］12年後、2017年2月撮影（筆者撮影）

の在来種を準備する。これが最も大変で、今は七〇樹種前後しか集められずにいる。できることなら、パイオニア樹種を除き一〇〇樹種以上を集めてみたい。植樹地は、まず水はけを良くしなければならない。当地の猛烈な雨期で土地が水浸しになって根に滞留すれば、植えた苗はひとたまりもなく枯れてしまうからだ。熱帯の開けた土地は痩せた地味なので、区画全面に有機質を五センチメートル厚に施して、森の樹下にあるような土に近づけてから混植密植する。一年〜一年半、四〜六回の雑草下刈りを行えば、その後はほとんど手間をかけず自然の競合に任せてしまう。この植樹方式は、当地では一九九一年末に、当時横浜国立大学環境センター長だった宮脇昭の指導で、三菱商事とエイダイ・ブラジル社、パラ農科大学（現アマゾニア農業大学 Universidade Federal Rural da Amazônia：UFRA）が取り組んだのが最初である。その後現在（二〇一七年）まで、二六年間継続している。宮脇は現在病気療養中なのだが、八七歳になる三年前まで、日本と世界各地での植樹祭の先頭に立って活躍していた。植樹祭では、参加者に「今日はあなた方一人ひとりが、本物の森をつくる主役です」と必ず呼び掛けていた。心のなかにも苗木を植え育て、本物の森をつくろう、本物こそが世の中の荒波を乗り越えていけるというメッセージと受け取っている。人も森も本物になるべく、この森づくりを「宮脇プロジェクト（Projeto Miyawaki）」と名付けている。でも、子どもたち（各回最小で五〇人、最大で五〇〇人）との植樹祭は、理屈を抜きにして楽しい。ちなみに当地でのこの方式での植樹は、パラ州内で二五年間に合計四五か所、二一・五ヘクタール、植え付けた苗木本数は五六万四〇〇〇本となった。この植樹が続けられる資金を提供したのは、エイダイ・ブラジル社、三菱商事をはじめ、イオン環境財団、NPO地球と未来の環境基金、緑の募金、NPOネットワーク「地球村」、日本学生海外移住連盟OB会、モールデング・ノルテ社などの団体であり、それに多くの個人の寄付によっている。各植樹地は農牧場跡の荒廃地、土石採取跡地、森が必要な水源地帯などで、それらを数年にして、小さいながらもいろいろな樹種が混在する熱帯の森へと再生させる成果を上げてきた。

しかし、植樹してすぐに失火や不審火が入って焼けてしまった場所もある。植樹地が二〇年を経て本物の森になってきたところで、開発の波に蝕まれてしまうことも起きている。大勢の人たちの手になる植樹地であっても、森の衰退に例外はないのであろうか。

森を守るためには、地域住民の意識、世論が高まらなければならない。今は、森の近辺に住む人たちでも、その森の伐採が始まっても誰も立ち上がって反対運動を起こそうとしていない。場所によっては、伐採と土地の不法侵入に加わる森周辺の住民も多い。いつかはそんな風潮が昔話にされるようにしたい。そのためにも、一人でも多くの人たちの心の苗木が育ってほしい。

二〇一七年三月二四日には、次の植樹祭が行われる。三菱商事とNPOネットワーク「地球村」の支援を得て、二〇〇人の子どもたちの手によって九〇〇〇本の苗木をベネヴィデス市内のマリアポリス団体（カトリック系）の敷地内に植える。これからも、熱帯の強い陽射しとスコールを吸収していく本物の森と人づくりを続けたい。

表8−1　宮脇プロジェクト（Projeto Miyawaki）植樹地一覧

植樹年	所在市（ムニシピオ）	土地所有者	面積（ha）	苗木本数	樹種数
1992	ベレン（Belém）	エイダイ・ブラジル社→Status建設会社	2.4	63,000	100
1992	ブレヴェス（Breves）	エイダイ・ブラジル社→ブレヴェス市役所	0.7	19,209	12
1994	イガラッペアス（Igarapé Açu）	エイダイ・ブラジル社→不法侵入者	3.94	118,200	49
1995, 1996	ベレン	エイダイ・ブラジル社→Status（2か所）	4.25	105,000	50
1997	ガラッフォンドノルテ（Garrafão do Norte）	エイダイ・ブラジル社→不法侵入者	0.7	55,000	17
1998	ベレン	エイダイ・ブラジル社→Status	0.27	8,100	43
1999	ベレン	エイダイ・ブラジル社→Status	0.34	10,200	35
2000〜2003	ガラッフォンドノルテ	エイダイ・ブラジル社→不法侵入者	2.07	38,974	56
2004	ベレン	エイダイ・ブラジル社→Status（4か所）	1.0	20,000	40
1992〜2004小計	エイダイ・ブラジル社敷地内	エイダイ・ブラジル社	15.67	437,683	
2005〜2014	ベネヴィデス（Benevides）	パラ州輸出木材工業協会（AIMEX）（9か所）	1.81	37,843	52
2006〜2011	ベネヴィデス	ワード・オブ・ライフ（Palavra da Vida）教団	0.58	14,600	50
2008〜2014	サンタバルバラ（Santa Barbara）	シッカーノ村、エスペディト・リベイロ入植地ほか（11か所）	1.83	38,556	55
2010〜2013	ベレン、ペイシェボイ（Peixe Boi）、ベネヴィデス、トメアス（Tomé Açu）	大学、陸軍、市役所（5か所）	0.95	18,757	55
2015, 2016	ベネヴィデス	八木ローザ農園地（5か所）	0.58	17,229	57
2017	ベネヴィデス	マリアポリス・センター（Centro Mariápolis Vitória）	0.33	10,000	71
2005〜2017小計			6.08	136,985	
1992〜2017合計			21.75	574,668	

（出所）筆者作成

零細農家の支援活動

アスフローラが活動を始めた初期の二〇〇一年頃、筆者が働いていたエイダイ・ブラジル社のガラフォン植林地（ベレンから二五〇キロメートル、面積約一〇〇〇ヘクタール）では、地元の人たちの火を放つ習慣に悩まされていた。田舎の人たちにとっては、火を放ち藪や草原を燃やしてしまうことは、きれいにするという農民が焼き畑をする感覚であり、子どもたちにとっても遊び心で、悪さをしているという後ろめたさを持っていなかった。苦労して植林した区画が、乾季ではあっという間に侵入した火に舐められて、火に弱かったパリカという早生樹は一区画が全滅してしまうことが起きた。植林地の防火、消火のために、年間四〇回以上、それも夜間に出動せねばならなかったほどであった。

このような相互の価値観の違いから発生する被害を防げないかと、アスフローラは、地元の町のゴミ箱設置や学校の文化祭支援、田舎にある小学校（寺子屋風）で生徒への文具のプレゼント、市内での植樹会、エイダイ・ブラジル社植林地と自然林の見学会などを行った。数年後には面白半分の放火が無くなり、社会貢献活動が商業植林を行っている企業に大きな恩恵を及ぼすことを実感した。

しかし、火が植林地周辺から侵入することは続いており、それらは周辺零細農民が焼き畑を行う際のものであった。肥料も買えず、人力のみで畑をつくるしかない資力の無い農民は、焼き畑でマンジョカ（キャッサバ）やトウモロコシ、フェイジョン豆などを植えている。延焼を防ぐために、火入れする際は事前の連絡を依頼しても、長い距離を歩いて連絡に来てくれる人はまずいない。毎年火元となっていた農民の部落を訪ねてみると、電気も来ていない一〇軒にも満たない小さな集落であった。長年ホッサ（刈り払いの意、転じて零細な農業を意味する）を続けていても、生活はその日暮らしのままである。彼らに、将来どんなものを畑に植えてゆきたいかと聞いてみると、ココヤシ、オレンジなどの果樹と答えた。しかし、苗木も持っていないし、耕して肥料を入れて植えるのは無理だと諦めていた。

そこで植林地のトラクターを出してもらい、彼らの耕地五ヘクタール程度を耕起し、希望するオレンジやココヤシの苗木を近辺の日系農家から寄付してもらって渡し、少量の肥料の支援も行ってみた。思ってもいなかったプレゼントに彼らはとても喜んでくれ、家族そろって、あっという間にそれらの苗を植えてしまった。果樹の間には従来からのトウモロコシやキャッサバを植え、さらに植林用の苗もほしいというので渡したら、畑のなかに点々と植えてくれた。期せずして、アグロフォレストリーが出現することになる。その年から、あれほど困らされていたその集落からの植林地への火の侵入が、パタリと無くなった。

こうした住民の意識変容を経験して、その後のアスフローラが取り組むことになった零細農民の支援活動が始まることになった。

インバゾン（不法侵入）由来の入植地での活動

二〇〇七年から、ベレン市から近い（五〇キロメートル）サンタバルバラ市で、できて間がないインバゾン（不法侵入）で誕生した開拓部落のエスペディト・リベイロ入植地（Assentamento Expedito Ribeiro dos Trabalhadores Rrais）（面積約六〇〇ヘクタール、以下「サンタバルバラ入植地」、あるいは「入植地」とする）での零細農民への支援活動を始めた。この入植地はほとんどが森林で、各戸一〇ヘクタールに分割されていた。この入植地に隣接して、「アマゾン群馬の森」がある。北伯群馬県人会の人たちが先頭に立って、母県の協力を得て、自然林四〇〇ヘクタールを含む五四〇ヘクタールの土地を取得、一九九六年にこの保全林が誕生した。関係者は長く大変な苦労を重ね、ベレン近辺にわずかに残った貴重な森を保全している。日系人の自然保護努力として誇るべきものである。しかしその周辺地区では、このサンタバルバラ入植地のように森林地帯へのインバゾンが起きていた。アマゾン地域では、土地なし農民による不法侵入によって多くの森林が消失しつつある。インバゾンを行う零細農民には永年作物を育てるためのゆとりはなく、できるのは焼き畑無施肥によるトウモロコシやマンジョカ栽培を主とした耕作である。これだと二年も作付けをしたら地力が落ちるため、新たな林地を焼いて畑とする。この入植地で一〇ヘクタールの森林地を得ても、次々に焼いていけば痩地ばかりとなってしまう。その土地を手放して、再度森林地を探してインバゾンを繰り返す者もいる。移動焼き畑農業を止めさせることはインバゾンの拡大を防ぐ一助になり、森を守ることになるかもしれないと考え、零細農民の支援活動を行うことにした。

一方、年間を通じて収穫物を得ながら、同じ土地で長年営農をしている代表例が、第三章で述べられているトメアス移住地の日系農家である。アスフローラのメンバーは、二〇〇九年よりトメアス総合農協(Cooperativa Agricola Mista de Tome-Açu：CAMTA)の主催するアグロフォレストリーのセミナーに参加させてもらい、農協員の指導も受けられるようになった。幸いにもこの活動には、二〇〇七年より二〇一四年までの七年間、NPO地球と未来の環境基金を通して緑の募金の助成を得ることができた。サンタバルバラ入植地でのアスフローラの森づくりとアグロフォレストリー支援活動では、入植地内の水源涵養林づくりを主とした植樹祭を毎年行い、営農向上のためにトメアスで行われているアグロフォレストリー(Sistema Agroflorestal de Tomé-Açu：SAFTA)を学んでいった。

東京農工大草の根プロジェクトの導入

二〇一一年末に、東京農工大がJICAの草の根プロジェクト「遷移型アグロフォレストリー普及・認証計画」を立ち上げた。アスフローラのメンバーである筆者と二人のスタッフが、二〇一二年から二年余、現場の活動に加わることになった。サンタバルバラ入植地がプロジェクト普及地として選ばれ、パートナーのトメアス農協からの技術指導を得つつ、アグロフォレストリーの展示圃場（一ヘクタール）とコミュニティ共同苗畑が設置できた。二〇一三年からは、同草の根プロジェクトによってイガラッペアス市（ベレンから一四〇キロメートル）の一部落で新たな展示圃場、苗畑も設けている。イガラッペアスのこの部落では、プロジェクトが始まって二、三年経つと、部落から出ていっていた若い人たちが後継者として戻ってくるようにもなった。これまでまったく関係がなかったサンタバルバラ入植地とイガラッペアスの両プロジェクト地の農民同士の交流を行い、お互いに学び、手助けできることもあることを知った。

東京農工大学草の根プロジェクトでのアスフローラメンバーの任務と、NPO地球と未来の環境基金／緑の募金による支援事業は、二〇一四年三月で終了した。アスフローラと東京農工大が関わったサンタバルバラ入植地の人びとは、これを機にして少しずつ営農を向上させつつあり、地域社会のなかで評価を得ている。その恩恵の一つとして、パラ州の農業振興基金（ParaRural）の支援を取り付け、三ヘクタールのアグロフォレストリー共同圃場への融資、公民館と小型トラックの寄贈などが実現している。パラ州土地院（ITERPA）から、入植者の念願だった地券の交付も決定した。これには、農業への取り組みのほか、環境面で植樹活動と水源林の回復、耕地内の森を保全（五割以上）していることが評価された。

アバエテツーバの川辺住民へのアグロフォレストリー普及活動

前述の「遷移型アグロフォレストリー普及・認証計画」は、東京農工大の山田祐彰の熱意によって実施された。山田は、アマゾン下流域のアサイヤシが茂る川岸林（浸水後背林）でのアグロフォレストリー普及プロジェクトを企画した。そして二〇一三年に緑の募金から助成を受け、アスフローラがアバエテツーバ市トゥクマンドゥーバジンニョ島で実施した。二〇一四年から二〇一七年の現在まで、NPO地球と未来の環境基金／地球環境日本基金の助成を得て、さらに川岸林地帯での生態系を維持しつつ持続可能な利用をはかるため、湿地帯でのアグロフォレストリーの試みを推進している。

アサイヤシの実は、従来アマゾン下流域での食品として消費されていたが、二〇〇四年ごろを境に、ブラジル南部地域、米国、ヨーロッパ、日本での市場開拓が進みはじめ、値段がかつての一〇倍を超えるまでに高騰してきた。そのおかげで、生産者の川辺住民たちは潤いを得られた。

川岸林では、栄養分に富んだアマゾン河の水が定期的に浸水してくれるので、施肥は不要である。アサイが儲かるとなれば、その地域の人たちはもっとアサイヤシを増やそうとする。従来アサイがなかった高台地でもアサイの畑をつくり始めた。資本のある農園主にとっては、潅水装置を取り付け施肥しても、アサイの実の収穫は割に合う作物となっているほどなのだ。アサイヤシは一つの株が萌芽してゆくので、何十年でも同じ場所で生き続けられる。日照をよくして一株あたりの本数も三、四本までに調整していけば、自然状態よりも収穫を増やすことができる。アサイ自生地帯でのアサイ以外の木々の除伐が進み過ぎ、岸部のアニンガ、アトリアなどの草木類まできれいに刈り取って岸部の守りが弱まっている場所も見られる。蔦類は年間を通して花と実をつけているが、これの除伐も過ぎれば、昆虫、鳥、魚類など動物相の生息に影響は出ないだろうか。人の都合だけでアサイヤシの単純林化を広く進めてしまうと、そのうちアサイの受粉昆虫も少なくなってしまうかもしれない。川辺住民にとって大事なエビや魚にも影響を与えていくことだろう。

アバエテツーバ川辺住民からは、アサイの一斉林化を目指して一〇年経った耕地があるが、どうも思ったより収穫ができなくなったと言う声も聞いた。アサイは今の生活を支えてくれている大事なものだが、

図10－1　アバエテツーバ市の位置

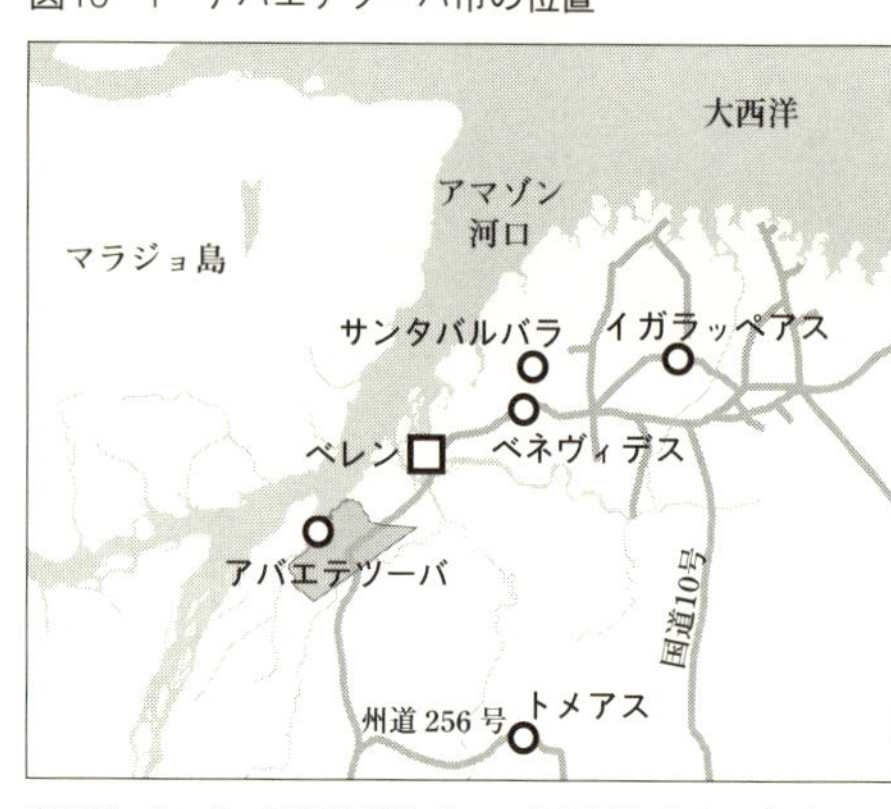

（出所）ブラジル地理統計院（IBGE）地図をもとに作成

これだけに頼っていていいのだろうかと心配する人もいる。市況によって値段の変化も大きいし、一つの収入源のみに頼る不安を募らせている人がいる。

アバエテツーバでは、五〇年以上前にはサトウキビが広く植えられていて、何軒もあった地元醸造工場がそれを絞って、焼酎（ピンガ）の一大産地にしていた。当時はアバエテツーバといえば、ブラジル全国にピンガの産地として知られていた。また、アマゾン湿地帯原産であるカカオ樹が多く、カカオ豆の収穫もしていた。その後、湿地帯でのコメ栽培が盛んになった時期、たくさん自生していたウクウーバ、アンジローバ、アナニなどの木も盛んに出材された時期もあった。そうした変遷を若い人たちは知らずにいるが、いろいろな作物、収穫物を得てきた土地なのである。

アスフローラが現在プロジェクト地としているのは、アバエテツーバ市から船で三〇分程度と近い、カンポペーマと呼ばれるコミュニティ（村）である。そこのリーダーの一人、六〇歳代のハイムンドは、アサイとの混植を行うアグロフォレストリー普及活動にすぐに興味を示してくれた。地元で信望が厚く、村中に親類が多い彼が、湿地帯アグロフォレストリー普及プロジェクトのパートナーになってくれた。カンポペーマ村の人たちは、彼の呼びかけで、少しずつこの活動に参加してくれることになった。

この四年間、アサイに加えてほかのヤシやカカオ、有用樹木も混ぜ込んでみることを提案し、展示圃場五か所ができた。支援団体のNPO地球と未来の環境基金／地球環境日本基金の助成により、史上初？の高床式（浸水しない）コミュニティ苗畑も設置でき、カカオ栽培の講習（一日）や各種苗木作りの講習会（午後の五日間）も実施した。さらに住民から要望の強い養魚、川エビの増殖についても講習会を行っている。これらの講習会には一五〜二〇人の男女が参加し、いつも和気藹々で講師たちにも好評である。講師は、カカオ院（Comissão Executiva do Plano da Lavoura Cacaueira：CEPLAC）と全国農村職業訓練サービス（Serviço Nacional de Aprendizagem Rural：SENAR）から派遣してもらっている。これまで七戸の人たちが湿地帯でのアグロフォレストリーに取り組み始めたが、アスフローラの者が訪問を続けていければ、さらに普及できることだろう。

アスフローラと森を守る力

二〇〇六年三月のことだった。アスフローラの創立以来の仲間エーデルが、サンタバルバラ市の市営市場に寄ったとき、背の高い若者に「エーデル小父さん（Tio Eder）！」と呼び掛けられ、抱擁の挨拶を受けた。まったく顔を思い出せず怪訝そうにしたエーデルに、若者は「私は一〇年前、アスフローラの環境教育を受け、植樹もしました。あなたの顔も名前もよく覚えています。あのときに体験したことは、今でも一つ一つ思い出せます。あの経験は、私の生き方にとても影響を与えてくれました」と言われたそうだ。とても驚いたし、励まされたよと仲間たちに語っている。

根拠地にしている苗圃へ実習に来ていた林業専門学校の女生徒から、子どもの頃に「アスフローラ森の劇」を見てから、森の仕事に興味を持ったとも告げられた。これまで何度も植樹地の森を失いつらい思いもしているが、こんな若者たちが育っている。アスフローラの子どもたちへの環境教育は、いつかは森を守る力となってくるだろう。

二〇一七年一月より、アスフローラでは、パラ州輸出木材工業協会（ＡＩＭＥＸ）所有の苗畑と敷地の運営管理を引き受けている。ここが、二〇〇四年後半からアスフローラが環境教育や森づくりの本拠地としている場所なのだ。ＡＩＭＥＸは木材会社の団体で、最近は資金難であり、この種苗センターを経営する意欲がなくなっていて同センターは赤字が続いていた。敷地（二〇ヘクタール）内にはアスフローラも二〇〇五年より植樹を行い、今は立派な森ができている。ＡＩＭＥＸがここを閉鎖し土地の転売にでも走ると、せっかくの森があっという間に伐採され住宅地になりそうである。転売しないまでも閉鎖状態にしたら、隙を見て入り込み、森を焼いてしまうインバゾン（不法侵入者）が出てくるだろう。

森を守る運動をしているアスフローラが、根拠地のわずかな森も守れないというのは辛い。ＡＩＭＥＸ側からは、赤字を埋められないが、アスフローラが経営をするなら任せたいとの申し出があった。四人のスタッフがこれを引き受けようと言い出した。ＡＩＭＥＸとアスフローラ間で種苗センター貸与の二年契約が結ばれ、現在、荒れ果てていた苗畑の立て直しに着手している。これまで自分たちで植樹するための樹種数を増やすことができなかったが、これからは自らの手で在来種の種類を増やしていけよう。開き過ぎた牧場地などで、取り締まり機関から森の回復を命じられることがある。商業植林用樹種以外の苗木需要を掘り起こして、熱帯雨林復元へのさらなる一助にもなれるだろう。

種苗センター経営と敷地の森の管理に立ち上がったアスフローラスタッフのエーデル、マルルッシ、ジョジアーネ、アンデルソンの四人は、苦労するのを承知してくれている。アスフローラの活動を通して、森を守るための意欲が沁みついている頼もしい仲間だ。七〇歳となった筆者だが、アスフローラの活動がこれからも周囲の人たちから共感と支持を得てゆけるよう、少しでも役に立てればと思っている。

参考文献

ギリアン・トルミー・プランス［一九九七］『地球植物誌計画』岩槻邦男監訳、紀伊国屋書店

杉野忠夫［一九六四］『海外拓殖の理論と教育』農業図書

原後雄太［一九九七］『アマゾンには森がない』実業之日本社

宮脇昭［二〇一〇］『四千万本の木を植えた男が残す言葉』河出書房新社

Ayres, José Márcio [1993] *As Matas de Várzea do Mamirauá*, MCT-CNPq-Programa do Trópico Úmido Civil Mamirauá.

Cruz, Hidembeg, Philipe Sablayrolles, Milton Kanashiro, Manuel Amaral e Plinio Sist orgs. [2011] *Floresta em Pé*, Brasília, IBAMA- MMA.

あとがき

異常気象が生活と生命を脅かしています。温暖化は、われわれの予想と想像をこえた速度と規模で、森林減少や砂漠化、海水温上昇、サンゴの死滅、氷河溶解などの自然破壊を引き起こし、熱波、豪雨、旱魃などの災害をもたらしています。それらは経済活動を抑制し麻痺させつつあります。新興国などの成長への参加は事態をさらに深刻化させるでしょう。経済成長はもはや幻想なのかもしれません。だからと言って後発国を貧困に留めおくことはできません。こうしたなかで、経済活動を自然の再生能力の範囲にとどめるには、国際的にも国内においても豊かさを公平に配分する政策と制度が求められています。

東日本大震災や原発事故に直面して、われわれはそれまでの社会や生活を根底から変革する必要性を痛感しました。しかし、しばらくしてそうした決心をほとんど忘れ、異次元の金融緩和による経済成長に期待し、原発再稼働を容認しています。復興五輪という欺瞞に目をつぶり、新たな商業施設や高層ビルの出現に心躍らせています。消費主義は「健在」なのです。環境負荷の小さく自然と共生可能な経済やそれを支える産業の創造も、失政もあって、遅々として進んでいません。日本は、地球温暖化を阻止するためようやく成立したパリ協定の批准に後れをとり、協定から離脱したトランプ政権とともに、国際社会から批判を浴びました。

こうした日本人がアマゾンを遠い世界と感じるのは当然のことかもしれません。アマゾンというと通販のアマゾンを先ず思い、南米アマゾンへの関心は好奇なものに偏っています。二〇〇〇年代に世界の森林減少の約三分の一はアマゾンで生じ、本来湿潤なアマゾンで短い周期で旱魃が起こっています。そして、われわれの社会による大量のモノとエネルギーの消費が、アマゾンでは環境破壊や異変に深く関わっているのです。深刻化する環境問題に立ち向かうには、遠い二つの世界で生じている事象の関係性を想像し理解することから始める必要があります。

本書は、アマゾンの環境問題への関心を呼び戻し、アマゾンとわれわれの社会との関係について考える機会となればという思いから、編まれたものです。その際にアマゾンに暮らす先住民や農民などの民衆に焦点を当てました。アマゾン開発と環境変化が彼らの社会や生活にどのような影響を与えたのか、環境変化に対してどのような運動を展開しているのかをテーマとしました。アマゾンの森の民の運動は、単に開発を批判し権利保護を求めるものではありません。経済成長と消費主義を超えて、持続可能な社会や生活様式を求める運動を繰り広げています。書名を『抵抗と創造の森アマゾン』としたのはそうした意味からです。彼らの運動から、環境問題への対応や社会と生活の変革について、日本あるいは世界は多くを学ぶことができます。

民衆の視点からアマゾンを考えるという趣旨から、本書では研究者だけでなく長くアマゾンで活動してきたNGOの活動家、ジャーナリストの方々に執筆をお願いしました。原稿の翻訳や日本語表記においてトイダ・エレナ先生（上智大学）からご助力をいただきました。本書の出版には、マリナ・シルヴァさんからお言葉をいただきました。シルヴァさんは一九八八年に凶弾に倒れたシコ・メンデスの後を継いでブラジルの環境運動を率い、ルーラ労働者党政権では環境大臣を務めました。二〇一五年一〇月には毎日新聞社のMOTTANAIプロジェクトで初来日し、上智大学で開催された講演会で、アマゾンの環境保護の重要性を語り、また消費主義の克服を訴え、参加者に大きな感動を与えました。ご多忙のなかご執筆やご助力をいただいたこれらの方々に改めて感謝致します。

出版は現代企画室にお願いすることにしました。同社が、シコ・メンデスの『アマゾンの戦争――熱帯雨林を守る民』とシェルトン・デーヴィスの『奇跡の犠牲者たち――ブラジルの開発とインディオ』という、二つの重要な本を出されているのが理由の一つですが、それ以上に社会で虐げられた人びとに寄り添い言論活動をされておられる編集者の太田昌国氏に共感するからです。実際の編集作業は主に小倉裕介氏によるものです。原稿提出が遅れ、また面倒な作業が多いなかで、丹念な編集作業をしていただきました。お二人に心からお礼を申し上げます。

二〇一七年八月

編者

執筆者紹介（執筆順）

マリア・オズマリナ・マリナ・シルヴァ・ヴァス・デ・リマ（Maria Osmarina Marina Silva Vaz de Lima） 出版に寄せて
環境運動家、持続的ネットワーク（Rede Sustentabilidade: REDE）党首／元ブラジル連邦政府環境大臣、元緑の党・党首

小池洋一（こいけ よういち） 序章・第2章・第5章監修
立命館大学経済学部特任教授／開発研究・地域研究（ラテンアメリカ）
主要著作：『アマゾン――生態と開発』（共著、岩波新書、一九九二年）、『アマゾン――保全と開発』（共著、朝倉書店、二〇〇五年）、『社会自由主義国家――ブラジルの「第三の道」』（新評論、二〇一四年）

田村梨花（たむら りか） 序章・第9章・出版に寄せて翻訳
上智大学外国語学部教授／地域研究（ブラジル）、社会学
主要著作：「教育開発と社会の変化――格差是正への取り組み」（堀坂浩太郎編著『ブラジル新時代――変革の軌跡と労働者政権の挑戦』勁草書房、二〇〇四年）、「NGOによる教育実践と子どものエンパワーメント」（篠田武司・宇佐見耕一『安全社会を創る――ラテン・アメリカ市民社会の挑戦に学ぶ』新評論、二〇〇九年）、『ブラジルの人と社会』（共著、上智大学出版、二〇一七年）

印鑰智哉（いんやく ともや） 第1章
食の運動・教育。食のシステムがはらんでいる問題に関する講演活動、政策提言を行う。
主要著作：「遺伝子組み換え産業に変調？――作付面積、初の減少」（『世界』通巻第八四四号〔二〇一六年七月〕、岩波書店）、ドキュメンタリー映画『遺伝子組み換え』日本語版監修

定森徹（さだもり とおる） 第3章
NPO法人クルミン・ジャポン代表、東京農工大学連合農学研究科農林共生社会科学専攻博士課程
主要著作：「アマゾン西部におけるアグロフォレストリー普及の可能性とその制約条件――マニコレ市における活動を事例として」（日本福祉大学国際社会開発研究科修士論文、二〇一一年）、「ブラジルアマゾン地方若者の薬物使用に対する認識の課題」（第二六回国際保健医療学会学術大会、東京大学、二〇一一年一一月四日～六日）、"Avaliação da viabilidade financeira da introdução de sistemas agroflorestais na Amazônia Brasileira"（山田祐彰との共同発表、VIII Congresso de Sistemas Agroflorestais、ベレン、二〇一一年一一月一五日～二一日）

下郷さとみ（しもごう さとみ） 第4章
ジャーナリスト／主に農山村の地域振興やブラジルの社会運動について取材・執筆を行う。
主要著作：『紛争、貧困、環境破壊をなくすために世界の子どもたちが語る20のヒント』（共著、合同出版、二〇一一年）、『平和を考えよう』（あかね書房、二〇一三年）

ビヴィアニ・ロジャス（Biviany Rojas） 第5章
社会環境研究所（Instituto Socioambiental）シングー・プログラム、弁護士

カロリナ・ピウォワルジク・レイス（Carolina Piwowarczyk Reis）
第5章
社会環境研究所（Instituto Socioambiental）シングー・プログラム、弁護士

磯部翔平（いそべ しょうへい） 第5章翻訳
上智大学大学院グローバル・スタディーズ研究科地域研究専攻博士前期課程

石丸香苗（いしまる かなえ） 第6章
岡山大学地域総合研究センター准教授／森林科学・地域研究、博士（農学・京都大学）
主要著作："Impact of agricultural production on the livelihood of landless peasants settled in the lower Amazon"（共著、『Tropics／熱帯研究』第二三巻第二号〔二〇一四年九月〕、日本熱帯生態学会）、「アマゾン熱帯二次林に住む土地なし農民」（竹内潔・阿部健一・柳澤雅之編『熱帯森林のコンソナンスとディスコンソナンス —— 熱帯森林帯の地域社会の比較研究』CIAS Discussion Paper No.59、京都大学地域研究統合情報センター、二〇一六年）

鈴木美和子（すずき みわこ） 第7章
大阪市立大学都市研究プラザ特別研究員／デザイン政策、博士（創造都市・大阪市立大学）
主要著作："Breve reflexión sobre la actividad de diseño desde el concepto de capital cultural. El significado y las posibilidades de activación de la artesanía en Brasil "（共著、María Beatriz Galán ed., *Diseño, proyecto y desarrollo: miradas del períod 2007-2010 en argentina y latinoamerica*, Wolkowicz Editores, Buenos Aires, 2011）、『文化資本としてのデザイン活動 —— ラテンアメリカ諸国の新潮流』（水曜社、二〇一三年）、「創造都市のデザイン政策 —— 社会包摂に向けたブエノスアイレス市の取り組み」（『文化経済学』第一二巻第二号〔二〇一五年九月〕、文化経済学会）

梅村誠エリオ（うめむら まこと えりお） 第8章
元東京農工大学・産学官連携研究員
主要著作："Certificação Agroflorestal Participativa para agricultura familiar na Amazônia"（共著、*Amazônia Agroflorestal*, vol. 3 no. 2 (Set./2011), Centro Mundial Agroflorestal）

佐藤卓司（さとう たくし） 第10章
アマゾニア森林友の協会（Ａｓｆｌｏｒａ）代表
主要著作：「ブラジル国パラ州での荒廃地植林」（『APAST：森と木の先端技術情報』第三七号〔二〇〇〇年一〇月〕、森林木質資源利用先端技術推進協議会）、「ブラジルでのバイオマス資源の現状と課題」（共著、坂志朗編著『バイオマス・エネルギー・環境』アイピーシー、二〇〇一年）、「森を知り森を活かして森を護るために」（『堅き絆 —— 東京農業大学・ブラジル校友会「移住百年史」一九一四－二〇一四』伯国東京農大会「移住百年史」編纂委員会、二〇一五年）

ロジェリオ・フォラスティエリ・ダ・シルヴァ（Rogério Forastieri da Silva） 年表
歴史・歴史学研究、Ph. D.（社会史・サンパウロ大学）

Resistência e inovação da Amazônia:
desenvolvimento sustentável e movimentos do povo

Organizadores : Yoichi Koike e Rika Tamura

Sumário

抵抗と創造の森アマゾン

持続的な開発と民衆の運動

2017年11月15日　初版第一刷発行

定価2700円＋税

編　者　小池洋一、田村梨花

発行者　北川フラム

発行所　現代企画室

東京都渋谷区桜丘町15-8　高木ビル204

tel. 03-3461-5082 / fax. 03-3461-5083

http://www.jca.apc.org/gendai/

装　丁　北風総貴

印刷・製本　株式会社ミツワ

ISBN978-4-7738-1722-5 C0036 Y2700

付属資料1　アマゾンとブラジル年表

年	月	アマゾン	月	一般
1853		ベレン＝マナウス蒸気船航路開通 プルス川流域でゴム園急拡大		
1854		マナウスとナウタ（ペルー）間に定期船設置		
1864		ベレンで最初のガス灯		
1865		ジュルア川流域ででゴム園開発		
1867		アマゾンの生物保護のためパラ博物館（現エミリオゲルジ博物館）設立		
1870		ゴムブーム到来（1920年頃まで）		
1878		ベレンでパス（平和）劇場開館		
1888			5	奴隷制廃止
1889			11	王政終了、共和政成立
1897		マナウスでアマゾナス劇場開館		
1903		ボリビアとペトロポリス条約締結、アクレをブラジル領に併合		
1908				第一回日本からのブラジル移民船（笠戸丸）到着
1910		先住民保護局（SPI）設立、カンディド・ロンドン長官就任		
1912		ゴム危機、東南アジアでのゴムプランテーション拡大で価格暴落 ゴム防衛庁（Superintendência de Defesa da Borracha）設立		
1914				第一次世界大戦開戦
1925		パラ州ベンテス知事による日本移民の招へい		
1926		米国企業フォードとパラ州政府、ゴム園（フォードランディア）建設で合意（45年終了）		
1929		第一回アマゾン日本移民43家族189名、トメアスに到着		世界恐慌
1930			10	ヴァルガスのクーデタ、中央集権体制樹立
1931		アカラ野菜組合設立（後のトメアス総合農協（CAMTA））		
1933		アマゾンに航空路開設		
1941			12	真珠湾攻撃、日米開戦
1942		ゴム信用銀行（Banco de Crédito da		米国の日本人移民強制収用

		Borracha）設立、ゴム取引を独占 ベレンで日本人住居焼打ち発生 アカラ植民地（後のトメアス）、北ブラジル地域枢軸国人軟禁地区に指定される		ブラジル、日本と断交 日本人移民の集会禁止・日本語教育禁止
1943		連邦直轄区としてアマパ、リオブランコ（現ロライマ）、グアポレ（現ロンドニア）区を設置		
1945		アマパ直轄区マカパ市でマンガン鉱発見	10	ヴァルガス失権、政治の民主化
1946		新憲法アマゾン経済価値拡大計画を創設		
		トメアスでのコショウ栽培本格化		アジアのコショウ産地壊滅によるコショウ相場高騰
1947		ゴム防衛実行委員会（Comissão Executiva de Defesa da Borracha）設立 ゴム信用銀行をアマゾン信用銀行（Banco de Crédito da Amazônia）に改組		
1953		アマゾン経済価値拡大計画庁（SPVEA）設立 法定アマゾンを定義、国土の58%をカバー		
1956		グアポレ直轄区をロンドニア直轄区に名称変更	1	クビチェック大統領就任、開発主義の推進
1960		ベレン＝ブラジリア道路（国道010号）開通	4	首都をブラジリアに移転
1962		リオブランコ連邦区、ロライマ連邦区に呼称変更 米地質学者カラジャスで鉄鉱石埋蔵確認		
1964			3 4 10	軍事クーデタ カステロ・ブランコ軍事政権成立（～67年3月） 軍政令2号（既存政党廃止、二大政党制移行） 土地法を公布
1965		医療支援事業シングープロジェクト発足	9	森林法（法律第4771号）公布
1966	9 10	名称変更でアマゾン銀行（BASA）設立（法律第5122号） 政府「アマゾン戦略」作成（法律第		

年	月	アマゾン関連	月	ブラジル
		5173号)。アマゾン開発庁(SUDAM)設立、行政区分法定アマゾン制定		
1967		ゴム防衛実行委員会を国家ゴム委員会(Conselho Nacional da Borracha)に改組、ゴム庁(SUDHEVEA)設立	2	鉱業法(法律第227号)公布
		マナウス自由貿易監督庁(SUFRAMA)設立	3	コスタエシルバ政権成立(〜69年8月)
		米国人企業家ルドウィッグ、紙パルプ生産のためジャリ川(パラ州)で650万㎢の土地取得(81年5月事業を断念)	12	国立先住民保護財団(FUNAI)設立(法律第5371号)
		トロンベタス(パラ州)でボーキサイト埋蔵を確認(76年開発着工)		
1968			12	軍政令5号(政治権利抑圧・検閲強化・人身保護令停止・裁判権の軍事法廷移行など)
1969			8	軍事評議会(〜10月)
			10	メジシ政権成立(〜74年3月)
1970	7	アマゾンの統合を目指す国家統合計画(PIN)(法律第1106号)		
		アマゾン横断道路(国道230号)建設開始(72年開通)		
		アマゾンの地上・地下資源探査計画(Projeto Radam)作成		
1972			4	先住民宣教協議会(Conselho Indigenista Missionario: CIMI)設立
				第一次国家開発計画(1972〜74年)
1973			12	先住民法(法律第6001号)
1974		ポラアマゾニア(POLAMAZONIA、アマゾン農牧業・農鉱業拠点計画)作成、税制恩典でアマゾン投資促進	3	ガイゼル政権成立(〜79年3月)
		ポロノロエステ(POLONORESTE、北西部統合開発計画)作成		
		トメアスにおけるコショウ栽培に壊滅的打撃(大水害と根腐病)、栽培作物多様化の本格化		
1975		ツクルイ発電所第一期建設開始(84年完成)	1	セラード開発のためのポロセントロ計画(POLOCENTRO)作成(政令第75320号)
		Projeto RadamからRadambrasilとなり、ブラジル全土の資源調査図作成	6	土地司牧委員会(Comissão Pastoral

		に入る		da Terra: CPT）設立 第二次国家開発計画（1975～79年）
1976		ウィルソン・ピニェイロ、最初のエンパテ（平和的な森林保護のための抵抗運動）組織		
1977			10	マトグロッソドスル州設立
1978	7	アマゾン協力条約（TCA）締結、ブラジル、ボリビア、コロンビア、エクアドル、ギニア、ペルー、スリナム、ベネズエラが加盟		
1979			3	フィゲイレド政権成立（～85年3月） 先住民連合（União das Nações Indígenas: UNI）設立
1980	7 11	ピニェイロ暗殺される 大カラジャス計画正式発足（政令法第1813号）		
1981		ロンドニア、直轄区から州に変更	8	環境基本法（法律第6938号）
1982			2	労働者党（PT）発足
1983			8	中央統一労組（CUT）発足
1984		国道364号ロンドニアまで舗装終了 国道364号アクレ州舗装に反対運動、世銀が融資を拒否・米州開銀に融資停止要請 ツクルイ水力発電所開設		
1985	10	ブラジリアで第一回セリンゲイロ大会開催 北部国境計画（Projeto Calha Norte: PCN）作成	3	サルネイ政権成立（～90年3月）
1986		アルブラス社アルミ精錬工場第一期完成（96年第二期完成）		
1987	3 8	シコ・メンデスが国連「グローバル500賞」を受賞 米州開発銀行（IDB）国道364号のアクレ州舗装を停止 トランスアマゾニカ生存権運動（Movimento pela Sobrevivência na Transamazônica: MPST）発足 国家植民農業改革院（INCRA）ゴム採取人定着プロジェクト創設	12	ブラジル電力公社（ELETROBRÁS）国家電力計画（Plano 2010）発表
1988	10	国家環境審議会（CONAMA）「われらが自然計画」発表、衛星によるアマゾン森林監視プロジェクト設立	8 10	ブラジル社会民主党（PSDB）発足 新憲法公布

	12	アクレ州シャプリにてシコ・メンデス暗殺される ロライマ、直轄区から州に変更		
1989	4	ブラジルアマゾン先住民組織委員会（Coordenação das Organizações Indígenas da Amazônia Brasileira: COIAB）創設	2	環境・再生可能天然資源院（IBAMA）設立（法律第7735号）
	4	われらが自然計画（(Programa Nossa Natureza）発表、アマゾン開発税制恩典廃止、金採取での水銀利用禁止、木材取引規制など		
1990	3	シコ・メンデス採取経済保護区設立（政令第99144号）	3	コロル政権成立（～92年12月）
	7	G7サミット（ヒューストン）でコールドイツ首相「ブラジル熱帯雨林保護パイロットプラグラム（PPG7）」提案	6	経済自由化に向け新工業・貿易政策発表
		NGOアマゾン人間環境研究所（IMAZON）設立	7	児童青少年法（ECA）制定
		トメアス総合農協（CAMTA）、脱コショウ、熱帯果樹への転換を決議	9	消費者保護法（法律第8078号）公布
1991	3	アルタミラ農村・都市女性労働者運動（Movimento de Mulheres Trabalhadoras de Altamira Campo e Cidade: MMCC）発足	3	メルコスル（南米南部共同市場）創設に向けアスンシオン条約調印
		生活・生産・保全財団（Fundação Viver Produzir e Preservar: FVPP）設立、アマゾン横断道路・シングー川地域の住民支援		
1992	1	ブラジル熱帯雨林保護パイロットプラグラム（PPG7）開始	6	リオデジャネイロで国連環境開発会議開催
			12	イタマル・フランコ政権成立（～95年1月）
1993			12	インフレ抑制策レアルプラン発表
1994		NGO社会環境研究所（Instituto Socioambiental: ISA）設立	5	生物多様性条約批准
1995	8	環境省、グローバルな市場への統合を目指す法定アマゾン統合政策（PIAL）作成	1	第一次カルドーゾ政権成立（～99年1月）
		法定アマゾン年間破壊面積2万9000 km^{2}に達する	1	メルコスル（南米南部共同市場）発足
			11	ブラジル・デザイン・プログラム（PBD）成立

				アマゾン協力条約機構（OTCA）設立 開発商工省ブラジル工芸プログラム（PAB）を実施 労働省労働監督局に移動監督グループ設立、奴隷的労働の監視
1996	8	「アマゾン群馬の森」原生林取得 ブラジル生物多様性基金（FUNBIO）活動開始		
1997	4	パタショス先住民が「インディオの日」記念行事後に学生によって殺害される（ブラジリア）	12	有機農産物評価システム設立（政令第6323号）
1998		トランスアマゾニカ・シングー発展運動（Movimento pelo Desenvolvimento na Transamazônica e Xingu: MDTX）（MPSTを改称） アクレ州政府森林環境資産評価プログラム（PVAAF）導入 バニワ工芸（Arte Baniwa）設立	2	環境犯罪法（法律第9605号）公布
1999			1	第二次カルドーゾ政権発足（～2003年1月）
			1	環境省（MMA）発足
			3	第三セクター法（法律第9790号）
			4	環境教育法（法律第9795号）公布
			11	家族農業・持続可能な農業支援のため農業開発省（MDA）設立 国家統合省（Ministério da Integração Nacional）設立
2000	11	森林法改正アマゾン森林保全割合を50%から80%引き上げ（暫定措置第1956号） パラ州ロンドン農業労働者組合代表デジン（本名José Dutra da Costa）農園主によって暗殺される	2	ILO182条（最悪の形態の児童労働を禁止する条約）批准
			6	児童青少年への性的暴力撲滅国家計画策定
			7	国家自然保護単位システムSNUC（法律第9985号）発足
2001			1	ポルトアレグレで世界社会フォーラム（WSF）開催
			8	遺伝財産と伝統的知識のアクセス・保護・利益配分を規制する暫定措置2186－16号 ブラジル倫理連帯取引連携フォーラム（FACES do Brasil）設立
2002	7	アマゾン監視システム（SIVAM）稼働開始		NGOアルテソル（ArteSol）設立

	7	アマゾニア社会参加型認証協会(ACS Amazônia)設立		
2003		米カーギル社のサンタレン大豆積み出し港運行開始	1	第一次ルーラ政権発足(〜06年12月)
			1	マリナ・シルヴァ環境大臣就任(〜08年5月)
			5	国家連帯経済局(SENAES)発足(法律第10683号)
			6	ブラジル連帯経済フォーラム(FBES)設立
			9	多年度計画「全人のためのブラジル」(2004−07年)作成
			10	ボルサファミリア(Bolsa Familia)設立(暫定措置第132号)
			12	有機農業法(法律第10831号)制定
2005			3	遺伝子組換生物規制法(法律第11105号)制定
2006	7	大豆モラトリアム(アマゾン産大豆の取引停止)	7	家族農業政策・農業の指針作成(法律第12326号)
2007	12	政府・NGO連携プログラム「アマゾン子どもアジェンダ」発足	1	第二次ルーラ政権発足(〜10年12月)。成長加速化計画(PAC)発表
	12	ブラジル有機適正評価システム(SISORG、政令第6323号)制定	8	シコ・メンデス生物多様性保護機構(ICMBio)設立(法律第11516号)
			12	有機農業法(法第10831号)制定
				開発商工省ブラジル工芸登録情報システム(SICAB)導入
2008	8	アマゾン基金(Fundo Amazônia)設立(政令第6527号)、寄付金によって環境保護、持続的開発促進	6	日本人ブラジル移住100年記念集会
2009	3	国立宇宙研究所(INPE)森林劣化調査システム(DEGRAD)導入	1	パラ州ベレンで第9回世界社会フォーラム「アマゾン世界社会フォーラム」開催
	9	サトウキビの農業生態学的ゾーニング(政令第6961号)アマゾンでのサトウキビ栽培の禁止	6	伝統文化の工芸推進プログラム(PROMOART)設立
		100%アマゾニア(100% Amazônia)設立	9	環境省セラード地域の森林伐採・焼却予防管理行動計画発表
			12	気候変動政策(法律第12187号)制定
2010	10	アクレ州政府環境サービス奨励システム(SISA)制定(州法第2308号)	3	第二次成長加速計画(PAC)発表
			11	国家公正連帯取引システム(SCJS、政令第7358号)制定
2011	6	IBAMAベロモンテダム建設認可	1	第一次ルセフ政権発足(〜14年12月)

年	月	ブラジル法定アマゾン	月	ブラジル
2012			5	新森林法（法律第12651号）制定
			7	リオ＋20国連持続可能な開発会議
			8	国家アグロエコロジー・有機生産政策（PNAPO）（政令第7794号）
2013	4	第一回ブラジル法定アマゾン青年会議（於パラ州ベレン）	6	サンパウロ市のバス運賃値上げを契機に大規模反政府デモ発生
2014	3	マトグロッソ、マトグロッソドスル州内の国道163号をそれぞれオブレヒト、CCRグループに30年コンセッション譲渡		
		マデイラ川異常水位上昇でアクレ州、ロンドニア州、アマゾナス州で浸水被害		
		トメアス総合農協（CAMTA）アグロフォレストリーでFINEP（国立研究プロジェクト融資機構）社会技術賞受賞		
2015	11	IBAMAベロモンテダム操業認可	1	第二次ルセフ政権発足（～16年8月）
			5	遺伝財産と伝統的知識のアクセス・保護・利益配分を規制する遺伝財産法（法律第13123号）公布
			12	環境省「国家REDD＋戦略」作成（通達第370号）
			12	ルセフ大統領弾劾審議開始
2016	3	鉱山エネルギー省ロライマ州先住民保護区で風力・太陽光発電計画発表	7	ルセフ大統領罷免決議
			8	テメル政権発足
				農業開発省（MDA）を廃止し社会開発農業省（MDSA）に統合
2017	1	国立宇宙研究所2016年の法定アマゾンの森林破壊面積が前年比30％増と発表		

（出所）Rogerio Forastieri da Silva の助力をえて各種資料から作成

A		
ABIT	Associação Brasileira da Indústria Têxtil e de Confecção	ブラジルテキスタイル・アパレル産業協会
ABRASCO	Associação Brasileira de Saúde Coletiva	ブラジル社会的保健協会
A CASA	A CASA Museu do Objeto Brasileiro	アットホーム・ブラジル製品ミュージアム
ACS Amazônia	Associação de Certificação Socioparticipativa da Amazônia	アマゾニア社会参加型認証協会
AGU	Advocacia Geral da União	連邦総弁護庁
AIMEX	Associação das Indústrias Exportadoras de Madeira do Estado do Pará	パラ州輸出木材工業協会
AMOPREAB	Associação dos Moradores e Produtores da Reserva Extrativista Chico Mendes de Assis Brasil	アッシスブラジル・シコ・メンデス採取保護区居住生産者協会
APIB	Articulação dos Povos Indígenas do Brasil	ブラジル先住民連携
ArteSol	Artesanato Solidário	アルテソル（連帯工芸）
ASARISAN	Associacao das Artesas Ribeirinhas de Santarem	サンタレン川辺の工芸職人協会
Asflora	Instituto Amigos da Floresta Amazônia	アマゾニア森林友の協会
ATIX	Associação Terra Indígena Xingu	シングー先住民保護区協会
B		
BASA	Banco da Amazônia	アマゾン銀行
BC	Banco Central do Brasil	ブラジル中央銀行
C		
CAMTA	Cooperativa Agricola Mista de Tome-Açu	トメアス総合農協
CEATS	Centro de Empreendedorismo Social e Administração em Terceiro Setor	第三セクター社会経営企業者センター
CEDI	Centro Ecuménico de Documentação e Informação	エキュメニズム資料情報センター
CEPLAC	Comissão Executiva do Plano da Lavoura Cacaueira	カカオ院
CGI	Comitê Gestor Indígena	先住民管理委員会
CIMI	Conselho Indigenista Missionário	先住民宣教協議会
CJ	comércio justo	公正取引

CNPA	Conselho Nacional de Política Energética	国家エネルギー政策委員会
CNPI	Conselho Nacional de Política Indigenista	国家先住民政策審議会
CNS	Conselho Nacional das Populações Extravistas	全国採取人評議会
COICA	Coordinadora de las Organizaciones Indígenas de la Cuenca Amazónica	アマゾン流域先住民組織連絡会
Conab	Companhia Nacional de Abastecimento	食料供給公社
CONAMA	Conselho Nacional do Meio Ambiente	国家環境審議会
CONTAG	Confederação Nacional dos Trabalhadores na Agricultura	全国農業労働者組合
Cporg	Comissão Estadual de Produção Orgânica	オーガニック生産委員会（州組織）
CUT	Central Única dos Trabalhadores	中央統一労組
D		
DataSUS	Departamento de Informática do Sistema Único de Saúde	統一保健制度情報部
DAP	Declaração Anual do Produtor Rural	全国家族農業強化プログラム適性申告
DEGRAD	Mapeamento da Degradação Florestal na Amazônia Brasileira	ブラジルアマゾン森林劣化調査システム
E		
EAS	Entidade de Apoio, Assessoria e Fomento à Economia Solidária	連帯経済支援育成団体
ECA	Estatuto de Crianças e dos Adolescentes	児童青少年法
ECOJUS-BRASIL	Associação de Empreendimentos no Comércio Justo e Solidário	ブラジル公正連帯取引事業協会
EES	Empreentimento de Economia Solidária	連帯経済事業体
EIA	Estudo de Impacto Ambiental	環境影響調査
ES	economia solidária	連帯経済
EMBRAPA	Empresa Brasileira de Pesquisa Agropecuária	ブラジル農牧研究公社
Eletrobrás	Centrais Elétricas Brasileiras S.A	ブラジル電力公社
F		
FACES do Brasil	Fórum de Articulação do Comércio Ético e Solidário do Brasil	ブラジル倫理連帯取引連携フォーラム

FBES	Fórum Brasileiro de Economia Solidária	ブラジル連帯経済フォーラム
FINEP	Financiadora de Estudos e Projetos	国立研究プロジェクト融資機構
FOIRN	Federação das Organizações Indígenas do Rio Negro	リオネグロ先住民組織連合
FPA	Frente Parlamentar da Agropecuária	農牧業議員前線
FSA	Folha Semi-Artefato	セミアーティファクトラバーシート
FSM	Fórum Social Mundial	世界社会フォーラム
FUNAI	Fundação Nacional do Índio	国立先住民保護財団
FUNBIO	Fundo Brasileiro para a Biodiversidade	ブラジル生物多様性基金
FVPP	Fundação Viver Produzir e Preservar	生活・生産・保全財団
G		
GTE	Grupo Técnico Especializado	特別専門グループ
I		
IBAMA	Instituto Brasileiro do Meio Ambiente e dos Recursos Naturais Renováveis	環境・再生可能天然資源院
IBGE	Instituto Brasileiro de Geografia e Estatística	ブラジル地理統計院
ICMBio	Instituto Chico Mendes de Conservação da Biodiversidade	シコ・メンデス生物多様性保護機構
IDB	Interamerican Development Bank	米州開発銀行
IIRSA	Iniciativa para la Integración de la Infraestructura Regional Suramericana	南米地域インフラ統合イニシアティブ
IMAFLORA	Instituto de Manejo e Certificação Florestal e Agrícola	森林農業製品管理認証院研究所
IMAZON	Instituto do Homem e Meio Ambiente da Amazônia	アマゾン人間環境研究所
IMC	Instituto de Mudanças Climáticas	気候変動・環境サービス規制機構（アクレ州）
INCRA	Instituto Nacional de Colonização e Reforma Agrária	国家植民農業改革院
INPA	Instituto Nacional de Pesquisas da Amazônia	国立アマゾン研究院
INPE	Instituto Nacional de Pesquisas Espaciais	国立宇宙研究所

IPAM	Instituto de Pesquisa Ambiental da Amazônia	アマゾン環境研究所
ISA	Instituto Socioambiental	社会環境研究所
ITEAM	Instituto de Terras no Amazonas	アマゾナス土地院
ITEPRA	Instituto de Terras do Pará	パラ土地院
J		
JICA	Japan International Cooperation Agency	国際協力機構
L		
LI	Licença Instalaçã	設置許可（環境ライセンス）
LO	Licença Operational	操業許可（環境ライセンス）
LP	Licença Prévia	事前許可（環境ライセンス）
M		
MAPA	Ministério da Agricultura, Pecuária e Abastecimento	農牧供給省
MDA	Ministério do Desenvolvimento Agrário	農業開発省
MDTX	Movimento pelo Desenvolvimento na Transamazônica e Xingu	トランスアマゾニカ・シングー発展運動
MDS	Ministerio do Desenvolvimento Social e Combate à Fome	社会開発飢餓撲滅省
MDSA	Ministério do Desenvolvimento Social e Agrário	社会開発農業省
MMA	Ministério do Meio Ambiente	環境省
MMCC	Movimento de Mulheres Trabalhadoras de Altamira Campo e Cidade	アルタミラ農村・都市女性労働者運動
MPOG	Ministério do Planejamento, Orçameto e Gestão	企画・予算・運営省
MPST	Movimento pela Sobrevivência na Transamazônica	トランスアマゾニカ生存権運動
MRE	Movimento República de Emaús	エマウス共和国運動
MST	Movimento dos Trabalhadores Rurais Sem Terra	土地なし農村労働者運動
O		
OCS	Organismo de Controle Social	社会管理機関
OIBI	Organização Indígena da Bacia do Içana	イサナ流域先住民組織
OPAC	Organismo Participativo de Avaliação da Conformidade	参加型適正審査機関
OTCA	Organização do Tratado de Cooperação Amazônica	アマゾン協力条約機構

OSCIP	Organização da Sociedade Civil de Interesse Público	公益市民組織
P		
PAA	Programa de Aquisição de Alimentos	食料調達計画
PAB	Programa de Artesanato Brasileiro	ブラジル工芸プログラム
PAC	Programa de Aceleração do Crescimento	成長加速計画
PAE	Projeto de Assentamento Extravista	ゴム採取人定着プロジェクト
PBA	Plano Básico Ambiental	環境基本計画
PBA-CI	Plano Básico Ambiental do Componento Indígena	環境基本計画＝先住民編
PBD	Programa Brasileiro do Design	ブラジル・デザイン・プログラム
PCN	Projeto Calha Norte	北部国境計画
P&D Design	Congresso Brasileiro de Pesquisa e Desenvolvimento em Design	ブラジルデザイン研究開発大会
PEC	Proposta de Emenda à Constituição	憲法改正法案
PFVE	Plano de Fiscalização e Vigilância Emergencial	緊急監督・監視計画
PI	Unidades de Proteção Integral	完全保護区
PIAL	Programa de Integração da Amazônia Legal	法定アマゾン統合政策
PIN	Programa de Integração Nacional	国家統合計画
PNAAF	Programa de Valorização do Ativo Ambiental Florestal	森林環境資産評価プログラム（アクレ州）
PNAD	Pesquisa Nacional por Amostra de Domicílios	全国家計（世帯）サンプル調査
PNAE	Programa Nacional de Alimentação Escolar	学校給食計画
PNAPO	Política Nacional de Agroecologia e Produção Orgânica	国家アグロエコロジー・有機生産政策
PNMC	Política Nacional sobre Mudança do Clima	国家気候変動政策
POLAMAZONIA	Programa de Polos Agropecuarios Agrominerais da Amazonia	アマゾン農牧業・農鉱業拠点計画
POLONORESTE	Polo de Desenvolvimento Noroeste	北西部統合開発計画
PPCDAM	Plano de Ação para Prevenção e Controle do Desmatamento na Amazônia Legal	法定アマゾン森林破壊予防・規制プログラム

PPG7	Programa Piloto para a Proteção das Florestas Tropicais do Brasil	ブラジル熱帯雨林保護パイロットプラグラム
Prodecer	Programa de Cooperação Nipo-Brasileira para o Desenvolvimento dos Cerrados	日伯セラード農業開発協力事業
PRODES	Projeto de Monitoramento do Desflorestamento na Amazônia Legal por Satélite	法定アマゾン森林伐採衛星監視プロジェクト
PROMOART	Programa de Promoção do Artesanato de Tradição Cultural	伝統文化の工芸推進プログラム
Pronaf	Programa Nacional de Fortalecimento da Agricultura Familiar	国家家族農業強化プログラム
PSDB	Partido da Social Democracia Brasileira	ブラジル社会民主党
PT	Partido dos Trabalhadores	労働者党
R		
REDD+	Reducing Emissions from Deforestation and Forest Degradation-plus	途上国における森林減少・劣化からの排出の削減プラス森林管理・保全による排出削減
RECM	Reserva Extrativista Chico Mendes	シコ・メンデス採集経済保護区
RFJ	Rainforest Foundation Japan	NPO法人熱帯森林保護団体
S		
SAFTA	Sistema Agroflorestal de Tomé-Açu	トメアス式アグロフォレストリー
SCJS	Sistema Nacional de Comércio Justo e Solidário	国家公正連帯取引システム
SEAF	Seguro da Agricultura Familiar	家族農業者保険
SEBRAE	Serviço Brasileiro de Apoio às Micro e Pequenas Empresas	ブラジル零細小企業支援サービス
SENAES	Secretaria Nacional de Economia Solidária	国家連帯経済局
SENAR	Serviço Nacional de Aprendizagem Rural	全国農村職業訓練サービス
SESAI	Secretário Especial de Saúde Indígena	先住民特別保健局
SICAB	Sistema de Informações Cadastrais do Artesanato Brasileiro	ブラジル工芸登録情報システム
SIF	Serviço de Inspeção Federal	連邦検査サービス
SIN	Sistema Interligado Nacional	全国電力相互接続システム
SISA	Sistema de Incentivos por Serviços Ambientais	環境サービス奨励システム（アクレ州）

SIPAN	Sistema de Proteção da Amazônia	アマゾン保護システム
SISORG	Sistema Brasileiro de Avaliação da Conformidade Orgânica	ブラジル有機適正評価システム
SIVAM	Sistema de Vigilância da Amazônia	アマゾン監視システム
SNUC	Sistema Nacional de Unidades de Conservação (da Natureza)	国家（自然）保護単位システム
SPG	Sistemas Participativos de Garantia	参加型保証制度
SPI	Serviço de Proteção aos Índios	先住民保護庁
SPVEA	Superintendência do Plano de Valorização Econômica da Amazônia	アマゾン経済価値拡大計画庁
SUDHEVEA	Superintendência da Borracha	ゴム庁
SUDAM	Superintendência do Desenvolvimento da Amazônia	アマゾン開発庁
SUFRAMA	Superintendência da Zona Franca de Manaus	マナウス自由貿易監督庁
SUS	Sistema Único de Saúde	単一保健システム
T		
TCA	Tratado de Cooperação Amazônica	アマゾン協力条約
TECBOR	Tecnologia para Produção de Borracha e Artefatos na Amazônia	アマゾンのゴム生産と工芸生産のためのテクノロジー
TI(s)	terra(s) indígena(s)	先住民保護区
U		
UC(s)	Unidade(s) de Conservção	環境保護区
UCEGEO	Unidade Central de Geoprocessamento do Estado do Acre	アクレ州ジオプロセシング中央ユニット
UNICAFE	União Nacional de Cooperativas da Agricultura Familiar e Economia Solidária	家族農業協同組合・連帯経済連合
US(s)	Unidade(s) de Uso Sustentável	持続的利用区
W		
WSF	World Social Forum	世界社会フォーラム